U0397490

犬科动物讲历史

与人类同行万年

Homo canis
Une histoire des chiens et de l'humanité

［法］洛朗·泰斯托（Laurent Testot）

— 著 —

张 璐

— 译 —

华东师范大学出版社

·上海·

图书在版编目（CIP）数据

犬科动物讲历史：与人类同行万年 / (法) 洛朗·泰斯托著；张璐译 .——上海：华东师范大学出版社，2022

ISBN 978-7-5760-3324-3

Ⅰ . ①犬… Ⅱ . ①洛… ②张… Ⅲ . ①犬—通俗读物

Ⅳ . ① S829.2-49

中国版本图书馆 CIP 数据核字 (2022) 第 195213 号

Homo canis. Une histoire des chiens et de l'humanité
by Laurent Testot

上海市版权局著作权合同登记 图字 : 09-2019-1087 号

犬科动物讲历史：与人类同行万年

著　　者　[法] 洛朗·泰斯托
译　　者　张　璐
责任编辑　朱华华　王海玲
责任校对　陈梦雅　时东明
装帧设计　刘怡霖

出版发行　华东师范大学出版社
社　　址　上海市中山北路 3663 号　邮编 200062
网　　址　www.ecnupress.com.cn
电　　话　021-60821666　行政传真 021-62572105
客服电话　021-62865537　门市（邮购）电话 021-62869887
地　　址　上海市中山北路 3663 号华东师范大学校内先锋路口
网　　店　http://hdsdcbs.tmall.com

印 刷 者　上海景条印刷有限公司
开　　本　890 毫米 × 1240 毫米　1/32
印　　张　14.5
字　　数　297 千字
版　　次　2023 年 1 月第 1 版
印　　次　2023 年 1 月第 1 次
书　　号　ISBN 978-7-5760-3324-3
定　　价　68.00 元

出 版 人　王　焰

目 录

第二部分　我们是如何创造历史的

引　言

作者为什么对狗如此感兴趣？狗为什么对我们的历史了如指掌？为什么说狗的全部故事就是一部人类史的百科全书？为什么我们有必要通过狗的眼睛，换一种方式来看待人类自身的历史？

我是一只狗，让我来讲讲你们人类的历史吧。

"开玩笑吧？"你们心想。可我会立刻反驳，说你们的历史太需要我了，人类亟须换换立场，才能对自己的历史有更好的理解和更广泛的接受。因为人类的历史确实不同凡响。我们这群异类，就是这段历史最好的见证者。我们一直追随你们，比其他动物久远得多。多亏了你们，我们远超同类，成为地球上最常见的中型食肉动物群体。我们和人类一起，占据了地球上绝大部分生态资源。你们任意塑造我们，使我们担当起人类想要赋予我们的所有角色。需要一个结实的家伙看家护院？为您献上体重100公斤的看门犬。想要一个多情的爱宠小宝贝？请笑纳这只仅一两公斤重、性情温润的可爱毛球——吉娃娃。

这些都不算什么！想想仅数万年前，我们个个都是灰狼，50公斤重的野生动物。我们身怀无穷绝技。先说说在哺乳动物界独一无二、与生俱来的柔韧性吧。猫可不能这么自夸，相较于其野生始祖，猫几乎没怎么变。这就是为什么我们狗能干一堆事，而你们连让猫去做这些事情的念头都没有。你们可找不到海上救援猫、雪崩搜救猫、导盲猫，也找不到扫雷猫、战猫、警猫，更找不到雪橇猫。就算是捉老鼠这件事，我们当中的某些专家都比这些爱打呼噜的懒家伙强多了。

我是狗，让我来讲讲你们人类的历史吧。在日语里，这句话的开头应该是"Wagahai wa inu de aru"（"我是狗"），这么一说，所有的日本小学生会立刻觉得似曾相识，因为仅一字之差，这句话就是一部经典文学作品的名字 *Wagahai wa neko de aru*（《我是猫》），作者是夏目漱石。此书名译成法语就是 *Je suis un chat (neko)*。（法语中的猫"chat"即日语中的"neko"。）①夏目漱石究竟出于什么鬼原因，要选一只傲慢的公猫作为20世纪初东京生活的见证者呢？这个问题一直是个谜，可谓神来之笔。这个肉爪小密探不动声色，绵里藏针，讥笑地剖析这群古怪的"猴子"，即人类的世相百态。

是不是日语中的"Wagahai wa inu de aru"在法语中可以直接译成"Je suis un chien（inu）"呢？（法语中的狗"chien"即日语中的"inu"。）哎，翻译不可跨越通和的壁垒，正体现在此处。译过来的语义也确实丢了一些。日语"Wagahai"是法语"je"（我）的一种考

---

① Natsume Sôseki, *Je suis un chat* (éd. originale 1906), traduit du japonais et présenté par Jean Cholley, Paris, Gallimard/Unesco, 1978.

究的说法,整句话逐字译过来,类似于"吾乃狗阁下"。无论说的是狗还是猫,这金句甫一出口,便是对人和动物之间关系的反转。在日本如此,在欧洲更甚。你们人啊,非我族类,竟然如此习惯于否定我们的主体性。你们乐意把亲爱的动物朋友打入囚笼,拦在认知的大门之外。还好科学在近几十年撞开了这紧闭的大门。如今你们知晓动物也会痛苦,会鼎力与你们合作,会推己及人,有独立意识,还能计划未来……

虽然从今以后我们都知晓动物也是有认知的,但我怎样才能化身为犬,向你们讲述狗的历史呢?人类以狗的身份说话,已然成了一种叙述手法,若非始自 15 世纪,至少也是从 19 世纪开始就被广泛尝试,近来社科领域的许多研究工作也采用并丰富了这种叙述方法。① 在法国,可以援引历史学家埃里克·巴拉泰的大作,他尝试重新记录动物们的亲身体验。② 也可以看看人类学家马里翁·维卡尔,他为了撰写博士论文,成天到晚地四肢伏地,来感受狗的主观体验。③ 他还开玩笑似地强调,狗感知世界比我们更快。正因如此,它们能更好地观察某个动态的细节,但对近在眼前的静止之物却视而不见。狗对动作的感知比人好得多,却无法探测

---

① Lire la nouvelle de Miguel de Cervantès, «Le Colloque des chiens», *Le Mariage trompeur et Colloque des chiens/El Casamiento enganoso y Coloquio de los perros*, Paris, Aubier/Flammarion, 1970.

② 参见 Éric Baratay, *Le Point de vue animal. Une autre version de l'histoire*, Paris, Le Seuil, 2012。

③ Marion Vicart, *Des chiens auprès des Hommes. Quand l'anthropologue observe aussi l'animal*, Paris, Éditions Petra, 2014.

静物。

在后面的章节中，大家会听到许多发言，全都出自犬类之口。这些五花八门的故事，终有一日将照亮我们的历史。在每章的开头，我们会提及这些提供证言的动物。

正如埃里克·巴拉泰提到的，历史学家罗贝尔·德洛尔在1984 年即呼吁建立"动物历史学，它将各物种作为参考、观照、分析的中心，展现其与人类的关系及其自身在生物、行为、地域方面的发展，展现各物种与其他动物种类之间的关系，指明某一环境中各参与者之间的互动，研究某一物种的主动性、适应能力及其对包括人类在内的其他物种的影响"[①]。这一倡议并未被践行传承下来，虽然学者本人创作了好几部关于蝗虫、鲱鱼和大象的专著，并指出这些动物如何影响了人类社会的发展，正如人类活动也在同等程度上影响了它们。

我同意埃里克·巴拉泰的论断：这种对"动物历史学"的冷漠，也许是因为，想要沿着这条路走下去的历史学家们，必须精通一些所谓的"硬"科学，诸如生态学、生物行为学、遗传学，而相较于所有这类科学，历史学家更偏爱文学化的、更适合通过查阅文献开展工作的方法，如人类学、定量社会学。然而最重要的，是因为许多历史学家害怕放弃人类作为历史主体的地位。

人类书写的历史，注定是以人类为中心的，这是再正常不过的了。因为所有历史的书写，都是以叙述者的亲身体验为出发点

---

① 转引自 Éric Baratay, *Le Point de vue animal. Une autre version de l'histoire*, p. 23。

的。我不是一只狗，而是一位记者。历史是我的专业领域，现在我要召集这些讲故事的狗儿，以全新的方式来探讨历史。从2005年起，我就和其他同行一起，在法国致力于推进一种整体性或曰世界性的历史。而如今，这部历史的大部分是在盎格鲁-撒克逊世界中形成的。① 这部历史要求我们着眼于时间的长度与空间的广度，更好地理解人类社会是如何逐渐发展到此时此刻的。这部历史立足于跨学科的研究方法，将地理学、人类学、考古学、经济学、人口学、哲学、环境科学等和历史联系起来。这些科学方法并行不悖，从不同的观点和角度共同探讨某些现象，拓宽视野，丰富思考。

　　我们没有野心写一部全史，只是想通过这部历史重新构建那些关键时刻和转折点，它们在历史的分岔口将其引向新途。这部历史致力于打破国界（此为很晚近才出现的地缘政治的概念），让所有人在其叙事中都能找到自己，同时这叙事还得有血有肉。正因如此，我们可以从多个层面来把握整体性的历史：某些对当下进程特别具有启示作用的主观性现象，我们将从狗的视角来进行叙述，让狗作为见证者，以它们不同于人类的视角，更好地突出人类这种动物某些令人惊叹的举止。而对于在人类的全部生存经验中，在某个特定时刻形成的这条河流，或曰元历史，我们将会像

---

① 参见 Laurent Testot, *Cataclysmes. Une histoire environnementale de l'humanité*, Paris, Payot, 2017, 该书序言中对这种研究方法加以总结。亦可参见 Laurent Testot（dir.）, *Histoire globale. Un nouveau regard sur le monde*, Auxerre, Sciences Humaines Éditions, 2008, rééd. 2015, 此书中有更为详尽的分析。

从天狼星的角度观测大犬座一样来考察它。碰巧的是，大犬座中天狼星所处的位置，正是一个拉开距离、不偏不倚地观测此星座的绝佳点。

　　仔细一想，人类发展至今，还没有哪个时刻不是或多或少地和狗在一起度过的。就连最初人类眼中的世界，也一定回响着远古的狗吠。公元 2 世纪，当希腊-埃及的地理学家托勒密在地图上划分世界时，他笔下的本初子午线始于福尔图娜塔岛。古罗马人认为这座幸福之岛位于世界的尽头，也将其看作狗之岛，因为岛上有攻击性极强的大猛犬。自然主义者老普林尼对此深信不疑。这些岛屿如今被叫做加那利群岛（Canaries，词根是 Canis，意为犬属）。

　　我在本书中聚集了一群狗，这些"历史学家"中的每一位都将讲述自己那部分历史。它们哀号、尖叫、喧闹、怒吼，众声齐发，重新编织出人性和犬性紧紧相连的故事脉络。我们会问问母狼作为幸存者有何感想，向如家狼一样已然逝去的灵魂祈祷，据说它们是人类史前祖先的好伙伴。还有座狼，在托尔金的笔下，在令中土世界闻风丧胆之前，它们就一直是西部蛮荒的噩梦。我们会遇到狐族，它们还在努力地想弄明白，为何自己未被人类驯养。还有无毛犬，这可怜的家伙常常成为人类的盘中餐。澳洲野犬是澳大利亚土著人历史最好的见证者。杂种犬是"纯种犬"领地上的开拓者。"外交官"比利牛斯山地犬是看门犬战士的后裔。日本武士秋田犬，天赋异禀，证明了"狗生"也有另外的活法。猎兔犬是人类迅捷的仆从。巴吉度猎犬是为人类烤肉的奴隶。

　　还有猎手比格犬,谄媚的比熊犬,"救生员"纽芬兰犬,"小混混"
斗牛犬,"大明星"斑点狗,以及"人性之镜"贵宾犬……

　　所有这些狗,都将揭示出人类历史的不同侧面,会让人觉得
弗朗斯·卡夫卡言之有理:"对我来说,只有狗最重要,非狗莫属!
除了狗,还有什么是重要的呢? 在世界巨大的虚无中,除了狗,还
有什么可以信赖? 狗就是所有知识,即所有问题和所有答案的
总和。"①

―――――――――

① Franz Kafka, «Recherches d'un chien», *La Muraille de Chine. Et autres récits*,
rédigé vers 1924, publié à titre posthume en 1936, traduit de l'allemand par Jean
Carrive et Alexandre Vialatte, Paris, Gallimard, 1948, rééd. 2013.

第一部分

我们是如何失去自由的

第一章

每只狗身上都沉睡着一匹狼

犬科动物的祖先灰狼

本章的序曲是一个小故事：从前有个大学生，他有眼不识灰狼。然后，我们将跟随一位法国动物生态学家，看看他如何收养一只漂亮的母狼，亲如一家。接着我们将和一位美国古人类学家一起探讨尼安德特人是否曾经沦为家狼的牺牲品。最后，我们来剖析一下犬类大家庭的家族谱系。

用獠牙说话

母狼阿尔法：他就在那儿，快碰到我了。这个两足动物。他那混杂的味道在我的鼻腔里蔓延，顺着我的嘴巴往里渗透，让我知道，他就在那儿。这么近的距离，他的动作又那么慢，我的眼睛很难看清他。但我的鼻子让我知晓他的一切，比他能知道的关于我的事情多得多。今天这人可算是找错对象了。我可不是他平时摸着玩的那类家伙：善良的小母狼，谦卑，羞涩，早已习惯躲在带有金属栅栏的围场一角，还有人监视。我可是阿尔法，就像他们说的那样，我是一只领头的母狼。我可不会像狗一样让人随便碰，没门儿。在我们的世界里，能随便碰别个的，就是老大，心甘情愿让人碰的，就只能受制于人。在身体上压迫你，其实就是在社交关系中压迫你。在囚禁中，这种触碰身体的压迫行为更是火上浇油。我呢，是一只欧洲母狼，和我所有的同胞一样，是最优秀的伊比利亚支系或者波兰支系的后裔。在我们家乡的崇山峻岭间，等级最低的欧米茄有时会被推来操去，有时也能享享清静，不被欺负。现如今被困在这方寸之地，挫败感让我们变得焦躁，欧米茄就成了大家的出气筒，可谓灰狼版替罪羊。

刚才提到的那个人，我把他给咬了。咬得很快，很平静，也不是很重，无非表示一下礼貌而已。于我们而言，咬就是交流。我的小狼崽们，每天喝奶都会不停地轻咬我的乳房。它们还会很快地蹭咬我的下嘴唇，让我把刚才吃进去的只消化了一半的食物反刍上来，喂进这些饥饿的小家伙的喉咙里。它们将在这个游戏中学会在不同情况下以不同的程度张开嘴巴：为了撕碎和杀死猎物，必须狠狠地咬；朋友之间互咬时，可以很温柔；面对对手时，嘴下不能留情。然而，面对人类该怎么办，我们却无法预见。我掂量了咬的力度，让血珠慢慢渗出来，让他记住这次教训即可。要是我铆足劲下嘴，他的手腕早就碎成血肉模糊的渣渣了。

到了医院，他说自己在蒙彼利埃市中心被一只母狼咬了，但没人相信他的话。那是 20 世纪 80 年代末，给他治疗的人无法相信这个故事。他们怀疑这人是在保护某个熟人家的狗，不愿意把狗的主人供出来。

几天以后，这个大学生笑着讲起自己被咬的故事，他手舞足蹈，比比划划，听众是一小撮同学，看着他的绷带听得兴致勃勃。原来这个学生习惯在两场考试之间去蒙彼利埃第三大学附近的动物园，在关着灰狼的围栏外发呆。他发现里面有只母狼，便一点点靠近，趁守门人不在、没有游客的时候，翻过防护栏，冒险一直走到关着母狼的围栏外，小心翼翼地伸出手。折腾了这许久，他相信自己的耐心定有回报。几次会面之后，他终于成功地碰到了这只母狼,它貌似很喜欢被关注……直到那天他被咬了。他的经历证明他确实看走眼了,找错了调戏的对象。

这群大学生因同学的悲惨遭遇放声大笑,而他们不知道的是,十年前,几乎就在同一个地方,发生过关于另外一只母狼的故事,比我的故事严肃得多。我们一起来听听卡马拉的讲述。①

卡马拉之歌

卡马拉,1975 年: 我隐约记得有婴儿般的哭声。我往前爬,妈妈舔了舔我。周围有三个"毛球",是我的兄弟们,人们说好了给他们实施安乐死。他们说这里的狼太多了。动物园园长叫来一个朋友,皮埃尔·茹旺丹。他是极端生物群落专家,通晓非洲热带和南极洲野生动物,研究狒狒和企鹅尤其在行,他观测在野生状态下的动物。他的妻子则特别喜欢狼。她提议做一个小实验: 让我耳濡目染地在人类社会中生活。当时我连眼睛都还没睁开呢。动物生态学家皮埃尔熟读康拉德·洛伦茨,自然心中有数,他知道我一睁开眼睛,就会把最先看到的活物当成父母。

离开动物园十天后,在一个不怎么引人注目的鞋盒子深处,我睁开了眼睛。皮埃尔和他的妻子就是我的爸爸和妈妈。他们原本指望很快在乡间拥有一栋大房子,有结实的围墙,万万没想到,现在既没有大房子,也没有围墙,只有蒙彼利埃的一套公寓和

_____

① 故事详情参见 Pierre Jouventin, *Kamala*, *une louve dans ma famille*, Paris, Flammarion, 2012。

一个小男孩。我呢，叫卡马拉，是一只母狼。我将在这公寓中生活五年。皮埃尔说，这是绝无仅有的、疯狂的故事，只有他们家经历过。这话有点夸张了，其他人也有过类似的经历。[①] 然而，跟一只母狼在一套四居室里住了五年，貌似在法国是前所未见的。

你们养狗，还是养猫？它会跳到你们的膝盖上吧。想要起身？你们一定会推开它。但你们可没法推开我！身为一只母狼，我一只爪子就能把你们钉在扶手沙发里。只有当我确信可以放你们起身时，你们才能起来。小狗发现门关了？它会乞求人们帮它打开。身为一只母狼，我或许也该摇尾乞怜，但我实在太独立自主了，不可能堕落至此。万不得已时，我会把门撞坏，但一般来说我能找到其他路子。

皮埃尔施展出浑身解数，让自己像狼群首领一样不可违逆，让我顺从。我们之间的这种平衡只是暂时的，因为不合法，法国禁止在家里收养野生动物。皮埃尔从我身上得出相当多的结论。他说他尤其明白了为啥人类会驯养野狼，把它变成狗；明白了应该先选那些最顺从、最弱小、最和善的个体来驯化；明白了人类只有将我们变得足够弱，让我们永远处于幼小状态，才有可能与我们同处一室。当我们的耳朵垂下来表示投降时，就说明我们被驯服了。尾巴弯曲上拱，这也是温顺的标志。狼嚎不再，只闻犬吠，脸部萎缩变短，下颌失去力量。皮埃尔说，狗，其本质就是少年

---

① 参见 Marc Rowlands, *Le Philosophe et le Loup. Liberté, fraternité, leçons du monde sauvage*, 2008, traduit de l'anglais (États-Unis) par Katia Holmes, Paris, Belfond, 2011。

狼，未长成的狼，肌肉系统发育也不正常。而这一切正是人类努力实现的，只有这样，才能拥有这么多不同种类的狗，量体裁衣，给它们指派不同的角色。

皮埃尔认为这些狗都被骗了。其实它们根本不喜欢把人类当成它们的首领。只不过一代又一代的小狗都在人类世界中睁开眼睛，它们最后也相信了自己是要为这些两足的主人服务的。

然而皮埃尔也提出一个问题。现如今，地球上有 5 亿到 10 亿只狗。而地球上若还幸存有 20 万到 40 万只狼，就已然是奇迹了。那么狗和狼相比，谁更聪明、更适应新环境呢？人类已经改造了地球，对狼而言，如今的地球充满敌意；而狗，人类优秀的奴仆，却繁衍昌盛，因为它们完美地适应了新的生物格局，物竞天择，它们一生下来就必须适应。灰狼则是自然界中随遇而安的杰出代表。在这个已然完全进入人类世界的地球上，它们生存得很艰难。

在我身上，皮埃尔发现了实验室的科学家们要在几十年以后才能确认的事情：狼都是利他主义者。当我们家里任何一个成员，无论是皮埃尔，还是他的妻子、儿子在水里游泳时，我都会抓住他们的一只手，谨防他们溺水。他们有时想把身子探出窗外，我会紧紧咬住他们的裤子，让他们远离所有跌落的危险。

他们只是忘记了，尽管我对我的两足动物家族怀有深深的爱意，但我终究是野生的。经过几次失败之后，他们终于给我找了个伴儿，一只年轻的、和狼杂交的德国牧羊犬。后来，他们终于乔迁进带有围墙的大房子，这家伙是被绑在我的爪子上搬进新家的。不过,这只善良的小狗用它的天真成功地感动了我。但是,当他们带着这只绝不可能逃走的可爱的小笨蛋出去散步时,我突然醋意大发:我得去和他们会合。为了出去,我咬破了围墙的铁丝网。我把头伸进咬开的缺口,但脖子却被铁丝缠住了。我窒息而亡。他们回来后为时已晚,只能为我哀悼了。

犬科大家族

母狼阿尔法:我再来说几句吧,先自我介绍一下。在拉丁文中,我的名字叫 Canis lupus,也就是俗称的狼,或者灰狼。和你们人类及其他 5 000 个物种一样,我是胎生哺乳动物。我们拥有共同的祖先,一种鼩鼱类的小动物,可以想象一亿五千万年前它们在恐龙脚下蹦来跳去的样子。从生物分类学的角度看,我属于食肉动物,是最早的食肉目动物的后裔。大概在 6 500 万年前,大蜥蜴灭绝之后,这种食肉目动物就随即出现了。这类哺乳动物以吃肉为生,经常炫示它们那专为切割与碾碎骨肉而生的下颌。

这个至今仍身份不明的祖先混得实在太好了,关于它在进化过程中的生物学分类可谓众说纷纭。其中一种说法认为它是小古猫属,一种貌似白釉的小型食肉动物,大约在 4 300 万年前,它衍生出两个竞争支系,这两个支系又分别衍生出现在的猫科和犬科。在大间断时期,即 3 400 万年前,全球变冷,近一半的哺乳动物灭绝,这两个科都幸存下来。

很幸运,我的犬形祖先,也就是后来的犬科动物当中,有一种动物异乎寻常地适应环境并生存下来。它从公元前 2500 万年一直坚持到公元前 1000 万年，能存活这么长时间可不一般。这位胜利者怎么称呼呀？它叫秀犬，希腊文的意思就是瘦狗。说实话，它可真是弱不禁风。它的体形和身高会让你想到一只狐狸。它遭遇了激烈的竞争，因为在大间断时期，有十多个竞争对手接连出现在它生活的北美王国，包括犬科、猫科及其他同属食肉目动物的后裔，在此不一一列举了。某些猫科动物还差点把我们推下历史舞台，它们一再逼退我们的祖先，其中的大多数在这惨烈的竞争之下灭绝了。

　　不管咋说吧，秀犬还是幸存下来了，而且在大约 1200 万年前衍生出了截然不同的两大家族：狐亚科（如狐狸）和犬亚科。在公元前 1000 万年到公元前 800 万年，诞生了一种叫始犬的犬科动物，从侧面看，它就像是纤弱的郊狼。公元前 600 万年到公元前 500 万年，全球气候又慢慢变冷，冰帽变厚，海平面下降……白令海峡干涸到了一定程度，始犬能够从美洲一路长驱直入，到达欧亚大陆。没过多久，在现在墨西哥和美国的国界周边，突然涌现出最早的真正的犬属动物，这个家族包括灰狼、埃塞俄比亚狼、狗、澳洲野犬、郊狼，还有各种豺（如金豺、黑背豺、侧纹豺），以及非洲金狼。这些犬属动物的始祖之一是细吻犬（Canis lepophagus，字面意思是吃野兔的狗），细吻犬生活在公元前 400 万年到 300 万年，我们认为灰狼和郊狼都是其后裔。细吻犬从未离开过其起源之地，但它的后代毫不犹豫地追寻着始犬开辟出来的世界轨迹，直至欧亚大陆，我们的应许之地。

故事讲到这里，像狐族的后继者赤狐这类犬族，一直是中小型的掠食动物，从未到达过食物链顶端。总是会有某种食肉目动物在力量和捕食能力方面都碾压它们，通常是某种猫科动物，如鬣狗、狮子或剑齿虎。直到真正的犬属动物出现，才改变了这一格局。它们体形巨大，有耐力，抓到什么就吃什么，很快就在整个北半球的生态系统中称王称霸。它们是所有现代犬属动物，尤其是我们灰狼的祖先。我身价不菲，对群落生境产生了巨大影响。20世纪考古学家们在挖掘遗址时，发现排成一行的犬属动物骸骨遗迹，于是将公元前180万年到公元前4.5万年命名为"灰狼时代"。

灰狼时代

你们看，说起我们家族谱系的演化，就像讲圣经故事一样传奇，我们总在吟诵那些光荣的族长的拉丁文名字，如今它们早已化为几根陈旧的骨头，陈列在你们的博物馆里。然而，请记住一件事：你们人类研究者想象出那么多的树状家谱图，以此来解释已成化石的某种犬科动物在我们的亲族关系中扮演过的角色，但这一切都只是理论而已。

唯一确定的是，在300万年前，大陆漂移让那时还是分离状态的两个美洲大陆合在一起。于是在北美洲和南美洲之间出现了一条大陆带，也就是巴拿马地峡。由此出现了两个全球性的效应：一是来自热带地区的洋流被阻断了，使得地球一直保持寒冷状态。这就是大冰期的开端，将彻底颠覆动物世界的强弱关系：

从那以后那些已经习惯了温暖的物种只能待在热带地区周边，或者期待它们的后代在进化过程中长出厚厚的皮毛，能在偏北的地方定居。二是北美洲的动物可以直接经由陆桥到达南美洲，而那时的南美洲以有袋目哺乳动物居多。

这是一个成功的案例，因为今天的南美洲是全球野生犬科动物种类最多的一个大洲。其中有南美灰狐（伪狐属，经常被错认成狗或狼）、薮犬（半水栖动物）、鬃狼、草原狐，还不包括已经灭绝的福克兰群岛狼，那是一种稀奇的犬科动物，在它生活的时代，人们叫它马岛狼、马岛狐，甚至叫它马岛郊狼。这一物种于1878年灭绝，来自英国的移居者尽心竭力、有条不紊地设陷阱投毒饵，将其赶尽杀绝：只因为担心它们会威胁人类饲养的绵羊。说实话，这些拉美的犬科动物经常与狐狸混淆在一起，但实际上比起狐狸，在亲缘上它们和狼更近。只不过它们地处偏远，没能进入我们下面要讲的这段伟大的历史中，即在欧亚大陆上展开的物种融合的历史。

在此期间，欧亚大陆那边，一只犬科动物和一只猴子摆脱了困境。全球变冷，颠覆了生态系统，而进化的胜利者却在此时出现了。冰川覆盖北半球，森林被摧毁，大量水源被冻成冰川，海平面下降了一百多米，这反倒便宜了那些全身覆盖着皮毛的猎食者，它们能围捕大型的食草类哺乳动物。这些犬科动物穿越白令海峡，从北美洲侵入亚洲。似乎正是在欧亚大陆上，其中一种犬属动物（到底是伊特鲁里亚犬还是另一种，人类学者一直争论不休）演变成普通灰狼，它简直就是一台杰出的机器，能适应所有生态位。在美洲,有一种体形更大的狼,即恐狼,字面意思就是让人害怕的狼——80公斤重,浑身肌肉,下颌也是有史以来所有犬科动物中最强有力的。恐狼在热带地区繁荣兴旺,却无法去北边冒险。还必须交代的是,那时的美国北部和加拿大全境被厚达数千米的冰层所覆盖。恐狼,请记住它的名字,待会儿我们还会讲到它。我敢打赌,你们已经意识到这一点了。

　　至于那被称为"人"的猴子呢,它的故事已经在别处讲过了。① 这种动物可一点也不简单,当它进化到直立人的版本时,便离开了非洲,最迟也就200万年前吧。175万年前,我们又在西亚发现了它。正是在这一地区,更准确地说,在格鲁吉亚,我们狼的轨迹与人类的轨迹相交了。在西亚的一处遗址,人们找到了非洲之外最早的人类,这里也躺着一具伊特鲁里亚犬的骸骨。这是我们的祖先之间有确凿证据的第一次相遇。很快,我们的族类就如鱼得水了,在地球上蔓延开来。人类啊,你们行走在亚洲、非洲和欧洲大陆上。而我们,犬属动物,则控制了所有大洲,包括你们那时候还摸不着方向的南美洲和北美洲。从化石的数量判断,在我们共同生活的年代,从数量来看我们已远超过你们。虽然可能会伤到你们的自尊,但我还是要提醒一下,你们人类自己的研究者都把这个时期称作"灰狼时代"。在很久以前,我们就是世界上最为普遍的食肉目动物,而你们只是极少数。那是80万年前的事情了。

————————

① 参见 Laurent Testot, *Cataclysmes. Une histoire environnementale de l'humanité*。

而我，灰狼，则确定是从那时候一直到公元前 40 万年之间在欧亚大陆诞生的，我回到了我的起源之地。我在祖先曾离开的北美定居下来，和我的大表哥恐狼生活在一起。无论是在欧亚大陆，还是美洲大陆，大规模的种群迁徙定会追随地球的呼吸：长达 8 万年之久的严寒把我们驱赶到南边，2 万到 4 万年的温暖又把我们带回北边。不过，我们始终嗥叫着，追赶着硕大的猎物。那时候有数不清的大型食草类动物，我们是地球上的老大，不懈地猎杀那些病的残的，靠着狼群合作，击败体形是我们的 20 倍，甚至 30 倍的动物。我们宛如军团，无所畏惧。

然后，在大约 30 万年前人类学会了使用火。一切都改变了。

你们钻木、凿石，动作急剧而不连贯，使之喷发出吞噬一切的火焰，并用易燃的苔藓作为燃料。你们学会了如何用火毁灭所有妨碍你们的植物，树木渐渐燃尽，火星点点，噼啪作响。就这样，你们控制了生命。你们把生肉煮熟，熟食更好消化，而用火熏过的肉能保存整个冬天。你们还完善了武器，在炭火中将你们那致命长矛的尖端变得更为坚硬。从此以后，你们的住所在黑暗中闪耀，我们的视野则布满发光的小点。你们营地周围的空间弥漫着烤肉的味道，有烟火的地方，就是有人在的地方。

火的力量啊。一种可恶的恐怖氛围笼罩着其他所有生灵。大至身强力壮的猛犸象，小至弱不禁风的金狼，在火面前一律退避三舍。你们制服了火。从此，为了不引起你们的注意，大型动物缩减身形。我们都学会了躲避你们。还有一些物种灭绝了。我们灰狼是最勇敢的，抵抗着你们那如影随形的死亡之光。有时候,我们的眼睛也在黑暗中闪耀,就在离你们的住所不远的地方。你们那边听到狼嗥凄凄,我们这边则大快朵颐,享用着你们的残羹冷炙。但是,这一局,我们还是输了。自此之后,世界属于你们人类。你们举着火把,将世界据为己有。

然而最糟糕的还在后头呢……

尼安德特人之死,一桩史前悬案

尼安德特人,也是人类,和你们一样,是你们的兄弟,和你们现代人类,即智人这一支系分离了大约70万年。他们适应了冰河期的欧洲和西亚。他们是杰出的猎手,其身体构造之于你们现代城市人,就好比我们灰狼的身体构造之于你们的家犬。他们更强、更快,还能与大型动物近身肉搏,他们的脑容量也比你们的大(你们不是一直叫嚣着脑袋越大越聪明吗?)。

然而,尼安德特人却灭绝了。与此同时,欧洲的大型动物也被屠杀殆尽。在距今45 000到10 000年前①,巨大的毛犀牛和强壮的猛犸象,以及我们的表亲欧洲豺,以及"穴居"的狮子、鬣狗、熊——之所以加上"穴居"一词,是为了说明它们有冬眠的习惯以及它们的数量比现代狮子、鬣狗、熊多出三分之一——所有这些动物,还有很多其他生物,都滑向了被遗忘的深渊,因为出了变故:某人改变了游戏规则。

"某人"就是你们人类,更确切地说,是你们人类的祖先。那

---

① 第一章中的所有时间都以现今为参照,而非以公元元年为参照。

时候，他们被叫做克罗马农人。实际上，这一支智人那会儿刚到近东，他们的社会很可能比尼安德特人一族更有凝聚力，他们还拥有新技能，将石头切割并琢磨成精细的薄片，将其作为投射物来打猎。后来，借助一根弯曲的棍子（一种叫"阿特拉特"的用于发射标枪的发射装置），智人能更加强劲地投射标枪，此发射装置后来被完善成为弓和箭，这或许让智人在打猎时比尼安德特人效率更高。

在不到一万年的时间之内，尼安德特人就消失殆尽。关于其灭绝的原因，人们提出了无数设想。其中逻辑最为严密的那些原因值得铭记，再强调一下，其实这些原因已然综合了其他学说的成果和影响：尼安德特人之所以灭绝，是因为他们的狩猎区域很有可能被智人吞并了，因为后者能更高效地开发这些土地。尼安德特人数量稀少，面对人丁兴旺的新来者，他们必然步步退让。相较于智人，尼安德特人生活的区域辽阔，人员更为分散，这样的社会组织形式无法使其与智人抗衡。他们有可能被围杀，有可能经历了新的瘟疫，甚至有可能眼睁睁地看着他们的猎物因为气候变化而灭绝。也许是因为在39 000年前，意大利皮坎弗莱格瑞火山区的一次超级火山爆发导致全球气候变冷，森林植被大规模衰退？不论什么原因吧，某些尼安德特人在灭绝之前确实是和智人有交集的。

你们的祖先智人曾有过一段猎物丰硕的时期。数以千计的猛犸象在他们的猎杀中轰然倒下。从波兰到西伯利亚，你们剖开了一头又一头体形巨大的动物。你们用它们的骨头堆砌建造舒适的茅屋,每间屋子都被动物的厚实皮毛层层覆盖,与外界隔绝,自成一体。冬季来临,你们便把肉类冻起来,在之后活跃而又迅捷的扩张中就有食物供给了。你们人类应该就是在这样的扩张中攻下了美洲。你们的部落中出现了最早的不平等现象。部落首领们得到认可,资助艺术品创作,在北方主要是珍珠和象牙雕刻,在聚集着大群驯鹿的往南的地方则是让人叫绝的岩洞壁画。正如史前学家和艺术史学家埃马纽埃尔·居伊①最近强调指出的,只有在精英阶层敛纳了足够多的余钱剩米之后,才能供养专职的手艺人。这些手艺人只有受惠于长期的供养,才能创作出这些令人目眩神迷的绘画艺术。从肖维岩洞壁画的复制品可以看出,这些岩画重现了 35 000 年前的整个动物群落,极为细致与精巧,其后鲜有能与之匹敌者。可以想见,他们的整个社会群体都确信,这些才子无须操心吃饭问题,如此才能让技艺臻于至境。这说明那时的社会已经出现财富盈余现象,部落首领可以为了过上骄奢的生活,下令让足够多的仆从来完成某项工作。这一现象也被其他迹象所证实,例如有着 3 万年古老历史的俄国桑吉尔人的豪华墓穴。② 总而言之,你们人类之间最早的不平等现象的出现,很可能是因为肉类库存量太大了,无论是猛犸象的肉,还是驯鹿的肉。当然,我们灰狼也有可能在其中扮演了有效的角色。

---

① Emmanuel Guy, *Ce que l'art préhistorique dit de nos origines*, Paris, Flammarion, 2017.

② Brian Hayden, *Naissance de l'inégalité. L'invention de la hiérarchie durant la Préhistoire*, 2008, traduit de l'anglais (Canada) par Jean-Pierre Chadelle et Sophie A. de Beaune, Paris, CNRS Éditions, 2008, rééd. coll. «Biblis», 2013.

　　我们来看看史前学家帕特·希普曼的观点，她是著名的研究犬科动物化石的专家。[1] 她认为，人类能成功"入侵"（这是她的用词）欧洲，消灭尼安德特人，灭绝猛犸象，多亏了一种她称之为"家狼"的动物，它们可能在智人刚到寒冷的欧洲地区时就被驯化了。它们还可能让现代人[2]在猎杀大型动物时拥有决定性的优势。更有可能，正是有了"家狼"，此后的几千年中，人类才能屠杀猛犸象。

　　问题来了：在公元前45000到公元前35000年之间，也就是尼安德特人灭绝期间，没有任何这种"家狼"存在的痕迹。而我们即将在下文中看到，即便是所谓的稀有的"旧石器时代犬"在西欧和中欧的踪迹，从考古学和基因学的角度来看，也是备受争议的。帕特·希普曼的假设，就目前的研究发现来说，有待商榷。智人在别处也显示了其杰出的灭绝物种、摧毁群落生境的能力。例如在65 000年前的澳大利亚，他们突然与巨型袋鼠开战，于是几乎整个澳洲的巨型袋鼠灭绝了。而他们并不需要犬类的帮助来完成这大规模的、有条不紊的屠杀。[3] 圣方济各会修士、奥卡姆的威廉在14世纪就提出了剃刀原理：如无必要，勿增假说。遵循这一冷静的逻辑，"家狼"帮助人类灭绝了尼安德特人的观点，在没有

---

① Pat Shipman, *The Invaders. How Humans and Their Dogs Drove Neanderthals to Extinction*, Harvard, Harvard University Press, 2015.

② 此处的"现代人"是考古学术语，指晚期智人，也叫新人，从距今四五万年前开始出现。——译者注

③ Laurent Testot, *Cataclysmes. Une histoire environnementale de l'humanité*, chapitre 2.

证据的情况下,我们不予取信,除非某一天,这种动物的骨架,连同其他证据被发掘出来。谁知道呢?至少我们目前可以肯定地说,智人不需要犬属动物的帮助,就能灭了尼安德特人。

　　除了你们的兄弟尼安德特人消亡之谜,还有一系列问题激发了近两个世纪以来的生物学研究:现代的狗到底是从哪一种犬科动物演变而来的?它是在何时何地被驯化的?人类到底为什么能成功地完成这项貌似天方夜谭的炼金术:将一头野兽炼化成忠心耿耿的典范?又是以哪种方式完成的?然而,要明白人类祖先为何会将我们收在身侧,就必须知道到底是我们的哪些品质入了人类的法眼,我们有什么能耐。

犬类解剖学概要

　　我要先走一步了。在走之前,请允许我再讲一讲我们灰狼的身体构造。大体上,我们的身体构造和你们的仆从,即狗的身体构造是一样的。

　　我靠四个爪子走路。前爪有五个足趾,后爪只有四个。所以,我是靠这18个足趾灵活地行走,或者说是跳跃的。这也说明我很适合跑步。因此,我和鸟类及猫科动物一样,是趾行动物,但我的爪子不能伸缩。我的面部修长。因为这两个特征,我就被归到犬科动物一类了。此家族在近10万年间已经消亡得差不多了,现在只剩下37位成员。非洲四趾猎狗和豺是我的嫡堂表亲,赤狐(狐狸)和我是第二亲等的亲属关系,而所有的犬属动物都是我的亲兄弟。你们人类认为我们灰狼是犬属动物的一"种",但我觉得所有犬属动物都和我们灰狼是同一"种"动物，难道我不能和它们通婚然后生出很多后代吗？你们人类将我们灰狼归为犬属动物，其中还有狗、郊狼、澳洲野狗、三种豺，以及金狼和埃塞俄比亚狼。

我的体重在 20 到 60 公斤之间，雄性稍微重点。在不同的栖息环境和纬度位置，我们的体重会发生变化。在北极圈以内地区，一头完全成年的雄性灰狼，从鬐甲起量，身高 70 厘米，身长 170 厘米，其中尾巴长 40 厘米。我们是超级猎食者，在自然界生活，预期寿命 8 到 12 年不等；在圈养状态下，能活得稍微久一些。

我是食肉目动物，如果可以的话，我一天能吃 3 到 4 斤肉，但也经得起长时间的饥饿。所有能吃的动物我都来者不拒，无论是活物的鲜肉，还是已经腐烂的尸体。我连最小的鼩鼱都吃，它们冲起来是很猛的。我还会吃一些鱼啊昆虫啊，水果啊蘑菇啊。当然，实在没得吃的时候，我也很乐意翻一翻你们倒在外面的垃圾。

注意，我要张嘴啦！捏紧鼻子凑近，仔细观察我的口腔。要想对我做出分类，就必须这么干，因为在动物学领域，人们是按照动物的牙齿来给它们分类的。其原因有三：一是在动物化石的有机残余中，牙齿是保存得最好的；二是牙釉质的条纹能详细地揭示其主人的身体构造和生活习惯，特别是饮食习惯；三是牙齿能反映生物进化的过程，其原理似乎很简单，这样就能梳理出比较和谐统一的生物谱系。

大约在 6 个月大的时候，我的一口牙齿就长全了——42 颗。牙齿中的老大哥们，或者说老大姐们（法语中"牙齿"一词是阴性)叫做獠牙,也叫犬牙,我一张开那可怕的大嘴,你们就能看到。四颗匕首般锋利的獠牙,曲线优雅,长约 6 厘米,牢牢嵌入牙龈。有了它们,我就能轻松刺穿猎物的脖子,将其制服,就算咬的时候没伤到主血管,也能轻而易举地让其窒息而死。最终,必要时,还能用獠牙将猎物拖到别处。我的下颌骨,每平方厘米最大可达200 公斤压强值,比你们最强壮的斗牛还厉害。大自然母亲还传给我 12 颗锋利的门牙,让我能撕开猎物的外皮,直达营养的汁液。还有 4 颗裂牙,同时用来切割和碾碎食物,既能碎骨,又能切肉,食物就变成更易消化的块状,滑进食道。另外,口腔最里面还有 16 颗前磨牙和 6 颗臼齿(上面 2 颗,下面 4 颗)备用,它们热衷于碾磨裂牙切割好的大块的肉。不过,我吃东西时习惯不嚼就吞。

我的皮毛? 我身上每一根毛,都有一块勃起肌撑着,能竖起来。这让我们看起来更威严,无非是为了吓住敌人,能不打就不打。这属于外交策略。在进入真正的战斗、犯险受伤之前,我们每一步的斗争都是通过一系列的身体信号来谈判和完成的:露出獠牙,收紧下垂的唇,收缩肌肉的毛细血管来增大身形。

我的毛色? 通常来讲,黑灰色中优雅地混着一点米色,干净又漂亮。有时我也会身披以黑色或白色为主,甚至全米色的皮毛外套。我身上皮大衣的颜色通常与外界环境有关。人们常说,神秘的日本杀手忍者,穿白衣以隐于白雪,着玄袍而匿于黑夜。我就是野生世界的忍者。在昏暗的温带森林中,我通常是昏暗的颜色;在西伯利亚白雪之下,我就成了白色的;在阿拉伯的童山秃岭，就成了米色的。这是因为我的毛皮只包含两种色素，没有第三种：一种是褐色素，主要生成黄色，通过改变密度还能一直变成红色；另一种是铕色素，能生成黑色，稍浅一点，还能朝着栗色、浅灰色，甚至偏蓝色发展。如果缺少这两种色素，那我就会变成白色，但不会因此患上白化病。狗身上常见的十来种颜色也源于相同的色素组合。顺便说一句，这一原理适用于所有哺乳动物，包括人类。无论在你们眼中它们看起来是白色、黑色、黄色还是红色，其实只和一个因素有关，即动物皮肤中含有褐色素和铕色素的比例，它们的直系祖先在进化过程中不断适应生活环境，造就了这一比例。

最后，就像对忍者一样，你们也讲了许多关于我的传奇故事，大都无法证实。你们还经常发挥想象力，赋予我那真是魔法里才有的力量。

我还是优秀的长跑健将，这一特长你们人类也有。我们是仅有的经过训练能坚持跑完马拉松，甚至更长距离而不受损伤的动物。我在全速疾跑时能完胜你们：我的最高速度大约为每小时50千米，比你们人类最好的赛跑运动员快整整三分之一。我每天跑60千米是不在话下的，必要时还能在雪地里跑：我的爪子有厚厚的肉垫，相当于穿上了雪鞋。

我的眼睛是斜着长的。金色的眼睛让我的眼神更显锐利。我的眼底铺了一层叫做"反光膜"的组织，可以在夜里增强视力，让我的眼睛在黑暗中磷光闪闪。我拥有250度的视角，比你们人类的视角广多了，你们的视角只有180度。这也是为什么近处的物体只有在动起来的时候，我才能看见，一旦看见，便十分精确，就像我的小胡子（触须）能精确地感知和记录哪怕一点点的风吹草动。我的大脑和眼睛剖析影像的速度比你们快得多，你们人类每秒钟最多能处理 20 多帧画面，而我们能处理 60 多帧。这一优势让我们反应很快，能逮住小动物。这一特质也解释了为什么虽然狗在生理构造上相较于我们灰狼已经变弱了，却还是能轻易地抓住人们丢给它的玩具：对狗来说，游戏飞盘是像慢镜头一样飞到眼前的。我的嗅觉灵敏，即使处在上风向两三百米远的地方，我也能通过嗅觉探测出一头大型哺乳动物之所在；如果各种条件最佳，那隔着两三千米我也能闻出来。我的听觉灵敏度则至少是你们人类的两倍。

我是群居动物。众所周知，所有生物，你们，我，还有我们的猎物，都有三个最基本、最重要的需求：吃，睡，繁衍后代。为了实现这些需求，我们有各种适应性策略，其中就包括团队合作，你们人类也擅此道，曾让其发挥过最大的效用。于我们而言，团队合作的结果就是群居生活。我们狼群不是小集团，更像是大家庭。狼群就像细胞一样，规模大小是随着特定栖息地的资源开发情况而变化的。

狼群，就是繁衍后代的细胞。整个狼群以一对首领夫妻为中心。如果狩猎地有限，或者周边的土地都被其他狼群占领了，那我们的孩子就和我们多住一段时间。我们在初春时交配，天气一转暖就分娩，好让我们的小狼崽能有最大的机会存活下来。我们平均一胎生五六只，只有三分之一能活过第一年。刚成年的狼可以在狼群里一直待到四五岁，帮着照顾小的，在父母外出狩猎时，确保小狼们的安全，增加整个狼群的生存概率。有时，刚成年的狼里面会有某一只离开狼群去寻找自己的另一半，他和她，作为性伴侣，共同创建新的狼群。在狼数量繁多的地区，一个狼群里会多达20来只狼。在狼为数不多的地区呢，灰狼们则离群索居，如果可以的话，找个伴儿去过家庭生活，狼群就很少见了。即使有狼群，先和父母一起生活两三年，一旦成年，灰狼就会离家出走。

虽败犹荣者的地缘政治学

在200万年前，我们的近亲到达欧洲，你们人类祖先的远亲直立人可能在同一时期抵欧。我们已经是灰狼的样貌了，之后我们的身体没有任何进化。我们是世界之王，在整个北半球，在北美、欧洲、整个广袤的亚洲，直到北非，以不同亚种的面目出现，繁衍扩张。

而如今，你们人类屠杀我们，灰狼一族的幸存者只有20万到40万了。我们顽强地面对和抵抗持续的厄运，在各种环境下努力生存。我们能活下来的地方，通常都是足够艰苦的地方，你们不屑于用武力涉足的地方，如北极圈内的冻原、中亚的沙漠等。我们的亚种就这样毫无怨言地忍受着各种恶劣环境，忍受着时常走向极端的诡异温度：从印度50度高温的荒山野岭到西伯利亚零下50度的狂风暴雪。一个地方，只要具备四个基本条件，我们就能生存：一是有吃的（物种越丰富的生态小区越好）；二是有喝的;三是一年当中至少有一段时期是有植被覆盖的,好让我们有藏身之所,并有足够的时节来猎食;四是最重要的,就是人类对当地生态环境的干预要降到最低。其实,最近几十年,我们已经夺回了一些被人类烙下深刻印记的领土。在法国,我们的最后一个同类死于20世纪30年代,但人们居然在1992年又发现了灰狼。

　　兄弟们,我们来算一算咱们狼的数量吧!不算那些假狼,如南美灰狼,它们不是咱的亲兄弟,只是表亲。我们只计算真正的狼的品种,如灰狼、埃塞俄比亚狼。在苏联的成员国里大约有10万只狼,在中亚狼的数量差不多一样;加拿大有55 000只;蒙古有30 000只;美国11 000只,其中有8 000只生活在僻远的阿拉斯加;中国不到5 000只;欧洲,除了俄罗斯,大约有8 000只;还有几千只在北非。以上这些数据只是大概,统计不完全,还有一些大胆的推算。狼有很多亚种,许多时候,是某个国家出于骄傲和面子给取的名字。在欧亚大陆,政治边界代代更迭,本来在此地土生土长的犬科动物硬被冠上了十五六个怪里怪气的名称,变成狼的许多亚种。人类还给每个亚种划分出各自的特征,以为这样就能把它们区分开来,全然不考虑它们一直以来都互相交叉繁殖。我们从它们现在的活动中心中亚开始列举吧:草原狼、蒙古狼、亚洲沙漠狼,这三种绝对是常见的灰狼品种,狼的典范。在偏西北的地区,我们会见到西伯利亚狼,它们的毛色偏白。在偏西边的是高加索狼、南斯拉夫狼、意大利狼、西班牙狼等。在不同国家的生物学家的分类和影响之下,现存的狼有12~40个亚种,还不包括那些已经灭绝的亚种,如日本狼。我们上溯祖先的踪迹,穿过白令海峡，还能找到阿拉斯加狼、北极狼、加拿大狼、大平原狼、墨西哥狼，甚至命运极为悲惨的红狼。

其实你们如此精细的分类没啥用处。除了喜马拉雅狼这一未定的亚种，其他那些都属于灰狼。我们内心深处桀骜不驯，虽然有可能被驯服，但始终很危险。我们从未被真正驯化，我们从未屈服。哈！人类的仆从，狗，就不能这么说了吧！还记得让·德·拉封丹的讽刺寓言吗？

——"被拴住了？"狼问道，"您不能去想去的地方了？"

——"不是想去就能去的，但这有什么要紧呢？"

——"这可太要紧了。若真是这样的话，你那些饭食我通通不想要，就算给我金银财宝，我也不愿被拴住。"

说完这话，狼转身就逃，甚至飞跑起来。

第二章
犬属动物起源：狐狸的教训

呆萌黏人的狐狸犬

本章中，我们从人类的摇篮埃塞俄比亚开始，去追溯时间的长河，探讨人和狼这两大物种是如何缔结了共同生活的盟约，并由此产生了狗。然后，跟随一位苏联研究者的脚步，我们惊奇地发现，经过第一次成功的尝试以后，人类便放弃了驯服狐狸先生。

非洲金狼：夜幕降临。有两个人在监视我们，我和我妻子。真是四人一台戏，我们四个都埋伏在一片绿洲附近。事情就发生在这一片小水洼周围，那是巨大草原上的一处小亮点，很隐蔽，在位于埃塞俄比亚中部山区的西门山自然公园中。此地是我的食品储存柜之一，看看四处散落的羽毛就知道了，那是不计其数的鸟儿的残骸，夜幕降临时，它们过来喝水解渴，撞到了我的獠牙。

我并非真正的豺，我是来自阴曹地府的信使，保守着各种秘密。很久以前，古埃及人将我的头献祭给死神阿努比斯，从那时起，人们就叫我金豺，Canis aureus，名字和欧亚大陆上真正的金豺完全一样。其实人们该听听亚里士多德的意见，他早就说过，埃及的狼比其他狼要小得多。大家想象一下，我就是这微型狼，平均体重 10 公斤。然而直到 19 世纪，不少著名的生物学家，从弗雷德里克·居维叶到托马斯·亨利·赫胥黎，他俩比其他人更敏锐，才猜到我并非纯正血统的豺，在形态上我更像狼。他俩是对的。很偶然地，或者说源于某种进化过程中的趋同，我才会和我的表亲，即真正的金豺，长得这么像。我们在相同的环境里生活，不是干旱的山岭，就是贫瘠的森林。腿变短了，以便掠地而行；皮毛厚重，方可抵御暗夜的寒冷；毛色和光秃秃的地面一样，才能不被注意。总有体形更大的食肉目动物，比如非洲豹、灰狼，来吃掉我们，当然也有小猎物被我们吃掉，我们还会吃一些水果和腐尸。我们必须有双倍的小心谨慎：为了果腹，从藏身之处一跃而起扑向午餐的时候，我们必须小心谨慎；为了不给别人果腹，当更强者靠近时，我们也必须小心谨慎。

　　然而，当我讲述着我的故事，透露着我的真相时，你们却始终不明白我到底是谁。说实话，你们人类的动物学家也是最近才知道关于我的一切的。直到2011年，通过一项基因研究，人们才发现，我，俗称埃及金豺，其实应该叫做 Canis aureus lupaster，是货真价实的非洲狼。我即刻被重新命名为金背胡狼。从埃塞俄比亚到塞内加尔有那么多的灰狼亚种，现在又发现一种新的①，真是可喜可贺！从此以后，我就正式成为非洲金狼了。我的邻居，叫做埃塞俄比亚狼的，也有同样的分类问题。它和我一样，都长得很不像普通的灰狼。也有一些学艺不精的，错把它当成豺或者重返野生状态的狗。你们如果到埃塞俄比亚去，运气好的话，能同时碰到我们俩：非洲金狼和埃塞俄比亚狼。然而，即使有狼的名字，我们俩也没有被人当做真正的灰狼。

　　埃塞俄比亚狼是非洲最为稀有的食肉目动物，也是世界上排

---

① Eli Knispel Rueness et *al.*, «The cryptic african wolf: *Canis aureus lupaster* is not a golden jackal and is not endemic to Egypt», *Plos One*, 2011 - 01 - 26, http://journals.plos.org/plosone/article/file? id = 10.1371/journal.pone.0016385&type = printable(2018 - 02 - 18).

行第三的稀有犬科动物，仅次于奇特的红狼和神秘的新几内亚歌唱犬。全世界只剩下不到 1 000 只野生埃塞俄比亚狼。它们的地盘支离破碎，长期以来遭受到集中猎杀，也许还同流浪狗杂交过，这一切都可能使其走向灭绝。而我，新发现的非洲金狼，是"灰狼时代"在非洲最后的遗迹了。大约在 100 万年前，灰狼数量如此巨大，世界又是如此寒冷，灰狼们占领了北非。埃塞俄比亚狼是活化石，但恐怕也活不了多久了。不过，没什么要紧，它们的后裔算是保存下来了。只不过，在无法受到严格保护的地方（实际上几乎是全世界，除了欧洲和北美洲，北美洲的保护规模要小一些），野生的犬科动物在渐渐消亡，而家养的犬科动物则在发展壮大，它们的祖先曾经以某种异常敏锐的直觉效忠于你们人类。

犬属动物之三

这里要讲到的第三种犬属动物，你们在埃塞俄比亚是不可能错过的，那就是家犬，即被驯服的犬，真正的灰狼家族中的浪子。它无处不在，哪怕是在拉斯·达善峰之巅，即埃塞俄比亚全境最高峰，也是西门山脉的最高点，它一开口，犬吠声便弥漫在整个空气中。此地被耕种过，有人居住。"可是为什么是狗呢？"你们可能会问导游。"因为它们能看家护院啊，"导游回答说，"在这里，家家户户都有点东西需要看管，谷物袋啦，步枪啦，工具啦，孩子啦，狗狗都会认真看护。"这也是为什么每个农庄都有自己的看门犬，当它们齐声叫唤时，远在数千米之外，都能隐约听见农庄里的犬吠声。你们锲而不舍地发问："那你们会选择某个特殊犬种吗?"导游撇撇嘴,表示不屑。干吗要选? 每只狗,从母狗到幼犬,都知道,在这里它们得会叫唤才行!

在西边的时候,你们就提过这个问题了,现在你们驱车来到阿比西尼亚高原。开车的司机耸了耸肩。对他来讲,狗不过是众多危害中的一种罢了。它们懵懵懂懂的,在他开车穿过农庄和广袤无垠的草原时,它们随时可能冲到他的车轮下。狗还是孩子们的玩伴,陪着他们,协助他们,一起照看牛群。

你们又向另一位导游提了一个问题:田地怎么都被仙人掌筑成的天然屏障给围起来了呢? 导游绘声绘色地总结如下:"狗狗们只能白天照看牛群,夜里要看门,一犬两用。"然后他接着说:"有了这些仙人掌就好多啦,狗狗不用时时提防。别看它们白天叫得凶,只到了夜里才会动真格咬人。"有了仙人掌形成的具有本地特色的"带刺铁丝网",就有了看管财物的工具,狗只需辅助一二即可。有时狗还会帮忙打猎,但如今"打猎"一事经常和偷猎行为混到一起,所以大家不会和外国人谈论这事。

在埃塞俄比亚,你们至少应该明白一点,那就是人们对犬类动物的谱系知之甚少,以至于把和豺八竿子打不着的品种也叫作豺:就算是真正的非洲豺,比起欧亚大陆上的金豺,在基因上也是相去甚远的,正像你们人类的基因与黑猩猩及倭黑猩猩的基因是天差地别的一样。人们对犬类动物的谱系知之甚少,甚至见了狼也认不出来。那么你们亲爱的狗狗到底是从什么动物演变而来的? 对此你们到底知晓几分? 很简单嘛。你们有很多假设,你们指望着总有一个假设是对的。

谁是狗的爸爸？

最早对犬科动物亲缘关系提出科学假设的人，是艾蒂安·若弗鲁瓦·圣伊莱尔。[①] 大约在 1835 年，他指出，金豺的体形，就像是一只最常见的狗。这位动物学家由此推算，好些种类的狗都源自金豺。他很敏锐。相较于生活在南非的另外两种豺，金豺是不一样的，它和狼的亲缘关系更近，且广泛分布在欧亚大陆上，从印度到巴尔干半岛。后来，查尔斯·达尔文提出，狗的外形之所以如此繁多，各有不同，是因为它们是源自好几种不同犬科动物的混血儿，其中就有灰狼和金豺的血统。

上述假设是有由头的，狗从一开始就被认为是金豺和灰狼混血而成的杂交犬。1970 年，动物生态学界的权威康拉德·洛伦茨再次提出这一理论。[②] 他认为，人类至少在 2 万年前就已经驯服了金豺。证据是在波罗的海沿岸城市的考古发现，所发掘出土的一些模糊残迹能证明曾有一种类似于博美犬的犬科动物在那儿生活过。这种犬科动物即"泥炭狗"，拉丁文名为 Canis familiaris palustris，可能是最早被驯养的小狗了。洛伦茨认为它应该是在北非被驯养的，因为那时豺尚未在欧洲大陆上出现，人们是从地中海沿岸把它带过去的。然而，洛伦茨也承认，很多物种的身体里

---

① 参考 Emmanuelle Francq, «Les origines des races européennes de chiens de berger», thèse de doctorat vétérinaire, Créteil, 2007, http//theses. vet-alfort. fr/ telecharger.php? id = 1048 (2018 - 02 - 05)，该论文中引用了以下著作：Pierre Rousselet-Blanc, *Larousse du chien. Comportements*, *soins*, *races*, Paris, Larousse, 2000。

② Konrad Lorenz, *Tous les chiens*, *tous les chats*, 1970 (édition originale)，traduit de l'allemand par Boris Villeneuve, Paris, Éditions J'ai lu, 1974.

流淌着狼的血液，例如北欧地区的狗，它们被用来拉雪橇。直到1980年，不少专家仍然确信狗是金豺的后代，加入了一点狼的血统后，在某些方面有所完善。

近20多年来，比较权威的遗传学重新检视了知识地图。犬类动物的多个基因组序列基本可以确定：狗只是狼的后代，没有其他犬科动物的血统。无论是郊狼、非洲豺，还是金豺，它们都未参与生养"人类最好的朋友"。这在今天是一个主流的共识。剩下的，仅仅是要厘清这种由狼到犬的炼化是在何时何地发生的。稍后我们会深入探讨这个问题。

在探讨这个问题之前，我们必须再现另一种假设，该假设也可追溯到现代生物学的开端。自然历史的先驱乔治·居维叶认为狗既非豺的后代，亦非豺和狼的混血儿，也不是源自灰狼，而是野狗的后裔。这种动物也许尝到了被人驯服的甜头，觉得做家犬挺好的，原有物种可能已经灭绝。这一假设在1810年被提出来时或许是个笑料，然而它很快流行起来，许多专家，如雷蒙德·科平杰、斯蒂芬·布迪安斯基、贾妮丝·科勒-马茨尼克都以这样或那样的方式支持这种观点。他们都认为，狗和狼之间的区别太大，不可能只是狼被驯化成狗之后的结果，即使人类很早就将狼驯养成狗，但这个时间往前推得再早，也无法解释这种巨大的区别。还有些遗传学研究实实在在得出结论，在10万年前，甚至更早，早到50万年前，狗和狼就已然分离了。这一观点有利于佐证某种特殊犬类动物的存在，它只有灰狼的血统，但很久之前就与其分道扬镳。这种假想中的动物可能被人类驯化，不再以野生状态存在。

事实上，现在所谓的"野"狗，人们通常认为它们在从前已经被驯化，但在几百年或几千年间重新回到一种或多或少没有主人的生活。然而，正因为没有人类来控制它们的生产繁殖，它们貌似重新拥有了和它们传说中的野生祖先一样的外形和行为特征：中等身材，双耳直立，皮毛主要为浅黄褐色，但爪子末端通常呈白色。

但是我们怎么会找不到一点点关于这种所谓的狗祖先的考古发掘的痕迹呢？一些中国科学家发表的作品中便有这种痕迹。他们力证，在许多考古遗址中发掘出来的小型狼都不是灰狼，而是狗的原型。他们建议将此物种归入公元前 50 万年至公元前 20 万年间在东亚出现的一种史前小狼之列，即直隶狼，在西方这种狼被称作周口店变异狼或周口店狼。[1]

无论如何，目前绝大多数专家认为狗是一种或多种灰狼的后裔。他们各抒己见，相互竞争，给出了一系列假说，试图解释这种由狼到犬的转化是在何时何地发生的。在十几万年前狗就出现在整个北半球，且在很多地区（中国、西伯利亚、西欧，甚至北非或北美）被人类驯养，虽然在不同的地区被驯养的具体时间各有不

---

[1] 参见 Hao-Wen Tong, Nan Hu, Xiao-Ming Wang, «A new remains of *Canis chihliensis* (Mammalia, Carnivora) from Shanshenmiaozui, a Lower Pleistocene site in Yangyuan, Hebei». *Vertebra PalAsiatica*, 2012 – 12, http://www.ivpp.cas.cn/cbw/gjizdwxb/xbwzxz/201211/P020121105569703866024.pdf(2018 – 02 – 19）。这些学者在研究中将周口店狼与其他犬科动物分家的时间往后推迟了 100 多万年。

同。不管咋说吧，灰狼和狗的基因组有明显的相近性，其平均相近数值高达 99.6%。从生理解剖学的角度看，狗和狼的相似度，比和它们更近的表亲郊狼和金豺要高。

有了遗传学，大家或多或少地暂时达成共识（中国的研究者通常不同意此观点）：狗就是狼的后裔，狗和狼与其他犬类动物（如澳洲野犬、郊狼、金豺、非洲豺等）都有杂交，还有潜在的可能与非洲四趾猎狗和豺交配过，这些犬科动物都拥有 39 对染色体。狼和狗有这么多的亲戚，也是最近，即不到 100 万或 200 万年前才与之区分开来的。其他一些犬科动物，如狐狸、南非大耳豪狗、南美伪狐属等，在遗传学上就离得更远了，是不能和真正的犬类动物交配的。因此，它们被排除在外，不可能贡献纯粹的狗的基因。

那么，从猛兽到小狗，这一神奇的变身是什么时候发生的？人类又是在哪里将狼驯化成了狗？在这个问题上，事情又开始变得复杂了。因为把狼（或某种类似狼的动物）变成狗，肯定是一段令人称奇的故事。50 公斤的野兽如何就变成了矮种贵宾犬？要勾勒出纯粹是理论上的"第一次"到底发生了什么，简直就像讲童话故事一样。

第一只小爱犬的传说

很久很久以前，有个人捉住了一只小狼崽。这狼崽子肯定是极小的，因为我们故事的主角如果试图控制住一只成年狼，咱这故事可能马上就会以悲剧告终。假设故事中的狼崽只有几周大吧，因为只有在幼年的时候被收养，它才有可能开始适应新的家庭。我们再假定一个既成事实，那就是狼妈妈已经死了，或者逃了，否则她不会与自己的骨肉如此分离。

所以呢，我们的同类就拥有了这个极小的毛球。来想象这样一段对话吧。"养着它有啥好处啊？""或许可以吃掉它。""可是它太小了，也就勉强吃一口吧。""但是几个月后，它就长大了，我们可以美餐一顿。""也对，但它快饿死了呀？""那可不行，老婆，你快给它喂喂奶。"诸位听到这里也许会皱起眉头。但这种行为，即使在现如今，在以狩猎和采摘野果为生的部落中也是广泛存在的：女人会用自己的乳汁哺育小动物，无论是野生的，家养的，还是半家养的。[①] 女人用乳汁哺育小动物，在亚马逊、新几内亚和美拉尼西亚文化中稀松平常，在澳洲和东南亚属于偶发事件，在非洲则时有时无。女人经常用乳汁哺育的多是犬科动物（狗、澳洲野犬等）或者猪类动物（家猪、美洲野猪等），而猴子、羔羊、小鹿，甚至浣熊、海狸，很少能得到女人的母乳喂养。这些动物既可能是家养的，也可能是野生的，既可能拿来吃，也可能恰恰相反。然而，它们在被一个或几个女人用乳汁哺育之后，往往因此赢得宠物的身份，而人们是不会吃宠物的。顺便一提，在法国也有类似的现象。19 世纪时，人们会让哺乳期的妈妈给小狗喂奶，以解除

---

① 关于此行为的人类学分析，参见 Jacqueline Milliet, «L'allaitement des animaux par des femmes, entre mythe et réalité », IRD, 2007, http://horizon. documentation.ird.fr/exl-doc/pleins_textes/diversl6 - 08/010041948.pdf（2018 - 02 - 05）。

奶水过多引起的不适，或者相反，以刺激发奶。[①]

　　总之，为了让我们故事中的第一只小狼崽活下来，很可能有一位或好几位女人做出了牺牲。她们用自己的乳汁喂养它，或者把肉嚼碎了喂进它的喉咙里。它的生母如果还在，也会这样做。

　　我们的小狼慢慢长大了，食谱和它的饲养员一样。它越来越重，越来越爱做傻事，吃的肉也越来越多。为什么不把它烤烤吃了呢？我们可以设想两类原因。在理性层面，我们发现它还是有点用的：当敌人靠近时，它会预警；打猎时，它能将野兔赶出来，如果没有它，人们可能根本无法发现这猎物；我们还可以把它作为礼物送给邻居；甚至，人们可能想明白了，如果给它找个异性伴儿，还能发展一下畜牧业。在感性层面，我们之间已经擦出了火花，发展出情感的纽带，这个小崽子已经是家庭的一员，我们是不会吃家庭成员的，哪怕它做过再多的傻事，我们还想拥有更多的小崽崽呢，它们实在太可爱了……然而，所有这些都只是猜想，在信奉客观规律和因果联系的决定论之下，这些猜想是不靠谱的。你们如果养过狗，当然知道人和狗之间可能会有怎样的互动，但当时你们的祖先对此一无所知。

驯服，偶然还是必然？

　　但有一件事似乎是肯定的。驯服我们犬科动物，和你们驯服

[①] 参考 Boris Cyrulnik, Carole Lou-Matignon, *La Fabuleuse Aventure des hommes et des aninaux*, Paris, Le Seuil, 2001。

其他所有动物完全不是一码事。首先是因为人类驯服我们的时间特别早。你们最早也不过在 12 000 年前才开始养殖食草动物（如山羊、绵羊、牛、猪——猪虽然是杂食动物，但也能像前面这些食草动物一样被圈养），以食其肉，而我们犬科动物被人类驯养大约是在 24 000 年前，最晚的也是在 6 000 年前。人类开始饲养生物（动物和植物）的时代，也就是通常所说的新石器时代，开始于 12 000 年前，随之而来的是人类从游牧转为定居，拉开了城市生活的序幕。自此以后，人类开始了有计划的战争、等级化的宗教，信奉金钱至上，按钟表上的时刻精准作息，还有许多其他元素，皆成为你们的日常。而犬科动物的驯服并不在此过程之中，而是在更早之前已然发生。

我们先来定义一下何为驯服（法语动词为 domestiquer）：那些与人类接触，并与人类的住所（拉丁文 domus 表示"家"）紧密相连的生物才是从根本上被驯服了的生物，但其中的联系会更加深厚，因为，如果说与"家"紧密相连，那蟑螂岂不也成了"家养"的？所谓驯服，还必须要被"驯"，即按照人类的方式被社会化，不再害怕人类，也不再将人类视作猎物，要仰仗人类才能有吃的，才能满足基本需求。当人类需要有选择性地进行饲养的时候，这种联系就更紧密了：人类会有意控制被驯养者的生殖繁衍，使其后代根据人类的选择而具备某些特征。最后，被驯服尤其意味着在外形和基因上被人类重塑。例如体形变得更小，不复从前那般强大，下颌骨变弱，獠牙也没那么长，四肢因为不需要那么多体力劳动而变短，骨头也没那么密了，需要认知的领域和之前不同，大脑也退化了，所有一切都是为了保证没有冲突地和人类住在一起。是的，我们这些家犬可以对狼爷爷说一句："纵使你有獠牙长爪，纵使你肌肉强、脑袋大，纵使这样的配置能让你在天地间自由呼吸，那又如何？所有这一切，在和人类接触的过程中，我们再也找不到了。"

但比起野生野长的狗，我们还是有优势的。比如说，几千年来，我们这些家犬都能消化淀粉，而狼是做不到的。因此我们可以大快朵颐你们的炸丸子，即使这淀粉丸子不过是工业制作的成品罢了。我们曾经是随遇而安的肉食动物，之后便成为杂食动物了。那些让我们能消化人类所食面包中的淀粉的基因，在我们不同品种中的分布是不同的。当人类开始农耕生活的时候，我们就开始产生这种基因了，以便能继续吃你们的残羹冷炙。游牧民族的猎犬，其食物中有40%是肉类食品，其消化淀粉的基因比生活在温带地区的狗要少，因为在温带国家，农民的食物中曾一度包含90%的谷物，其中还混合有蔬菜。而在北极圈内的雪橇犬，有时则完全没有这种基因，因为它们长期和主人因纽特人生活在一起，后者几乎只吃动物制品。一个明显的事实是，狗和人类，我们两个物种同时在进化。我们团结一致，一起适应了共同的生活。你们身上有我们狗的特征，正如在我们的天性最深处也有人类的特质。

最后再补充一点，驯服，是一个不断重新谈判的缔结契约的过程，对我们狗来说，尤其如是。因此，许多被断断续续家养过的动物重新逃回野外，徘徊在被驯服和野性之间的无人区。我们狗，就是这片灰色地带的先驱。我们当中的某些成员是如何在自然和文明之间往返的？在解释这个问题之前，我们先来关注"往"这个方面：我们到底是如何被驯服的？

寻找狗中亚当

我们首先要找到人类所知的无可争议的最古老的那只狗。有人说它应该在中国，可能是从贾湖考古遗址发掘出来的狗中的一只。那里曾是一个村庄，有 45 座房址和一大片墓地。居民种植水稻，在出土遗物清单里，还有野生大豆、家猪、野生水牛、鳄鱼，以及包括狗在内的众多其他动物种类。当时的居民还酿酒，那里有世界上迄今为止最古老的酿酒遗迹。经过仪器计算，这只最古老的狗距今有 8 000 年的历史，也不算很老。

同样是在中国，还发现了其他犬科动物，它们至少在 14 000 年前就和人类产生联系。从骨架来看，它们的体形不大，很有可能是狗。中国的古生物学家还提出了一项让人无法辩驳的论据，来证明狗最早是在中国被驯化的，那便是遗传学上的证据。

补充一点题外话，为了寻找第一只狗，我们会援引两种学科方法，即考古学和遗传学：前者能发掘出遗迹，如骨头；后者能进行基因测序，还能通过分析 DNA 片段建立起谱系图。粗略来说，我们可以尝试通过线粒体 DNA 来追溯母系的支系，因为线粒体DNA 是通过母系遗传的，且较容易测序。我们也会尝试其他方法，尤其是通过分析核 DNA，所获取的结果往往与前面所说的基因组测序非常不一致。

和其考古学分析一样，犬类动物的遗传学分析面临一个问题，那就是犬类动物都拥有很强的外形上的可塑性。因此，要确定某种基因突变出现的准确时间很困难，正如要将第一只真正的狗和普通的狼区分开也很困难。在今天，虽然你们人类大肆狩猎，世界上狼的基因多样性被大大地削弱了，然而要区分开一只西伯利亚狼和一只印度狼还是很容易的。前者体形庞大，一头雄性西伯利亚狼体重最大可达 70 公斤，全身覆盖厚皮毛，能捕捉巨大的猎物，可以很长时间不吃饭，但每吃一次便是饕餮巨餐，储存的脂肪可以维持生存很久。印度狼身形瘦削，为抵抗炎热，皮毛较短，身材高挑，一只成年印度狼体重可达 35 公斤，吃腐肉和老鼠。想象一下，假设你们分别有这两种犬类动物的几块骨头和牙齿，那是 15 000 年的化石啊，还会认为这两者属于同一种动物，同一个物种，灰狼吗？

我们在中亚地区和喜马拉雅山区（蒙古、尼泊尔，以及中国的西藏和新疆）发现的狗，其基因多样性最为丰富。[1] 通常来说，越是靠近物种的原生地，其基因多样性就越强。遗传学家认为，毫无疑问，绝大多数狗是狼的后代，灰狼很可能在 16 500 年前就已经在中亚和东亚地区被驯服成了狗。这一结论已经是最广为接受的一种判断了，它是根据表型遗传学的一个理论模型推演出来的：先计算从狼变成狗的基因突变的数量，再估算出上述基因突

[1] Laura M. Shannon et al., « Genetic structure in village dogs reveals a Central Asian domestication origin, PNAS, 2015 - 11 - 03, http://www.pnas.org/content/pnas/112/44/13639.full.pdf（2018 - 02 - 19）.

变每出现一次的平均时间间隔,将两个数字相乘,便可推定出狼演变成狗的时间。

然而,接下来马上会出现两个问题。一是根据考古研究,疑似最古老的狗并不是在中国西部和中亚地区发现的,而是在南西伯利亚、捷克共和国、比利时和法国,且它们的历史长达25 000年至35 000年! 二是即便按照表型遗传学的模型推演,我们会发现狗从狼中演化出来的时间被推回到16 000年或18 000年前,还有的说是27 000年至40 000年前,甚至有推到10万年前的,这样有可能一直推到50多万年前。

人们在南西伯利亚阿尔泰山脉的拉兹波维尼琪亚洞穴中发现了疑似是世界上最古老的一只狗的化石。① 经过分析研究,该化石有33 000年的历史。其头骨显示它有被人驯养的经历,虽然也有一些古生物学家认为它有可能只是狼的一个特殊亚种。从头骨化石来看,它的口鼻部短,下颌骨宽,牙齿有交叠,更像是格陵兰犬,而非狼。由此可以猜想,这只狗经常与人类为伍,且双方足够亲密,使得其外形和流传下来的基因都发生了变化……基因分析表明,今天的狗身上的基因组应该不是从它那里来的,由此可以推断,现在的狗是在那之后由人类驯化而来的。考古学家还发掘出土了其他相似的犬类动物化石,它们和前面这个头骨化石

---

① Nikolai D. Ovodov *et al.*, « A 33,000-year-old incipient dog from the Altai Mountains of Siberia: Evidence of the earliest domestication disrupted by the Last Glacial Maximum», *Plos One*, 2011 - 07 - 28, http://journals. plos. org/plosone/ article/file? id = 10.1371 /journal.pone.0022821&type = printable(2018 - 02 - 21).

能追溯至几乎同一个时期。首先,是在比利时戈耶特洞穴发现的距今至少 32 000 年的化石。其主人的体形和一头较大的哈士奇差不多。在捷克共和国普雷德莫斯蒂这个距今 26 000 年至 27 000 年的考古遗址,人们发掘出土了大量猛犸象的骸骨和犬科动物的头骨,有三个头骨化石的颅腔和口鼻部异常地短而宽。它们就葬在人类墓地的附近,其中一块头骨化石的主人,好像还在死后被赏了一根骨头,就放在它嘴里。这应该是最初的某种殉葬行为。化石的发现者认为,这些遗迹即使算不上真正的狗的化石,至少应该是正在被驯化阶段的狼的化石,它们甚至有可能是家养灰狼和野生灰狼的杂交后代。[①]

　　让我们绕个道,来看看法国的肖维洞穴。这一史前绘画圣地中的岩画创作于 34 000 年前,在其后的 1 万多年间岩洞一直有人居住。我们在岩层中发现了一个也许只有 8 到 10 岁的小孩在 26 000 年前留下的足迹,还发现了一只犬科动物的令人好奇的足迹,因为后者的足迹和人类小男孩的足迹是并排的。犬科动物的这些足迹更像是一只狗的,而非狼的,因为中趾看起来已经萎缩了。要大致确定狗何时出现在欧洲,需要把时间再往后推一点。在德国的波恩-奥贝尔卡瑟尔地区,人们发现,一只很可能是母狗的动物,曾被埋在一个 50 多岁的男人和一个 20 多岁的女人之间:这两人可能是狗的主人。该墓地已有 14 300 年(前后约有 300 年

---

① Mietje Germonpré, Martina Láznicková-Galetová, Mikhail V. Sablin, «Palaeolithic dog skulls at the Gravettian Předmostí site, the Czech Republic», *Journal of Archaeological Science*, 2011 - 09 - 17.

的出入）的历史。在东方国家，考古学家发现了更多的坟墓，比德国这个晚两三千年。例如，以色列的马拉哈遗址中有一座老人的坟墓，老人下葬时向右侧卧，一只手放在一只四五个月大的小狗身上。[1] 从这个时候开始，狗这种犬科动物的身材，相较其祖先狼，就更小一些了，也由此确定了其宠物的角色。它们在这可怖的冥界"陪伴"胆怯的两足动物，甚至在它们自己死后，也会享有同样的待遇：有别的狗给它们陪葬。它们或许已然因此而获得灵魂？7 500 年前，十几只狗被精心埋葬在贝加尔湖畔，随葬品中还有往往只给人类陪葬的漂亮物件，例如由鹿角侧枝雕刻而成的骨刀。

我们来总结一下吧。基因学证明，最早的狗出现在喜马拉雅地区，而古生物学家却是在欧洲发掘出了最早的狗化石。为了解释这些有分歧的研究数据，有人提出了双重驯化的假设，在今天这似乎是最能获得研究者同意的观点。让我们重温一下 2016 年的一项研究[2]所给出的解释。狗可能被人类驯养了很多次，其中至少有一次是在欧洲，从遗传基因来看，另一次是在亚洲的喜马拉雅地区。之后人类和他们的狗一起，从东亚向欧洲迁徙。公元前 14000 年至公元前 6400 年，跟随人类来到欧洲的狗，使欧洲本地狗的数量减少，又通过杂交，与欧洲幸存下来的狗相交融。以

---

[1] Simon J. M. Davis, François R. Valla, «Evidence for the domestication of the dog 12,000 years ago in the Natufian of Israel», *Nature*, 1978 - 12 - 07.

[2] Laurent A. F. Frantz *et al.*, «Genomic and archaeological evidence suggests a dual origin of domestic dogs», *Science*, 2016 - 06 - 02.

至于今天，绝大多数狗带有从亚洲灰狼遗传下来的基因。而欧洲的灰狼，很有可能比它们在亚洲的同类更早被驯化，却没能留下后代，留下的也许只有几个基因组。总之，欧洲最早的狗似乎遭遇了和尼安德特人同样的命运。他们都在面临新来者时消失了，留下的所有回忆仅仅是一小撮基因，存续在那些将其取而代之者的后代身上。

驯化之谜

这个故事的内情到底是怎样的？人类是如何成功地将狼变成了狗？目前最有力的假设是由一些动物生态学家提出来的。近20年来，他们的学说又受到新观点的影响。之前，主流观点认为，动物必然是被动的。在这种逻辑之下，结论显而易见：人类乃"自然之主，自然之师"，乾纲独断，于是决定将狼驯养成狗。但之后，人们却觉得所谓驯化，更有可能源自人类和其他动物之间的一种生态和文化的互动，这种互动因为人类文明的意志得以延续和加强。有些研究者甚至颠覆了人类和动物的等级关系，认为是狼在和人类共生尝到甜头之后，主动选择被人类驯养。

从今以后我们必须得承认，最初那些靠狩猎和采摘野果为生的部落，确实与狼（或某种假想中的但无论如何都与狼很近似的动物）有过互动，共同利益促使二者相互协作。关于这一点，也有许多的故事。人们首先发现狼群和人类追逐的是同样的猎物，都是集体行动，使用相似的手法。但随着人类的发展，狼群的领地不断缩小。这一切给狼群带来压力，它们不得不适应，也促使它们尝试新的策略。于是两个物种得以协作狩猎，在长时间的奔跑中让猎物精疲力竭。狼跑得更快，能够追上体形较大的动物，将其包围，使其无法行动，直到人类赶来，用投枪射杀它们，如此一来，两个阵营的猎手都可以减少受伤的风险。从那以后，人类拥有了更多的肉食，吃剩下的就可以留给他们的助手。帕特·希普曼，还有其他一些研究者支持这种假设。希普曼认为，人们猜想的出现在欧洲和西亚的最古老的狗（在戈耶特洞穴和拉兹波维尼琪亚洞穴里发现的）确实是狗，而不是狼，因为在其骨质胶原中能识别出来它们都吃了些什么，它们的食物和同时期狼的食物是不一样的。它们吃的不是自己猎到的食物，而是人类合作伙伴留给它们的食物。

还有一些学者提出，在与人类杂居而处的过程中，灰狼是慢慢靠近人类的，一开始只是吃他们剩下的食物，然后就成了家里不可或缺的帮手。这些学者还特别强调，在当代某些仍然靠狩猎和采摘野果为生的群体中，人们允许那些半野生的狗进入村庄，因为它们自发地用贪婪的舌头，将哪怕一丁点食物都吃干抹净。从这个角度看，驯养过程在最开始时或许是一场双赢的交易，狼临时充当人类的垃圾桶，而人类则越来越欣赏能高效清洁的灰狼，并邀请它越走越近，直到它最后蹲坐在人类的脚下，乞求人类施舍残羹剩菜，下颌骨嚼着最低限量的残渣，总也吃不饱。

这两个版本的故事并不排斥其他版本。某些学者还喜欢从狗的角度来看待这场奇特的经历，这样更能看出人类的傲慢是如何遮蔽了他们的双眼。[①] 狗在被人类驯养的过程中所显示出来的智慧，难道不比人类，总以动物之主人、之尊长自居的人类，更多吗？

　　无名氏狗：承认吧，所谓聪明，就是无论在什么环境中都能适应并幸存。承认吧，和你们相比，我们才是人类为自己打造的这个人工世界中适应得最好的动物。从今往后，我们无处不在，哪怕是地球上最小、最隐蔽的角落，甚至是你们的床上。即使你们的行为导致了第六次大灭绝，让一半的野生生物在近 30 年间消失殆尽，我们狗的数量仍在不断增长。来自富裕地区的人们，你们不生那么多孩子了，但你们对我们的爱抚却与日俱增。来自贫穷地区的人们，尽管你们模仿富裕的同类，但你们仍旧轻蔑地对待我们。你们虽然在发展经济的过程中增加了垃圾，却让我们生活得越来越容易，让我们年均产下的胎数越来越多。你们所有人都在抱怨工作机会少吧？而在我们这儿，失业是不存在的！我们可以照顾人，帮助盲人或瘫痪者，与自闭症的孩子交流。我们马上将成为医生，因为我们能嗅出哪些人身患癌症。长久以来，我们都是军人、战士，如今又扮演着探测矿藏的重要角色。我们是安全助手，无论是爆炸性还是麻醉性粉尘，我们都能嗅出来。我们当中的另一些成员则大秀肌肉，它们被戴上嘴套，成为保镖，护

---

① 参见 Stephen Budiansky, *The Truth About Dogs*, New York, Penguin Books, 2001。该书作者似乎是为如下观点辩护的第一人："狗被人类驯服"一事的大赢家，是狗自己。

卫着巡逻中的警察和保安。我们还会保护你们的牛群羊群……我们天赋异禀①，我们魅力四射！

　　讲到这里，我们离研究结论已经很近了。我们知道了，狗是从何物被驯养而来，又是在何时、何地被驯养的。我们还猜到了这种驯养的原因。至于到底如何驯养的问题，曾有人在酷寒的西伯利亚进行过一场活体实验，给出一个让人惊异的答案。

狐狸变小狗的秘诀

　　想象一下，你想造个小狗出来，把它从野性难驯的动物变成你心爱的宠物，呆萌又黏人。你们知道祖先的秘方，从前是用在狼身上的：选最幼小的，当它们第一次睁开眼时，耳濡目染的只有你，你的气味，你的样子；选最温顺的，保证让温顺的只与温顺的交配，一代又一代，代代如此。你们觉得这需要多长时间？肯定猜不到吧？从苏联研究者的案例来看，实现这一目标，甚至用不了半个世纪。

　　第二次世界大战结束之后，苏联生物学家德米特里·康斯坦蒂诺奇·别利亚耶夫萌生了从零开始驯养动物的念头。他选择狐狸作为实验对象，因为狐狸和狼有共同的祖先。他的假设是，

---

① 此妙语出自下面这本奇书的开头（第 4 页）：Brian Hare, Vanessa Woods, *The Genius of Dogs. How Dogs Are Smarter Than You Think*, New York, Plume, 2013。正是这句话给了我灵感，写下书中这段话。

既然狼身上有允许它们演变成狗的基因，那么狐狸先生身上应该也有。他说服了一些爱沙尼亚的饲养员，后来还有西伯利亚的饲养员，来帮助他驯养西伯利亚银狐。这是一种常见的狐狸，有着漂亮的深灰色皮毛。从 19 世纪末人类就开始圈养这种狐狸，取其皮毛，所以它们已然有些习惯与人类相处了。德米特里致力于选种饲养，以培育出一种真正意义上的"家犬"，和你们后来知道的狐狸犬难分难辨。首先，它的尾巴上翘，只要和人类哪怕有一丁点接触，它都会摇尾巴，这是犬类一个典型的特征，其他任何动物都不会有这种情感的流露。其次，它的爪子短，眼睛大而可爱，头大，下巴没那么长，骨架纤细，毛色多变，白色、黑色、红棕色，甚至有杂色，有时候还会呈现奇妙的颜色搭配，这在野生狐狸身上是不可思议的。别忘了还有犬吠和呻吟，以及见到主人时全方位驯服的态度。母狐一年有两段发情期，不是固定在每年的哪个月份，而是随机的。它们与人类十分亲热，无论年纪多大，都喜欢把所有东西当成玩具。

如此培育出来的狐狸似乎满足家养宠物狗的所有条件，行为举止永远像小孩一样。尤其重要的是：这些家养狐狸的激素被重新设定了。比如说，它们的压力激素水平比其野生兄弟要低得多。也就是说，比起其他同类，它们对人类的畏惧要少得多。这样一来，它们就有优势与人类互动，足以打动人类，进而从他们那里弄到食物。但若独自谋生的话，它们就是废物。所以说，它们和真正的狗没有两样，无论是身体上、器质上，还是行为上。

德米特里是生物学家，也是狐狸和水貂选种专家，他选育的狐狸和水貂，皮毛一个比一个柔顺、珍贵。当时苏联将遗传学视作资产阶级的科学，予以反对，他的研究本来是可能给他带来不幸的，于是他不得不耍了个花招，声称其研究试图通过杂交来改善狐狸的繁殖力，但实际上他从事的是一项闻所未闻的实验：以天然野生物种为基础，培育出完美的"家犬"。他招募了一位女助手，柳德米拉·特鲁特，后者同意和家人一起在新西伯利亚定居。在这座西伯利亚的科学城中，她一头扎进了乌拉尔和西西伯利亚狐狸的养殖工作中。她有一个明确的念头：找到第一代温顺的狐狸，即狐狸中的亚当和夏娃，建立起一支可以家养的血统传承。据柳德米拉回忆，此事并不容易。[1] 她接了德米特里的班，一接就是一辈子。这些狐狸被单独关在一个个黑暗又狭小的笼子里，能见到的人，只有每天来给它们喂食的饲养员。大部分狐狸因此变得充满攻击性，只要有人靠近，它们就往笼子的铁条上撞，下颌咯咯作响。还有一小部分则喜欢躲着人，一见人就颤抖着躲到笼子最里面去。柳德米拉把这些攻击性强的狐狸叫做"喷火龙"，当她戴着 5 厘米厚的防护皮手套将手伸过铁栏去试探它们的反应时，只有百分之十的狐狸能安静地面对她。

这百分之十的狐狸，在行为举止上表现出对人类的信赖，也让它们逃过被大卸八块的厄运。实验是在一个巨大的毛狐养殖

---

[1] Lee Alan Dugatkin, Lyudmila Trut, *How to Tame a Fox（and Build a Dog）. Visionary Scientists and a Siberian Tale of Jump-Started Evolution*, Chicago, The University of Chicago Press, 2017.

场里进行的。柳德米拉说服场主，请他置办了一些舒适的木笼子，让狐狸们离开混凝土隔间，在木笼子里养育后代，并与人类亲近。从 1959 年开始，狐狸们就以一年一胎的频率相互之间进行交配，以便能产下愈发驯服的狐狸崽。这些狐狸都经过了特别筛选，长到成年时还保持着幼崽的特征。这印证了德米特里的观点：让犬科动物长不大，或许是将其驯服的关键。

最终驯服这些狐狸，不过花了德米特里和柳德米拉"短短"14年的时间。这 14 年，是整个进化过程中的弹指一瞬，相较于人们所想的，将一头 50 公斤的灰狼变成 3 斤的吉娃娃所需要的时间，仿若一纳秒。然而，与最初驯养狗的那些人不同，德米特里明确知道此事可行，这就让他能极大地加快进程。那结果如何呢？

普欣卡，俄语中即"迷你毛球"之意，生于 1973 年。它被认为是第一只完全家养的狐狸，拥有一双夺魂摄魄的乌黑美目，黑色皮毛如波浪般起伏，全身泛着银色光泽，一道白色条纹在整个下巴延展开来。普欣卡是一只母狐，它就像柳德米拉的宠物狗一样，陪在她身边，会做很多在那会儿只有狗才能做的事：它因此成了第一只朝着入侵者狂吠的母狐狸。同时，它也是一只可以秀给人看的毛绒玩具，无论是用狗绳牵着，还是在主人怀里抱着，它都心甘情愿，像个模特一样。

让我们回到 16 500 年前的约旦。在乌尤阿拉曼墓穴遗址中，一个人和一只狐狸被埋在一起，然后这二者被发掘出来，头骨被一起迁移到第二座坟墓中，然后又一起被发掘出来。这样的仪式确然让这只犬科动物和人类在彼岸世界也能相依为命。[1] 这狐狸是家养的吗？有可能，虽说人们在死亡之旅中优先选择的伴侣往往是狗。然而，是否应该由这个案例得出结论：最初，在近东地区，人们或许同时驯养了狐狸和灰狼，但后来更倾向于选择后者，而家养狐狸这一脉就渐渐绝迹了？抑或，为了解释这一孤例，这一同类型中独一无二的考古发现，我们还得接受下面这种最为合理的解释：在这个半定居的狩猎-采集型社会里，狐狸有着重要的象征意义，所以还是有人选择狐狸作为死后永生的朋友。

我们提出一个具有当代特色的问题，来结束这番对遥远过去的深入回顾吧：我们该不该消灭狐狸呢？在法国，每年都有省级法令将狐狸划入有害动物之列：2017 年，法国本土 96 个省中有 90 个颁布了这项法令。这就意味着人们可以用各种方式猎杀狐狸：用箭射杀，用陷阱捕杀，毒杀……原因何在？因为它们袭击鸡舍，破坏人类狩猎。在今天，狩猎这项娱乐活动，要靠人类每年在生物小区人工养殖鸟类，特别是山鸡等，才能维持。被圈养的幼小禽类，是最容易被投机分子狐狸瞄上的猎物，狐狸的黄金法则就是，尽量省力，不费什么工夫就能饱餐一顿。但也正因如此，狐狸成了人类的竞争对手，人们想方设法、花了大价钱才得到的猎物，还没开打就被狐狸偷走了。虽有猎狐法令，但就目前来说，狐

---

[1] Lisa A. Maher *et al.*, «A unique human-fox burial from a Pre-Natufian cemetery in the Levant（Jordan）», *Plos One*, 2011 - 01 - 26, http://journals. plos. org/plosone/article/file?id = 10.1371/journal. pone.0015815&type = printable（2018 - 02 - 02）.

狸尚未灭绝，逃过了此劫。其实，在另一次种族灭绝事件中，它已经幸免于难一回了，那是20世纪法国的一次清除狐狸之战，目的是彻底消灭法国农村里的狂犬病。但后来发现，通过诱饵给它们接种疫苗，比系统屠杀更有效果。

欧亚混血狗

最后一次回到关于狗的起源问题。我们在前文已经看到，从理论上讲，狗是灰狼的后裔，在大约16 500年前，从灰狼驯化而来。另外，某些遗传学的研究告诉我们，在这一时段，即距今2万年至1万年，欧洲的灰狼族群遭遇了一个瓶颈期，差点灭绝，后来才重整旗鼓。为了厘清和总结这个关于起源的故事，让我们来给出它的最终版本，当然这最终版本也是暂时的，据目前我们所知，这是最说得过去的一个版本。

现代人从非洲经由近东地区，于至少8万年前到达中国，16 500年前到达澳洲，45 000年前到达欧洲，15 000年至35 000年前到达美洲。他们本身就是超级猎手，又驯养了另外一群超级猎手，即其主要竞争对手——灰狼。人类驯养灰狼一事在史上发生过数次，首先是20 000年至35 000年前，在西欧和西伯利亚，这一时期被驯养的灰狼支系已经灭绝了。然后是16 000年至20 000年前，人类在东亚和欧洲对灰狼进行了更为系统的驯养，也许在印度或近东地区也有。而在中国，人们在扬子江流域驯养了数百只灰狼。他们驯养得非常成功，这些灰狼似乎是绝大部分狗的祖先，当然，某些品种的狗身上也很可能有北欧狼的基因贡献,此处我们且赞同达尔文的进化论。而之前在欧洲,一部分从灰狼驯养而来的狗,也略微丰富了现代狗的基因组。

这些最初被人类所驯养的狗曾一度散落在整个旧大陆。当它们陪着自西伯利亚而来的人们到美洲安居,当它们陪着这些后来成为美洲印第安人的主人到达美洲时,便占领了这片土地。无论走到哪里,这些狗都时不时地回到野生状态,与灰狼、豺、郊狼竞争。它们经常成为别人的盘中餐,有时也将别人变成自己的盘中餐。它们有机会与其他犬科动物相遇,争夺地盘,有些灰狼身上甚至有高达四分之一的狗的基因。先辈们的混血造就了后来犬科动物外形的多样化,也使得科学家在致力于重建狗的起源时陷入重重迷雾。

然而这并不重要,所有养狗的人都知道:对主人来说,与狗对视一眼便足矣。狗陪着他,这才是最重要的。狗是混血儿,真正的欧亚混血,身上至少有一半中国血统,有时有四分之一灰狼的血统,最后四分之一是欧洲血统,最后这四分之一有时会和一部分非洲、近东或者美洲的血统混合。在人类还没全球化的时候,狗就已经全球化了。这是一个共生的奇迹,毋庸置疑。

"长不大"的契约

无名氏狗:尤其要记住,我们狗和灰狼仍然属于同一物种。是的,一个邪恶,一个善良,一个吃掉羊群,而另一个保护羊群。但实际上,我们的相同之处,可远远不止四足动物的那种外形。我们都是群居动物。我们以同样的方式低声吠叫,让人知道我们不高兴了；当痛苦袭来，我们的嗥叫也一模一样。我们的招牌动作都是抬起爪子，在任何可以留存我们味道的物体上撒尿。最重要的一点，我们狗和狼是可以交配的，这更加说明我们属于同一物种。若某天狼先生心血来潮，迷恋上狗女士，于是风流快活一番，便能生下许许多多的后代。

　　明确了这一点，我们再来说说到底什么是驯服。这只是一个寻常的爱的故事，一个女人像养育孩子一样养育小狼崽的故事，一个情深永不变的故事。功利主义者会说，狼之所以被驯服成了狗，是因为后者对人类有用（帮忙捕猎猛犸象，看守营地，打扫清洁），显然他们忘了一只四个月大的小狼崽能干出什么傻事来。他们更无法想象，最初的那些小狼崽还未被完全驯服，身上存留的更多是狼性，而非犬性，它们中的任何一只都有可能是潜在的破坏者。[①] 那些坚持留下它们的家庭，很可能是出于爱才这样做的，否则早就把它们烤来吃了，这场驯养之旅也早就结束了。回想起来，确然，我们对人类的用处是显而易见的，但那些最早驯养我们的人，很可能对我们的潜在破坏力一无所知。

　　然而，真正的猎人是内行的动物学家，他们很快就明白了如何一步步使这些尚在驯养中的家狼真正融入人类社会。最初的15 天，小家伙除了吃喝拉撒睡啥也不会，就是一个只会喝奶、睡

---

① Marc Rowlands, dans *Le Philosophe et le Loup. Liberté, fraternité, leçons du monde sauvage.* 此书就这个问题给出了十分有说服力的案例：作者在书中描绘的小狼崽极具破坏力，作者不得不对其进行全天候照管，即便如此，也未能阻止它毁掉整座房子。

觉、叫唤、拉屎的小毛球。接下来是一周的过渡期，感觉器官苏醒张开了；嗅觉、视觉、听觉都能延伸到更远，让小崽子们知道周围有一个世界。接下来的一个月非常关键，就是我们所说的耳濡目染的阶段。幼崽是最容易信赖别人的，它会把遇到的任何人当做同类。它会同狗兄弟一起玩耍，试试自己的力量，把人类当做另外一种亲人，以不同的方式与之互动。终于到了整个过程的最后一个月，即学习月，像是人类的青少年时期：年轻的狗要懂得亲疏之分，知道谁可以咬，谁不能咬。总而言之，它渐渐融入人类社会，处在两个世界的相交处，其实这两个世界对它来说就是一个世界，它自己的世界：狗的世界和人的世界，都是它自己的世界。

要说狗不吃羊，并非我们不想吃，而是想得不得了。我们身上也潜伏着和我们的野生兄弟一样的冲动，只不过想讨好人类罢了。在羊群中放出一条狗，又无人近旁监管，那它（如果这条狗足够强大，小时候又没能很好地融入羊群中）也许会和狼一样，进行一模一样的屠杀。甚至有人说，那些暂时从家里逃出来的丧家犬，杀起羊来比狼更可怕。

最后，我们怎样辨认一只狗是否被驯服了呢？那就是，它永远长不大。要明白：它有着一切刚出生时的特征。那我们又是在何时确信人类已然拥有真正驯服的家犬的？在其营地发掘出小型犬类动物的骨头之时，其爪子短，口鼻纤细，牙齿退化，大脑萎缩。总之，真正被驯服的狗都被筛选过，永远长不大，它们不断学习，始终顺从，且这种顺从不是只持续几个月，而是持续一生。狗，本质上就是狼，但它像浮士德一样签下契约：牺牲自由，换来青春永驻。

　　——"你不是这里的人，"狐狸说道，"你在找什么呢？"

　　——"我在找人，"小王子说道，"什么叫'驯服'？"

　　——"这是一件被遗忘得太久的事情，"狐狸说道，"意思就是'建立联系'……"

　　——"建立联系？"

　　——"当然了，"狐狸说道，"你对我而言还只是一个小男孩，和其他千千万万个小男孩一样。我不需要你，你也不需要我。我对你而言，也只是一只狐狸，和其他千千万万只狐狸一样。然而，如果你驯服了我，我们就将会需要彼此。你对我而言将是这世上独一无二的，我对你而言也将是这世上独一无二的……"①

---

① Antoine de Saint-Exupéry, *Le Petit Prince*, 1943.

第三章

墨西哥无毛犬：肉已上桌

美食专用犬墨西哥无毛犬

　　本章开场，我们先来看一个关于美食的故事，故事的主角是一群狗，它们成了 Y 国某地小破馆子里人们的盘中餐。我们还将回到过去，去寻找美洲最早的狗。我们将谈到可爱的墨西哥无毛犬，别名佐罗兹英特利犬，俗称无毛犬，它们曾是阿兹特克人的节日大餐。

狗肉大餐

　　肥胖的狗：Y 国，夜幕降临。鼻子里，嘴里，全是血的味道。这是最受欢迎的街区，商业街。十几颗眼珠子在内院最深处闪闪发光。其中就有我，被关在笼子里面。我是这些白色中型（其实挺胖）狗当中的一只，比街上的流浪狗吃得好些。但我们是被判了死刑的囚徒。明早会不会就轮到我被割喉？我隐约看见几个白人，是游客吧，被几个移居此地的朋友带领着，好像还有点不好意思，消失在用来遮挡这个小破馆子的帘子后面，向左一拐，进了内院。今夜这些小破馆子可完全不是旅游区的餐厅，在旅游区向游客开放的餐厅里面，菜单都要翻译成英文的。而这些馆子里的菜单上，没有一个字会泄露菜肴到底是啥，人们只能窃窃私语。蒸狗肉，烤狗肉……得用耳朵仔细辨别异国语言音乐般的调调，才能猜出今晚的下饭菜是啥：热气腾腾的狗肉炖菜血旺汤；柠檬生姜烤狗肉；由小狗内脏捣碎成馅制作而成的血肠；蒸得软烂的狗肉排，就着虾酱吃；用香菜和辣椒腌制而成的杂种猎犬肋排骨……厨师们匠心独运，却很少将自己的独家秘方尽数交代在一个馆子里，所以晚间菜单上只有一两道菜，但常客知道，要想刺激味蕾，该往哪里去。

吃狗肉，在某些亚洲和非洲国家，是公开的秘密。尤其在东亚一些国家，人们非常喜欢吃狗肉。而西方人对此怕是要气得翻白眼，总是避而远之。有些欧美人单单想到要吃掉狗就会透不过气来。

回到我在 Y 国的囚笼吧。[①] 我们来好好看看这个要杀掉我的刽子手。老板很瘦，神经紧绷，白色的 T 恤沾染了血点，用洗衣粉也洗不掉了，穿着一双半旧不新的塑料人字拖。在他的房子里，他就是老大。后院用来养狗，其中一间是厨房，另一间还没完工的，美其名曰饭厅，里面摆了几张桌子和几把椅子，还有一个收钱的柜台。我和同伴们一起挤在狭窄的狗棚里，一个狗棚里关着 5 只狗。狗棚前面是一块混凝土石板，老板就在这块石板上面杀狗，还有一根铁棍和几个钩子，是把狗肉切块时用的。厨房里放着锅碗瓢盆，几个便携卡式炉，家里的女人们围着炉子忙活不停。本店的饭菜，保证都是自制的。

一大早就有两个同胞被宰了。老板伸出手，在第一个受害者的双耳之间轻叩了几下，这只母狗被迷惑了，犹像着咬还是不咬。

---

① 下文中的信息大都自凯特·霍达尔的一项长期调查，参见 Kate Hodal，《How eating dog became big business in Vietnam，*The Guardian*，2013 - 09 - 27，https://www.theguardian.com/world/2013/sep/27/eating-dog-vietnam-thailand-kate-hodal（2018 - 02 - 12）。关于吃狗肉现象，还可参见 Julien Dugnoille，《The truth about cats and dogs（and how they are consumed in South Korea）》，*The Conversation*，2016 - 03 - 22，http://theconversation.com/the-truth-about-cats-and-dogs-and-how-they-are-consumed-in-south-korea-56306（2018 - 02 - 12）。

就在她思考的瞬间，突然被人揪住脖子抓走了，笼子门砰的一声，在我们眼前重重关上。我们眼睁睁看着她被一根铁棍打昏，然后在一个大盆子里被残杀。接着故伎重演，安魂曲响起，轮到下一个牺牲者。我们通常的结局，是成为熟食肉制品。你们做狗肉，和做猪肉差不多。顺便一提，我哥们儿，猪，和狗一样，也是聪明而善交际的动物。每年世界上有 8 亿头猪被宰杀。不过，在 Y 国，猪肉比狗肉便宜多了。美食也有高低贵贱之分。

美味背后的痛苦

在 Y 国有多少狗被杀？当地动物保护协会的活动分子咧咧嘴，随口一句"每年 500 万只吧"。这几乎是该国狗总量的一半。这是有可能的，要知道我们的繁殖率那是相当高的。狗肉丸子配开胃酒，最是流行。快到晚上时，同事们一起去喝杯啤酒，配上狗肉丸子，那味道真是极好！因为在亚洲嘛，一切都会被添油加醋、神乎其神地和身体健康扯上关系。通常的说法是：狗肉能壮阳；除夕夜聚餐吃狗肉能带来好运；吃狗肉能调节血液温度，还说这是"经过科学"证实的；狗爪子炖汤能发奶。听这些，就像在听法国葡萄种植者吹嘘自己的黑皮诺对顾客身体有多么好一样。

然而这些迷信又生出各种事与愿违的结果。有人说狗在死之前越痛苦，吃起来味道越好。姑妄听之，那可能也是因为肾上腺素让狗的肌肉紧张到最大程度，故而吃起来最嫩吧。这也是为何餐馆老板总是跟客人炫耀，说他们杀狗都是慢慢杀的。有些狗会被强行喂肥，它们会提供鹅肝的替代品。人们在其嘴里插进一根管子，一直通到胃里，往里面灌米粥。总之，餐馆老板在卖狗肉前都这么干：这样能让狗更重，价格也就更高。一只20公斤重的狗能卖到100多美元，在Y国，这相当于普通人一个月的基本工资。

我所在的这家餐馆十分有名，而我马上要在这里结束我短暂的一生。这家店还是老式烹饪，原始食材，现宰现吃。大多数别的狗肉铺子今后都是批量进货，且常常买的是冷冻肉，所以本店的狗肉是越卖越贵。在村子里或者私人后院里养的狗早已供不应求。餐馆里卖的狗肉，有一些是别处的"失踪人口"，街上无主的流浪狗，或有主的宠物狗的肉。还有来偷吃东西的狗，被抓住后以私刑处置。[①] 当然还有贩狗的走私团伙，去那些处处有狗溜达却没人吃它的地方买狗，例如隔了两道国境线的T国。在那儿每年被抓走的狗好几十万只，它们被塞在一个个小笼子里，装船，沿河南下，随后改走陆路，用大卡车运到Y国配有冷冻链的屠宰场。利润丰厚的非法买卖也是滋生腐败的温床。

在结尾处，我们来看一个富于挑衅的观点，本书作者对此所持的赞同态度，并不比发表此观点的人更甚，然而，本书作者认为，从哲学的角度看，这个观点叫人精神一振。美国散文家乔纳森·萨弗兰·弗尔讽刺地议论道，狗慷慨地为我们提供食物，它的肉富含蛋白质。它吃啥都能长胖，完全就是"求"着人们吃它嘛，其想要被吃的愿望，比牛和猪要大得多。所以，从今以后要保

---

① 参见 Calvin Godfrey，《The dog thief killings》，*Roads & Kingdoms*，2016 - 02 - 25，http://roadsandkingdoms.com/2016/the-dog-thief-killings/（2018 - 02 - 12）。这篇报道篇幅很长，发人深省。

证给予狗一定的幸福安康和自由繁殖的权利,总之,它给人贡献
了吃的,就能以此换取幸福。尤其要克服我们的多愁善感,因为
我们当中有些人已经很久不吃狗肉了。[1]

不吃狗肉,您确定吗? 在瑞士,吃狗肉虽然是很局部的现象,
但在今天仍然很热门。[2] 在巴黎,就在一战前,至少还有一家正常
营业的狗肉店。在法属波利尼西亚,有传言说,吃狗肉虽然违法,
却能让吃的人找到身份归属,是一种延续传统风俗的方式,虽然
这被当地的白种人禁止。[3] 反观对比之下,是否吃狗肉就成了文
明与否的标志。19 世纪统治全球的欧洲精英们对此十分在意,禁
止其殖民地的人们吃狗肉,告诉他们,不吃狗肉是道德问题,是区
分文明和野蛮的标准。[4]

在凯尔特民族和其他许多古代民族中,吃狗肉一度是极为常
见的风俗。[5] 例如,在爱尔兰就有库·丘林的传说,爱尔兰版本的
半神赫拉克勒斯。他最初叫做瑟坦达。但这年少轻狂的小伙子

[1] Jonathan Safran Foer, *Faut-il manger les animaux?*, 2009, traduit de l'anglais (États-Unis) par Gilles Breton et Raymond Clarinard, Paris, L'Olivier, 2011, rééd. «Points», 2012.

[2] 参见 Marc-Henri Jobin, «Des Suisses continuent de manger chiens et chats», *La Tribune de Genève*, 2012 - 12 - 27, http://www.tdg.ch/vivre/societe/Des-Suisses-continuent-de-manger-chiens-et-chats/story/10121142(2018 - 05 - 05)。

[3] Christophe Serra Mallol, «Manger du chien à Tahiti: une affirmation identitaire?», *Anthropozoologica*, 45/1, 2010, http://sciencepress. mnhn. fr/sites/default/files/articles/pdf/az2010n1a11.pdf(2018 - 03 - 15).

[4] Jacqueline Milliet, «Manger du chien? C'est bon pour les sauvages !», *L'Homme*, t. XXXV, n° 136, 1995, p. 75 - 94.

[5] Éric Birlouez, *À table avec les grands personnages de l'histoire*, Rennes, Éditions Ouest-France, 2012.

在 5 岁的时候就被迫杀死了著名铁匠库兰家的大看门犬。他不得不背负"库·丘林"（字面意思是"库兰家的狗"）这个名字来赎罪，因为他从此就致力于代替被杀死的狗来承担看门的责任。因此，在一部长篇史诗中，库·丘林被刻画成"阿尔斯特守护犬"，成了典型的战无不胜的战士和法力无边的魔法师。但他最后被敌军国王杀死了。他只有在打破自己的禁忌时才会变得脆弱，而这禁忌正是吃狗肉，吃了狗肉，他就变弱被杀了。我们狗的肉，有时是不好消化的。

美洲大陆：犬科动物先来，哥伦布后到

新谜题：谁最先发现美洲大陆？大家自然会回答"克里斯托弗·哥伦布"，就像条件反射一样。然后转念一想，又改主意了，对呀，肯定是美洲印第安人呀，他们很早以前就在美洲生活了，比哥伦布早得多，大约是 25 000 年前吧，多多少少的，也不过 1 万年的误差。我们这些狗呢，来自亚洲，在中国被驯化，至少也有 16 500 年了，我们小步奔跑着，陪着那些在 15 000 年前到达美洲的人。基因学和形态学研究都给出了很有力的结论，美洲印第安人和西伯利亚人、蒙古人是表亲，美洲印第安人的狗和东亚地区的狗也有亲缘关系。之前有一种假设，认为美洲印第安人独立于世界其他各民族，独自驯化了美洲灰狼或郊狼，前面所说的遗传学和形态学研究排除了这种假设，就连两种狗只在小范围进行杂交的观点也受到争议。

古时候的美洲印第安人，他们的狗长什么样？我们只对北边

的狗的长相有一个模糊的概念。在因纽特人生活的地区，如加拿大北部和格陵兰岛，这里的狗长得像狼，让人想起现在的阿拉斯加雪橇犬和格陵兰犬，它们都是雪橇犬，身强力壮，皮毛厚实。往南边一点，在易洛魁联盟和休伦人生活的森林中的狗呢，长得像大猛犬，它们或许为后来的纽芬兰犬贡献了基因。再往南走，便是北美大平原和草原地区，那些半游牧的部落在此围捕野牛。陪着他们的是一群很重要的狗，它们中等身材，拉着老式雪橇，负重前行。这种老式雪橇，正如西班牙探险家弗朗西斯科·科罗纳多在1541年描述的那样：找两根棍子，把它们的一端分别套在狗子身体的左右两侧，使两根棍子保持基本平行，棍子之间则捆绑着各种用毯子、帐篷、动物皮毛包裹好的物品，运输的时候只需要将两根棍子的另一端着地，狗就能拖着棍子前进。那时候美洲印第安人可能还没发明车轮（除了给小孩子当玩具玩的，例如用木头或陶瓦做成的小狗，脚下装的那种小滚球），但他们是否需要车轮呢？我们发现，该地区的无论哪种部落文化都有一个共同点，那就是分装货物和把棍子套在狗身上的任务都是女人来完成的，女人和狗一样在部落里当牛做马！某些作者认为，这些运货的狗帮助印第安人征服了美洲大陆，因为它们将女人从传统的负担（例如还不会走路的婴儿、晚上生火取暖的柴火、用来搭建一家人住的帐篷的动物皮毛和杆子、做饭的家什等）中解放出来，或许因此提高了她们的生育能力。

　　我们也许能猜出北美的狗大概长什么样子，但南美的狗的样子可猜不出来。因为西班牙、葡萄牙两国从1492年开始发现和征服新大陆,但他们非常粗暴,没留下任何痕迹。美洲印第安人因为西班牙人带来的疾病而大量死亡,[1]而后者则要强势建立一个殖民社会,将土地据为己有,把幸存的土著人关起来,为他们服务。他们还致力于强行宣扬基督教,破除"迷信",就像彻底改掉坏习惯一样。因此,多明我会的修士迭戈·杜兰不满阿兹特克人的习俗,杂乱无章地宣布废除一大堆"不法"行为:"去菜市场、举行宴会、吃某种食物(如哑巴狗)、醉酒、沐浴,所有这些行为都具有某种宗教意义,应该被废除。"[2]

他的这番长篇大论让我们知道了,在墨西哥有哑巴狗,还能吃。还有另外一些上帝的仆从,也参加了这场征服之战,他们则让我们想起了无毛犬,在墨西哥和秘鲁都有。动物生态学家和神经-心理医生鲍里斯·西瑞尼克认为,安第斯山地区的无毛犬,到现在还被用作"暖床狗"。在观察了秘鲁的无毛犬之后,他解释道:"这些无毛犬很奇怪,看上去无精打采,却全身火热,一到冬天就跑进印第安人的床上,后者也很乐意享受这种行走的取暖器。"[3]20 世纪 60 年代,一些人类学家的研究报告表明,在阿根廷,无毛犬还被用来治病。人身上哪里痛,就让它躺在哪里进行热敷,疗效显著。

---

① 参见 Laurent Testot, *Cataclysmes. Une histoire environnementale de l'humanité*, chapitres 8,9,10。

② 参见 Tzvetan Todorov, *La Conquête de l'Amérique. La question de l'autre*, Paris, Le Seuil, 1982, cité par Jacqueline Milliet, «Manger du chien? C'est bon pour les sauvages !», *L'Homme*, t. XXXV, n° 136, 1995, p. 75 − 94。

③ 作者是在为一本书撰写的序言中提出的这个观点,参见 Pierre Jouventin, *Kamala, une louve dans ma famille*, p. 10。

无毛犬的美洲表亲

墨西哥无毛犬：阿兹特克联盟时期，在阿兹特克人还未被西班牙人及其带来的瘟疫毁灭之前，当地人养了很多我们这种无毛犬，是用来吃的。我们中等身材，裸露，无毛。我们比较常见，就连哥伦布也曾提及我们，而他在 1492 年只涉足了加勒比海诸岛。1519 年埃尔南·科尔特斯到达无与伦比的特诺奇蒂特兰城，他告诉我们："市场上贩卖的货物中，有被阉割了的小狗，是他们（阿兹特克人）养来吃的。"在下就是佐罗兹英特利犬，又叫无毛犬。中美洲文明（如玛雅文明、托尔特克文明等）的瓷器上经常绘有我们的图案。其中最有名的绘有无毛犬的瓷器，是在科利马城市附近被发现的。3 000 年来，那里的人们入土为安时，陪葬的要么是狗，要么是狗的小雕像，用小雕像陪葬，应该会便宜很多，但其实是一回事：人们希望我们在彼岸世界也做他们的向导。16 世纪 70 年代，自然主义者弗朗西斯科·埃尔南德斯去墨西哥探险，他是这样描述我们的："中等身材的狗，挺结实的，相对于身高来说，身子有些长；耳朵大而硬，直立上竖；尾巴粗短，低垂，或直直地往后伸；除了嘴边的胡须，几乎全身无毛，尾巴尖上常有一撮毛。"

在 20 世纪上半叶我们差点灭绝。不得不说，那会儿我们饱受污蔑，被说成是地球上最丑的一种狗。我们的祖先之所以能存活下来，全靠诺曼·P.莱特，他是一位被派遣到墨西哥的英国军官，对无毛犬很感兴趣。他觉得我们不同寻常，为了找到我们的起源而进行调查研究。他极其敏锐地猜到，我们是跟着古时候的美洲印第安人从亚洲经由白令海峡来到美洲的。他发现我们在犬类动物中独一无二，有三点为证："其一，最前面的臼齿和门牙之间总是不长牙齿；其二，体温比其他狗高几度；其三，能直接通过皮肤排汗，特别是下半身，而其他狗都是通过舌头排出多余热量的，所以努力排汗之后会喘息不已。"

诺曼迷恋我们，于1954年进行了一次探险，在墨西哥乡村到处搜寻，为的是从农民那里购买一定数量的无毛犬，通常是流浪犬。正是他那时候选择和购买的无毛犬成了我们的祖先，进而形成现如今标准型的墨西哥无毛犬。虽说今天的标准犬挺忠实地反映了古代佐罗兹英特利犬的样子，但并不能因此而混淆视听。今天的我们是现代版的基因重组，我们身上当然流着佐罗兹英特利犬的血液，它们曾在阿兹特克人的节日盛宴上被端上餐桌，但我们身上也流着其他小狗的血，其中就有源自欧洲和中国的。

再往南边，西班牙的殖民者征服秘鲁不久就发现，在秘鲁至少有两种狗：一种是普通的杂种猎犬，另一种也是无毛犬，与墨西哥、印加和阿兹特克帝国一带发现的无毛犬属同类。印加帝国的贵族似乎已经将这种秘鲁的无毛犬当成宠物来养，不会吃掉它们。而秘鲁北部的人们、厄瓜多尔人和哥伦比亚的一部分人却并非如此，对他们而言，狗肉可是节日期间的一道美味佳肴。他们还被印加人带有贬义地称作"吃狗肉的人"。

女作家玛丽昂·施瓦茨写过一本书，可供参考。书中写道：在哥伦布尚未发现美洲时，吃狗肉的现象在农耕民族中比在以狩猎-采集为生的民族中要普遍得多，[①]可能前者没什么家畜，时不时会缺少肉类和蛋白质。当时美洲印第安人饲养的极少数用来吃的动物都在安第斯山地区，如羊驼、小羊驼、印度猪（一种啮齿动物）。所以，地处安第斯山脉的印加人更容易管住自己不吃狗肉。而对阿兹特克人来说，除了打猎所得的动物，我们狗的肉似乎是他们唯一能吃到的肉了。

　　别看我们无毛犬如此与众不同，我们的名气却仍然被一个侏儒般的家伙夺走了，它的名气可比我们大得多，咱与众不同也不管用啊，这太不公平了。在狗的世界，吉娃娃就是墨西哥的象征。吉娃娃是世界上最小的狗，体重在 1 到 3 公斤之间。但它们祖上几代的资料，好像没有我们的那么清楚。"吉娃娃"这个叠名取自墨西哥奇瓦瓦州，据说那里是吉娃娃的产地，但人们是从 19 世纪才开始叫这个名字的，之前都叫"特奇奇"。这种狗在哥伦布发现新大陆之前就已经存在，有一两千年的历史了，身材比我们佐罗兹英特利犬还小。人们当时养它可能是当做玩具给孩子玩的，也为了吃它的肉，将其作为寺庙祭品，以及死后的伴侣，和养我们的目的一样。现代的吉娃娃是最早的特奇奇与博美犬和蝴蝶犬（侏儒小猎犬）杂交发展而来的，这种杂交生出了两种不同的吉娃娃，短毛型和长毛型，无论是哪种，都深受人们欢迎。

---

① Marion Schwartz, *A History of Dogs in the Early Americas*, Yale, Yale University Press, 1998. 本章中关于美洲印第安人的狗的信息，未注明出处的大多出自这本书，该书是权威版本。

修洛特尔的传说

狗在中美洲扮演着十分重要的角色，阿兹特克人关于狗的记载比其他民族稍微完备一些。阿兹特克历法石上有 20 个浮雕，其中有一个是狗，阿兹特克神话中的神明之一，修洛特尔。通常他以狗头人的形象出现，是羽蛇神魁札尔科亚特尔的孪生兄弟，羽蛇神象征光明，修洛特尔则代表黑暗。修洛特尔同时是祭祀之神，经常出现在墨西哥艺术中，其形象之一便是狗头，以及叫人见之难忘的巨尾，就像现如今人们在壮丽的墨西哥城人类学博物馆里见到的那样。在阿兹特克人及其邻近民族用于记录神话、知识的手抄古籍中，狗被刻画成一种引导亡灵前往阴间的动物，它被赋予这特殊的使命，陪伴逝者前往冥界。它将死者驮在背上，穿过人间与地狱米克特兰的界河。因为狗是死者在阴间的向导，所以经常被埋葬或供奉在某些死去的大人物身侧，如此一来，他们在九泉之下也有狗做伴了。狗似乎还被赋予某种特殊能力，那就是将死者的骸骨从地狱里偷出来，进而让死者重生。谁知道呢？在阿兹特克文明中，狗还有点像普罗米修斯，因为正是修洛特尔这位化身为狗的神明将火种与文明赐予人类，他是天上神灵与地上凡人之间的媒介。所有这些都不由得叫人想起古埃及神话中的冥王阿努比斯，他有着豺一样的脑袋，更确切地说，是狼一样的脑袋。[1]

我们所能知道的，也就这些了。因为这些古代手抄本在当时

---

[1] 参见本书第二章。

属于异教著作，西班牙人将其大肆焚毁，所以到今天没剩下多少了。至于墨西哥的狗呢，它们热情似火地与西班牙的狗杂交，这是天性使然。西班牙人到来的第一年，那些兵鲁子还没来得及和土著公主们联姻，两种狗杂交而成的幼犬倒成了第一批真正的美洲种：两个世界的混血儿。但还是有些西班牙人的狗没能如其所愿，随心所欲地交配。它们的主人坚持要保护其原有的体形和力量，只让它们和牧羊犬等大型犬交配。例如好斗的大型看门犬，就像看守苦役的狱卒，排班站队，凶狠残暴，恐吓土著人，追捕出逃的奴隶。

最后，来说说中美洲之外，美洲其他地方的狗。我们不是混血狗，又是什么呢？美洲混血狗的最佳代表之一，是加泰霍拉豹犬，原产地美国路易斯安那州。据说它也是杂交种，有三种血统：本地某种长得像狼的狗，西班牙殖民主义者埃尔南多·德·索托于1540年带来的猎兔犬和看门犬。美洲印第安人一直都养着这种狗，一代又一代。路易斯安那州的法国移民也非常喜欢它们，这些法国移民将加泰霍拉豹犬和法国牧羊犬杂交，只是为了让它的个头能长大一点。如此这般杂交而成的加泰霍拉豹犬简直无所不能：它们是优秀的寻回犬，也是无与伦比的群猎犬和赶猎犬，擅长将猎物赶向猎人。在今天，它们还是全民公认的优秀牧羊犬和牧牛犬。总之，加泰霍拉豹犬多才多艺，是农场中的好帮手，其标准犬型尚不确定，因此还没被世界犬业联盟认定，但在路易斯安那州，它们深受赞誉。

关于座狼的幻想

1975 年,在美国得克萨斯州西南部出土了一些人类粪便化石。人类学家塞缪尔·贝尔纳普在分析这些化石的时候,好不容易发现了一块让人惊讶的骨头,它只有短短几厘米。放射性碳定年法表明,这块骨头已有 9 400 年的历史了。这是一块犬科动物所特有的骨头,位于头部和脊柱的接合处。基因特征也很明了:这块骸骨既不是狼的,也不是郊狼的,更不是狐狸的,而是我们中的一员,无毛犬的。有两点很明确:其一,这只历史悠久的狗体重在 12 到 15 公斤之间;其二,它是被人吃掉的。因为它呈现出那种只有经过消化道之后才会有的颜色。为什么被吃掉? 是人类遇到饥荒,还是本来就是养着吃的,抑或是某种仪式? 不得而知。但这种吃狗肉的现象,在我们狗的整个历史中似乎一直屡见不鲜,尽管我们帮助你们人类征服了美洲。我们还帮助人类运载重物。我们有点像耶稣,自我牺牲,让你们吃我们的肉,为你们提供蛋白质,维持你们的体力。我们还帮助你们更好地打猎,就像我们曾经在亚洲做过的那样。

因为有大量的人类和无毛犬一起移居到美洲,这里的绝大多数大型动物灭绝了。我们的战利品让人印象深刻：在已知的 49 种体重超过 44 公斤的脊椎动物中,有 33 种于公元前 12000 到公元前 8000 年灭绝了。在南美洲,所有体重超过 1 吨的脊椎动物(即 18 个属之下的 36 个物种)和大约 80% 的体重 44 公斤以上的脊椎动物(共计 30 个属之下的 46 个物种)均已灭绝。来看看这些数字背后血淋淋的真相：灭绝的动物中,有 6 种长鼻目动物(如

今幸存的长鼻动物只有大象，而猛犸象、乳齿象等均已灭绝），4
种野牛灭绝了 3 种；野马灭绝了 3 种；西貒（美洲野猪）灭绝了 6
种，巨型树懒灭绝了十几种，羚羊灭绝了 3 个属；鹿、驼鹿、羱羊、
羊驼、美洲豹，美洲猎豹、巨型麝牛、100 公斤的水豚（巨型啮齿动
物）、200 公斤的巨貘、300 公斤的狮子、2 米长的海狸、3 米高的骆
驼、雕齿兽和潘帕兽（有甲目，重 2 吨，全身铺满乌龟一样的甲壳）
各有部分种类遭到灭绝。灭绝名单中还有 3 种剑齿虎（其中一种
重达 400 公斤）、两三种熊（其中某些熊体重超过 1 吨）和至少 2
种野生犬科动物，其中就有恐狼。

　　如果大家在 15 000 年前抵达美洲的话，会看到许多恐狼在那
里生活。恐狼是一种大型犬科动物，它们的领土从加拿大南部一
直延伸到秘鲁。在拉布雷亚沥青坑这天然的"沥青陷阱"中，人们
已然找到数百副恐狼骨架。这座位于洛杉矶的露天遗址，由地表
中的天然沥青形成，数千动物陷落其中，形成化石。拉布雷亚沥
青坑开启了一扇时间之窗，让人看到过去丰富多彩的动物群落。
其中无所不在的恐狼骸骨，说明就在人类到来之时，恐狼还是普
遍存在的。

　　然而，我们的团队，即人和狗的团队，似乎只用了几千年时间
就将恐狼从历史上除名了。如今，它只在你们奇异的幻梦中重
现。无论是《指环王》中无恶不作的半兽人的坐骑座狼，还是《权
力的游戏》里艾德·史塔克的孩子们的贴身护卫巨大的冰原狼，
都不过是文学和电影中对恐狼的幻想。美国作家乔治·雷蒙
德·理查德·马丁所著的小说《冰与火之歌》被改编成电视连续

剧《权力的游戏》，原著作者明确表示，在构建巨型冰原狼的形象时，受到了恐狼形象的启发。英国语言学家、神话学家约翰·托尔金则从北欧传说中汲取灵感：古斯堪的纳维亚人用"座狼"一词特指三头贪婪巨狼，芬里厄及其两个儿子，它们将在时间尽头吞噬众神，招来世界末日、诸神黄昏。然而，最终充实托尔金作品并将其在角色扮演游戏领域中发扬光大的，却是美国人，特别是加里·吉盖克斯，他发明了桌游《龙与地下城》。美国人以恐狼为原型建构起半兽人的坐骑，一副巨大的食肉者形象。由此，考古学和文学共同制造出这些幻想中的巨狼。

　　在现实世界中呢，你们人类是否曾仰仗我们狗来进行大屠杀？又是否仰仗我们，才能将王者一般的恐狼，和无数其他生物一起逐出造化的竞技场？某些研究者持此观点。其论据是，在新墨西哥州黑水画考古遗址中，人们发现，距今13 000年的人类将猛犸象的尾巴喂给小狗，让它们啃骨头。在科罗拉多州琼斯-米勒遗址中，人们又发现，在11 500年前，这里似乎举行过一场狩猎仪式，一只很可能是狗的动物参与其中，它的骨头被发掘出来，同时被发掘的还有献祭的贡品，似乎当时人们猎到了一头野牛。[①] 不过，就算没有我们狗，你们在别处狩猎时也取得了同样的丰功伟绩。10万年前，地球上容纳的陆生巨型动物群落（即体重在44公斤以上的动物）极其多样而繁荣。今天，所有大洲加起

---

① Stuart J. Fiedel, «Man's best friend, mammoth's worst enemy? A speculative essay on the role of dogs in paleoindian colonization and megafaunal extinction», *World Archeology*, 2007 - 02 - 18.

来,这些巨型动物中也只有15%的物种幸存,甚至只有不到1%的尚有动物栖居的小生境存留下来。早在澳洲土著人拥有澳洲野犬之前,澳洲这片土地的物种已然被"清洗"过一遍。好歹我们无毛犬吧,还可能协助过你们占领欧洲(这片土地在45 000年前至15 000年前惨遭人类蹂躏),也多半协助过你们占领美洲。气候变化让群落生境更加脆弱,也可能局部推动了物种灭绝的浪潮。但有一点很明确,你们人类才是这场大屠杀的主使。第六波物种灭绝的大潮仍在愈演愈烈,你们人类却还在为了你们所谓的城市和文化而吞噬越来越多的物种,不断侵蚀群落生境,让生物小区愈发支离破碎。

新大陆的征服者

在哥伦布到来之前,在整个美洲大地上,狗一度是狩猎助手。这点很清楚。毋庸置疑,人们就是为了狩猎而选育某些种类的狗,它们最后都成了真正的"类型"犬,显示出各种特质:耐力好,抗严寒,不怕累,能把这种那种的猎物从窝里赶出来。大家都知道,无论在哪里,狩猎都是人类的事。有些土著人种,例如圭亚那的瓦伊瓦伊人,甚至会专门花上数年时间来训练猎犬,再将其以高价卖出,换取毛毯。亚马逊的蒙杜鲁库人始终将狗视作家庭成员,允许它们睡在自己的吊床上,为它们举行葬礼。在安第斯山地区,自从西班牙人征服美洲以来,就能看到狗独自放牧大群山羊的景象。狗要学会放羊,在五周大的时候就开始由山羊来喂奶,这样它才能把小山羊们当成自家人。在秘鲁和阿根廷,许多部族的人将狗的粪便熬煮或烘烤之后制成疗愈腹痛的灵药。在另一些地方，人们将狗血用作配料制成药膏，涂抹在骨折处。狗尿可以缓解风湿，那可是出了名的。而狗眼的分泌物，也就是狗的眼屎，如果能收集足够多并将其涂抹在人的眼睛上，人就能看见另一个世界，神灵的世界。在不少美洲印第安人关于宇宙的传说里，人类是由原母神，即一只母狗，和一个男人结合而诞生的。巴塔哥尼亚地区的特维尔切人则认为，是太阳神创造了第一对人类夫妻，而从一开始，就有一只狗陪着他们。

无论是在美洲，还是在世界其他地方，我们狗都折射出了人类社会的各种习俗。虽说某些美洲印第安人部落将吃狗肉当成禁忌，但是对更多的美洲印第安人部落来说，狗则是重大场合的美味佳肴。人类的探险家可以为此作证。1673 年，皮奥利亚部落首领设下盛宴，想要迷住两位法国客人，雅克·马凯特和路易·若列。两人讲述道，当第四轮菜端上桌时，他们都感觉很不舒服：居然是狗肉！他们很不礼貌地拒绝食用，而部落首领竟然宽宏大量，并未怀恨在心。一百多年之后，1804—1806 年，梅里韦瑟·刘易斯和威廉·克拉克带领探险队，沿密西西比河流域穿过今天的美国北部，抵达太平洋沿岸。一路上，队员们用餐时，好几次桌上都有美味的小狗肉，大家还夸赞好吃呢。

还有一段关于狗的描写，应该也是刘易斯和克拉克写的，他们在沿岸航行途中经常遇到这种狗："身上最常见的毛色是黑、白、褐色，带斑纹。长脑袋，尖鼻子，小眼睛，耳朵又尖又直，让人想起狼耳朵。除了尾巴上，全身皮毛短而光滑。"这种狗的身材通常和郊狼一样，除了某些特例，即那些爪子短、身材更小的狗，就像梗类犬。1830—1840年，鸟类学家让-雅克·奥迪邦乐此不疲地在美国西部游荡，他声称自己经常碰到当地的狗，它们长得太像狼了，能以假乱真。大部分见过这种狗的人都强调它喜欢像狼一样嚎叫，很少狗吠，只是偶尔为之，然而这并不妨碍它们在营地周围警惕地坚守护卫之责。

从16世纪开始，先是西班牙探险家，然后有法国和英国探险家，对我们的观察和报告越来越多。于是人们知道了狗能帮助蒙大拿州的肖肖尼人在狩猎时将隐藏的驼鹿驱赶出来。肖肖尼人的邻居，怀俄明州的阿拉巴霍人，和另外许多印第安人一样，经常吃狗肉。大平原上的印第安人在季节性迁移途中，用狗来拖拉或背负重物。人们让狗扮演各种角色。总之，人们觉得狗太有用了，于是某些部落，例如北达科他州的阿里卡拉人就大量养狗，他们每个家庭都拥有三四十只狗。

到了19至20世纪，人类探险家再次亲身体验了我们狗的多种价值：在太平日子里，狗是忠诚伴侣；遇到天灾人祸，狗就成了肉食储备。1911年，罗尔德·阿蒙森带领的探险队大获全胜，赢了那场竞争谁先到达南极的比赛。他们借鉴了格陵兰岛上因纽特人的生存技巧：乘着狗拉雪橇，朝着目标不断前进，一旦出现食物短缺，就牺牲一只狗，让人和剩下的狗都能活下去。其竞争对手，罗伯特·斯科特带领的英国探险队则不幸遇难，因为他们不信任狗拉雪橇，而选择西伯利亚矮种马和履带拖拉机作为主要交通工具。同一时期，第三支南极探险队，由道格拉斯·莫森和泽维尔·默茨共同带领，在离补给站 500 千米时，食物不够了，两位探险家在返程途中吃掉了他们的狗。这种狗肉很硬，筋很多，一点油脂也没有，却也能让其余的那些狗继续活下去，它们甚至只吃皮和骨头就满足了。然而，因纽特人的经验，两人并没有学到位，他俩疏忽了，其实是不该吃狗的肝脏的，因为其中所含的维生素 A 浓度太高，有毒，默茨因此患上了维生素 A 过多症，最终因此而丧命。

纳斯卡雌雄同体的狗

到最后，古代美洲印第安人从亚洲带去的狗还剩下多少血脉？所剩无几。大部分生物学家认为它们的血统在与欧洲同类杂交的过程中已然消散。1920 年，动物学家格洛弗·艾伦将已经灭绝的美洲本地狗分成 17 个种类，这一分类一直被奉为参照标准。艾伦本人也认为这些狗是在和旧大陆的狗种杂交过程中灭绝的，其中有些狗还为今天某些犬种的形成贡献了基因。我们将这些古老的美洲印第安人养的家犬列举如下，就当是为它们写个墓志铭吧。

（1）"爱斯基摩"犬（"爱斯基摩"一词在今天被认为带有贬义，所以最好还是用"因纽特"）：属鲁波犬，牙齿比狼牙小，尾巴像一根羽毛，脖子上有一圈狮子一样的"鬃毛"。这种狗帮助人们捕猎，猎物的种类取决于其主人的生活环境，有加拿大驯鹿、麝牛或海豹等。它们能在雪地里拖拉重物，食物短缺时，偶尔会被人吃掉充饥。这种狗和许多欧洲的工作犬杂交过，阿拉斯加雪橇犬和格陵兰犬的一部分基因就源自于它。

（2）加拿大西北部部族中的猎兔犬：长毛，白底上有黑斑纹，身材小，以主人吃剩的鲑鱼为食。但主人从来不吃这种狗，除了在有象征意义的仪式中。其实，这些印第安部落会举行"冬季赠礼节"，在此节日仪式中，部落首领们互相挑衅、炫富，公然毁坏自己的财物，还给自己的部落成员分发许多食物，以示慷慨。赠礼节的节目之一，是捉住一只狗并将其"生吞"。今天的任何一位人类学家都无法确定当时只是摹拟一下做做样子，还是人们真的会将狗活生生切碎。在仪式中，表演的舞者被狼神附身，如狼般勇猛。

（3）平原犬：长得像澳洲野犬，拉着老式雪橇，奔跑在广阔的原野上。只要有需要，它们就能守卫财物，或者将一小包一小包的财物背在身上。有些部落每逢特殊节日便会食其肉，但一般情况下，它的肉是禁止食用的，说某个邻居吃狗肉，那等于是在骂他。

（4）苏族人用来猎野牛的狗：它们是苏族人的宝贝，宴请客人时，为了显示客人的尊贵，有时会牺牲一下它。平日里，它的肉是饮食禁忌，也因此被认为具有疗愈的力量。

（5）巴塔哥尼亚地区的狗：长得像中等身材的狼，身强力壮，肤色暗沉，双耳直立。它貌似不会狗吠，却可以像狼一样持久嗥叫。

（6）火地群岛上的狗：身材和猎狐梗差不多，帮助奥纳人和雅马纳族人捕猎原驼、水獭或海狮。这种狗以贻贝和其他一些海生软体动物为食，能用下颌骨咬开坚硬的外壳。它的肉是禁止食用的。因为经常给主人殉葬，这种狗于 20 世纪初便灭绝了，主人有的是病死的，也有被白人虐待而死的。

（7）佐罗兹英特利犬：即墨西哥无毛犬，也就是在下，我可能是这名单里唯一活到现在的品种，而且和哥伦布发现新大陆之前的祖先们长得差不多。我没有毛，摸起来特别热，可以被当成热水袋用，需要时还可以被吃掉。我太受欢迎了，所以在我生活的头一个千年中，人们经常拿我做买卖，于是我从墨西哥一直传到了秘鲁。

另外还有：（8）特奇奇，吉娃娃的雏形；（9）加拿大西部印第安克拉朗部落的狗；（10）普韦布洛部落的长毛犬；（11）最普通的印第安犬，在现代正式登记的一种狗身上还能看见它的样子；（12）克拉马斯部落的狗；（13）印第安短腿猎犬；（14）印加犬；（15）长毛印加犬；（16）秘鲁塌鼻犬；（17）印第安短吻犬。

继艾伦的分类之后，又有一些犬科动物加入到这份灭绝名单中，在新增种类里，有些狗的灭绝不足为奇。例如圭亚那的一种狗，是当地土著马库西人养的，似乎是从南美的一种"狐狸"①驯化而来。特别值得一提的是萨利什人养的奇特的羊毛犬。这个印第安民族居住在加拿大不列颠哥伦比亚省南部，加拿大的最西边，他们培育出一种长毛狗。养这种狗，就像养绵羊一样，一年剪两次毛，用来织衣服和被子。显然，人们要管控它的繁殖，避免别

---

① 在南美洲，原本是不同类的犬科动物，如狐族（真正的狐狸）或灰狼，被混称为"狐"或"狗"。

的狗混进来，以免杂交以后"毁"了狗毛的品相。于是这些羊毛犬被隔离起来，要么被圈养在羊圈里，要么就在岛上放养，但这些岛上只能养这一种狗。当真正的欧洲绵羊来到美洲时，羊毛犬就过时了，逐渐灭绝。

世界上最大的狗，是一个非常奇特的艺术形象，也存在于美洲：在纳斯卡，即现在的秘鲁南部，广阔的荒原上留下了各种巨画，画着动物及象征性的图案等，其中有一只巨大的"酷儿"狗，有好几百米长，它既有和腿一样长的巨大的阴茎，又有一对乳房，显示出其女性的一面。纳斯卡人是想用这幅画来强调狗是色情狂吗？鉴于狗是生育能力的象征，他们更有可能是想拥有一个图腾吧，此图腾同时具有两种性别的力量，潜在的魔力就更大了。

杂交，生存之道

大自然最怕虚无。你们智人导致了一些物种灭绝，虽然今天你们深受其扰，但你们才刚刚意识到这一现象真正的严重性，及其造成的某些后果。其中一个很矛盾的后果，就是杂交而生的新物种，有些动物的数量实在太少，找不到同种类的性伴侣，只能与别的物种杂交。

在今天的美国和加拿大，人们通常认为，除了逃到野外的家犬或曰流浪犬，还存在四种野生犬属动物：灰狼、郊狼、东部森林狼（独特的灰狼亚种，在加拿大的分布尤其广泛，外形上和郊狼相近），以及红狼。红狼的外形介于灰狼和郊狼之间，呈淡褐色或黑色，在自然栖息地，即美国东部生存的红狼已于20世纪80年代全部消失,幸存的 14 只红狼被人类圈养并繁衍后代。这些子孙中的 63 只返回到原来的栖息地,其中北卡罗来纳州红狼数量尤其多。2012 年,美国红狼数量达到顶峰,有 100 多只,但之后下降到 50 多只。因此,红狼其实是世界上最为稀有的犬科动物。

除了现有的上述四种犬属动物,或许还应该补充第五种——北美东北郊狼。资料显示,它主要分布在美国北部。游离在群落生境边缘的那些动物拥有强大的生命力,北美东北郊狼就是这种生命力的代表之一。它由四种犬科动物杂交而来。一般而言,北美东北郊狼身上有 60% 郊狼的血统,30% 狼的血统(又一分为二:要么是灰狼,要么是东部森林狼),10% 狗的血统(基因分析显示,应该是德国牧羊犬或杜宾犬)。杂交各部分的比例可能会变化,但总的来说郊狼血统占比最大。在自然状态下,尚有大量灰狼和郊狼存活之时,灰狼更为强壮,组成的狼群也更大,它们会围捕郊狼,一有机会就杀死后者。还有一种被称为"过度捕食"的现象:一只灰狼会把一窝小郊狼赶出来,就算不吃,也要杀死它们,除掉对手。然而,当灰狼因为人类的大规模狩猎而消失殆尽,例如,19 至 20 世纪美国大部分领土上的灰狼因人类的捕猎而灭绝时,会发生什么? 一只公狼游荡着,小心翼翼地穿过马路,在人类地盘上东躲西藏,再也找不到母狼来建立自己的狼群,这时候又会发生什么? 对啦,它只要见到一只有可能交配的伴侣就会往上扑啊! 从此以后,郊狼女士不再是猎物,而是潜在的妻子。

这个杂交的过程应该是从 20 世纪上半叶就开始了,那时候美国灰狼的数量已经跌至谷底。北美东北郊狼,有时也叫东部郊狼,体重15~20公斤,相较灰狼,下颌更大,跑起来更快。狼群中的东部郊狼可以急速猛攻,一招致命,它更愿意捕猎中型鹿科动物,尤其是其幼崽,普通郊狼也这么干。东部郊狼是群居的,一个狼群中有六七位成员。有些美国生物学家认为它们应该被视为一个新品种,还给它们取了个拉丁名 Canis oriens。但杂交和新物种的诞生是一回事吗?

另一些科学家的观点则完全相反。2016年的一项研究认为,野生犬科动物的种类根本没那么多。[1] 如果采信这些研究者的观点,那么北美或许只有一种野生犬科动物——灰狼,整个欧亚大陆也只有这一种野生犬科动物。红狼不过是由四分之一的灰狼和四分之三的郊狼杂交而来,东部森林狼则是由三分之二的灰狼和三分之一的郊狼杂交而来。针对此观点,爆发了大量的讨论和专门为了推翻它而进行的研究。如果大家都认同这一观点,就要重新确定在美国到底哪些狼的品种才是受法律保护的,相关法规就得重新修正了。无论受保护的种类只有灰狼,还是也包括上面列举的类似灰狼的三种狼,这些动物一旦被列入法律保护的范围,数量就会增加。到时候又会重新允许猎狼,以限制其"迅速繁殖",尽管这"迅速繁殖"可能仅仅是人们假想出来的。

人类活动在群落生境中的扩张,给野生动物造成了生存压

① Bridgett M. Von Holdt *et al.*, «Whole-genome sequence analysis shows that two endemic species of North American wolf are admixtures of the coyote and gray wolf», *Science Advances*, 2016 - 07 - 27, http://advances.sciencemag.org/content/2/7/e1501714/tab-pdf(2018 - 03 - 15).

力,因此越来越多的野生动物自然而然地进行杂交。这是显而易见的。然而,人类也会控制这种杂交。美洲印第安人养的狗之所以常常长得很像郊狼或灰狼,就是因为它们常常杂交,也因为人们其实是希望它们杂交的,一起杂交的,可能还有逃到野外的狗。所谓的狼犬,就是家犬和灰狼杂交的产物,这种狼犬的后代又和另外的品种杂交,只要产出的新品种中仍然有狼犬的基因,就仍然可以被叫做狼犬。有两例这样杂交产生的新品种在今天已经被世界犬业联盟认定为稳定的品种了:第一种是捷克斯洛伐克狼犬,它是德国牧羊犬和喀尔巴阡狼的杂交;第二种是萨尔路斯狼犬,其最标准的犬型都是一只名为热拉尔的德国牧羊犬和一头芳名弗勒尔的母狼的后代,它俩的结合是在荷兰养殖人伦德特·萨尔路斯的监管下进行的。

而捷克斯洛伐克狼犬则源于冷战时期的一项军事实验。莫斯科地区的苏联军队当时也培育出了其他同类型的混血儿,但官方并未承认。这些各种各样的实验,旨在改善狼犬的身体机能,也使其后代能拥有更多样的基因。这些狗可能染上了几百种疾病。在对它们进行人工选育时,为了增强某些特质,优先挑选出有亲缘关系的狗,因此它们属于近亲婚配。人们认为,灰狼基因的加入应该会改造近亲狗之间共同的遗传性状总体。

从生物进化角度来看,郊狼、灰狼、家犬以及它们之间所有的杂交品种,都仍然是犬属动物。就连所谓的"野生品种"也变得越来越家生了。一些博物学家时常在美国大城市的林荫大道和市镇公园蹲点观察,会不期而遇"都市"郊狼,它们在垃圾桶翻找食物的两餐间隙中玩球玩得不亦乐乎。[①] 但美国的郊狼被划分在有害动物之列。大部分国家允许大规模猎杀郊狼，许多猎手在某种程度上将狩猎变成游戏，并通过社交网络转播这种血淋淋的视频。每年至少有 50 万只郊狼被猎杀，而人们对此大多无动于衷。既然人们觉得被吃掉的那些狗可怜，为啥就不觉得这些被猎杀的郊狼可怜呢？

---

① Brandon Keim, «A tale of three dogs», *Aeon*, 2016 – 11 – 15, https://aeon.co/essays/why-aren-t-coyotes-dingoes-and-wolves-treated-like-our-dogs(2018 – 03 – 15).

第四章

澳洲野犬：另一个世界曾经是可能的

逃生之王澳洲野犬

在本章中，我们将探讨一个很重要的问题，澳洲野犬到底能不能像狗一样叫？当夜幕降临，在某个废弃的停车场，这些瘦得皮包骨头的伙计把垃圾桶翻了个底朝天，此时此刻，能听到它们的叫声吗？它们中的一员会为我们讲述澳洲野犬的起源。它将告诉我们它们在澳洲土著部落中的用途，以及对环境的影响：这些野犬到底是生态系统的毁坏者，还是守护者？它还会讲到袋狼，这种狼曾经生活在塔斯马尼亚岛上，现在已经灭绝了，就像巴布亚新几内亚的歌唱犬一样。

澳洲野犬：聆听我的歌声吧，它能打开一切可能的大门。今夜，我们在灌木群丛最深处，在一个偏僻的停车场，沥青层的铺设使这里的土地变得贫瘠。地上长满的，不是花草，而是垃圾桶。当黑夜突然笼罩这一片枯寂之景，很少有游客开着野营车和面包车来此地休息。听到我的叫声，你们都缩在车里不敢出来。此时你们无法再开车到处走，因为很容易撞到某只夜行动物。在夜里，我才是这停车场的王者，瘦削的幽灵，和我亲爱的家人一起，吃着你们的垃圾，大快朵颐，我的嗥叫扰了你们的清梦。

有传言说我从来不叫，这纯属谣言。同所有犬属动物一样，我是会叫的。但一般来说，只在紧急情况下我才会发出这种叫声，只在感到恐惧时才会叫。而我的口头交流可远远不止一种叫声，而是有一系列的叫声呢：起不同的音调，就会有不同种类的像狼一样的嗥叫；还有各种像鸟鸣般的叫声，像野猪或熊一样的叫声，以及像猫头鹰一样的叫声，都是为了表达我丰富的内心活动。在欧洲人到达澳洲之前，我是最后一种来到澳洲的动物。我也曾经出现在澳洲土著人的神话"梦幻时代"中，探索过其中所有隐蔽的角落。因此我将化身导游，带领你们踏上发现澳洲历史的旅程。

另类澳洲历险记

大家都知道，澳洲在很长一段时间里是与其他大洲隔绝的。说到哺乳纲动物，在澳洲主要是有袋目动物，即身上长有育儿袋的动物。无论是袋鼠还是考拉，有袋目雌性动物分娩出来的宝宝都是早产儿，尚未发育完全，妈妈们会将宝宝安置在肚子上的育儿袋中，育儿袋里有乳头，宝宝一出生就得待在育儿袋里，直到发育足月。澳洲的哺乳动物中，鸭嘴兽和针鼹是例外，它们有另外一套生存法则。和各种啮齿类胎生哺乳动物一样，它们于100万年或200万年前到达澳洲。澳洲的哺乳动物还有人类，即澳州土著，他们在大约65 000年前来到澳洲。当然，哺乳动物行列中，还有我，澳洲野犬。在澳洲的生态系统中，我是唯一的大型四足胎生哺乳动物。距今两个多世纪前，在欧洲人踏上澳洲这片土地时，很快就发现了我的与众不同之处。

关于我的起源之争持续了几十年。争论之后，人们总算得出一个暂时的结论。2011年的一项研究表明，我最初的起源，并非之前的研究所提出的那样，是在印度或是中国台湾，而是在东南亚。① 遗传学研究已有定论：所有澳洲野犬身上都带有极为稀少的 A29 单倍体基因型，这种单倍体基因型只有印度支那、印度尼西亚和新几内亚的极少数土著狗身上才有。在地图上找找哪些地区分布着携带这种突变基因的狗，就能重新勾勒出我的祖先所走过的路。所有澳洲野犬身上都具有这种基因特征，这也说明我们的祖先其实很少：一只生育能力极强、子嗣繁多的母狗，和两只公狗，足矣！根据表观遗传学的推算，澳洲野犬出现在 5 000 至 10 000 年前。这一结论与考古学的研究数据是吻合的。目前已知的最古老的澳洲野犬骨骼化石，是 1969 年发掘马都拉岩洞（位于西澳大利亚的努拉博尔平原）时找到的，该化石有 3 500 年的历史。大家知道，欧洲人在 18 世纪末来到澳洲时，澳洲最南端的塔斯马尼亚岛上只有澳洲土著，还没有澳洲野犬。而澳洲大陆和塔斯马尼亚岛从前是相连的两块陆地，11 700 年前，冰河期结束，海平面上升，两块陆地被海水分隔开来。考古学家认为，由此可以确定，澳洲野犬到达澳洲的时间应该是距今 4 000 年至 12 000 年前这一时间段，即海水将澳洲大陆和塔斯马尼亚岛分开之后。

---

① Mattias C. R. Oskarsson *et al*，《Mitochondrial DNA data indicate an introduction through Mainland Southeast Asia for Australian dingoes and Polynesian domestic dogs》，*Proceedings of the Royal Society*，2011 - 08 - 16，http://rspb. royalsociety publishing. org/content/royprsb/early/2011/09/06/rspb. 2011. 1395.full.pdf（2018 - 02 - 04）. 也可参见 Arman Ardalan *et al.*，《Narrow genetic basis for the Australian dingo confirmed through analysis of paternal ancestry》，*Genetica*，2012 - 05 - 10，https://www.ncbi.nlm.nih.gov/prnc/articles/PMC3386486/pdf/10709_2012_Article_9658.pdf（2018 - 03 - 28）。

　　我是名副其实的孑遗物种，古代历史的珍贵见证。我的祖先在 6 000 年至 18 000 年前被驯化，且很有可能是在中国被驯化的，之后才被人带去东南亚。它们追随着移民者，穿过印度洋，从一座岛来到另一座岛，途经婆罗洲、苏拉威西岛以及摩鹿加群岛，一直到达新几内亚。而其中一个三人小组途中搁浅，最后随波逐流来到了澳洲。这些东南亚移民者把我带到澳洲以后，我迅速野化。大约是在 5 000 年前，我被他们带到澳洲，因此，在变"野"之前，我被驯养了有五六千年之久吧，可一旦变野，我就一直是人们所谓的"返野家犬"，直到今天。我中等身材，双耳直立。通常来讲，我的皮毛呈浅黄褐色或姜色，有时会有纯白或纯黑色。爪子上的皮毛通常呈白色。在所有的犬属动物中，我是样子最接近家犬祖先的。

　　那么我到底是不是一个独立的犬种？某些人类生物学家更愿意将我看成灰狼的一个亚种；按照这种分类法，我的拉丁学名就成了 Canis lupus dingo。另外一些专家，如布莱德利·史密斯，继许多同行之后（这个问题早在 18 世纪末就已然引起热烈讨论），仍然坚持认为澳洲野犬应该是一个独立的犬种，在动物分类学中应该有一个专属的名字 Canis dingo。[1] 布莱德利为争取我作

---

[1] Bradley R. Smith (dir.) , *The Dingo Debate. Origins, Behaviour and Conservation*, Melbourne, CSIRO Publishing, 2015. 其中的总结性研究尤为出色，本章中关于澳洲野犬的信息，未注明出处的大多出自这部作品。也可参见 Bradley R. Smith et Carla A. Litchfield, «A review of the relationship between indigenous Australians, dingoes (*Canis dingo*) and domestic dogs (*Canis familiaris*)», *Anthrozöos*, vol. XXII, n° 2, 2009, https://www.researchgate.net/profile/Bradley_ Smith2/publication/233608384_A_Review_ of_the_Relationship_between_（转下页）

为独立犬种的地位做出了很大贡献。特别值得一提的是,他主持了一系列智商测试,并由此得出结论,认为我有一段特殊经历,即从被驯养状态重回自然野生状态,这段经历让我可以适应所有的偶然或意外,并生存下去。我同时具备狼和狗的特质。当人类在实验室里把狼、家犬和澳洲野犬同时放在一起竞争时,在完成空间定位以及解决问题等任务中,狼和澳洲野犬的表现比家犬优秀得多。面对困难,狼热衷于独自寻找解决之道;家犬则会向离得最近的人类乞求帮助;而我呢,我会像狼一样踌躇满志,但有时,我也会施权宜之计,暂时向人类求助。在野生状态下,我像狼一样生活。我是狼和家犬的合体,充满创造力和可能性,还如虎添翼般有着狼的智力。和狼一样,如果碰上小型猎物,我会独自狩猎;但如果面对的是很大的猎物,我们野犬家族成员就会群聚起来,准备战斗。

布莱德利的实验表明,我们澳洲野犬是逃生之王,可以打开同一扇门上的好几个插销。我们当中一只名叫斯特林的澳洲野犬,很是出类拔萃,成为实验中第一只能使用工具的犬科动物:实验者发现,它拖动一张桌子,让其抵靠隔墙,然后跳上桌子,观望隔墙另一边的同类。难道这样的聪明才智不是犬类所共有的吗?你们人类已然知晓黑猩猩、新喀里多利亚乌鸦、海獭都可以借助

（接上页）Indigenous_Australians_Dingoes_Canis_dingo_and Domestic_Dogs_Canis_familiaris/ links/ 53dc7e0e0cf216e4210c0b22/ A-Review-of-the-Relationship-between-Indigenous-Australians-Dingoes-Canis-dingo-and-Domestic-Dogs-Canis-familiaris. pdf（2018‑01‑04）。这篇长文是从该书中摘录的。

小石头砸开贝类食物，或是用小树枝来捕捉白蚁，难道你们从未想过我们狗最善于借助外力？是的，一只家犬会用能想到的最管用的手段来达到目的，每天至少 10 次吧。一个眼神，一声呻吟，它就能操控主人，让他帮自己开门，把食盒装满，或者带自己出去散散步……

一只毛球的用途

每一只澳洲野犬都是与众不同的。我们是澳洲唯一的大型掠食动物，平均体重 18 公斤，身高 55 厘米。早在我们来澳洲之前，这里的大型食肉有袋目动物就已经灭绝了。5 000 年前，澳洲大陆和塔斯马尼亚岛上还幸存着两种中型食肉动物，我们能与之一较高下：一种是袋狼，生活在塔斯马尼亚岛上，长得像缩小版的老虎；另一种名叫"塔斯马尼亚魔鬼"（即袋獾），长得像微型小熊，还是有育儿袋的小熊。这两种动物都因为我们的出现而从澳洲大陆消失了，同样消失的还有塔斯马尼亚黑水鸡，一种不会飞的野鸡。我们所带来的竞争和所进行的捕食，很有可能让这三种动物无法承受，再加上人类造成的生存压力和气候的多样变化，共同导致它们灭绝。然而当欧洲人在塔斯马尼亚岛登陆时，发现这三种动物依然在这个岛上存活着。我们导致了这三种动物在澳洲大陆的灭绝，除此之外，我们似乎并不像野猫和狐狸那样嗜血好杀，是它们造成了许多当地物种的灭绝。生物学家克里斯·约翰逊认为，我们之所以没有造成大量物种的灭绝，是因为我们与澳洲土著人之间形成了一种特殊的关系，他们在无意间削弱了我们对生态系统的影响。①

　　以下是克里斯·约翰逊的假设：想象一下，我们当中的几个成员多少被驯化了一些，初来乍到，登陆澳洲，当地的居民还没有驯养过任何动物。狗儿很是黏人，也将以新的模式与人类建立关系。极少会有澳洲土著部落将我们用于狩猎，因为澳洲野犬先生行事无法预料，且经常会将猎物据为己有。同理，我们也很少充当营地守卫。然而，我们还是会与人亲热的。女人们会一窝一窝地寻找我们的幼崽，让它们在人类世界中耳濡目染，会和狗妈妈一起抚养这些小家伙，如果有需要的话，还会给它们喂奶。成年以后，我们变得更加具有野性，这时我们就会去投奔生活在人类营地周围的已经半野化的同胞。如果我们之中有谁胆子大，偷了太多的人类食物，那它一定会被人类杀死。澳洲土著人常常把成年的澳洲野犬看做弄虚作假的骗子和坏蛋。说某人是澳洲野犬，那是骂人的话，后来白人也这样骂人：从 20 世纪 60 年代开始，澳洲有越来越多的国会议员将某位同事比作澳洲野犬，以形容其怯懦。

　　那么未成年的小野犬呢，澳洲土著人用它来干吗呢？首先，是当热水袋用的。当黑夜降临在沙漠中，格外热乎的小野犬们被用作小暖炉，老人们尤其喜欢。据说有人甚至把小狗的腿弄折，防止它们在夜里逃跑，白天也要将它们拴在腰上，随身带着。一只小野犬就是一个活的毛绒玩具，是孩子们不可替代的玩伴。其

---

① Chris Johnson, *Australia's Mammal Extinction. A 50.000 Year History*, Melbourne, Cambridge University Press, 2006.

次，它还是潜在的肉食储备，有时候猎物不够吃了，就会牺牲它。但并不是所有部落都吃野狗肉，在有些部落中，吃狗肉是禁忌。最后，澳洲野犬还会吃人类剩下的垃圾，将营地上的粪便清理干净。清理粪便，是所有狗妈妈的本能反应。因为小狗们还无法去别处大小便，只能就地解决，常常把窝弄脏。狗妈妈唯有及时清理粪便，才能保持狗窝清洁。

在澳洲土著人的神话中，我们也曾被奉为荣耀图腾。某些土著人还将我们当做其"梦幻时代"的祖先，这也是他们不吃狗肉的原因。如果我们是人类的祖先，那么吃我们不就成了吃同类?! 与此相反，另外一些部落认为我们就像魔鬼一样，喜吃人肉。大多数澳洲土著人长久以来将我们当成守夜犬，我们的嗥叫能警示人们有恶灵（澳洲土著语为 mamu）出没。我们担当了如此重要的充满魔法色彩的角色，女人们如果没有几只小野犬陪伴，是绝不会去营地外冒险的，以免撞上一些……超自然的邪恶力量。

博物学家蒂姆·弗兰纳里认为，我们的到来，促进了澳洲土著部落的发展，使其在狩猎时更加高效：他将这一现象称为"澳洲野犬革命"。他确信，4 000 年前，随着我们的到来，澳洲土著部落中出现了新的生产工具（即澳洲石器时代中的"小工具传统"，产生了许多打磨过的细石器），交换网络有了长足扩展，人口数量剧增，人类对自然环境的压力也越来越大。[1]

蒂姆·弗兰纳里的各种观点常被视为先锋理论，也在其同行

---

[1] Tim Flannery, *The Future Eaters. An Ecological History of the Australasian Lands and People*, Sydney, Reed Books, 1994.

中受到争议，例如克里斯·约翰逊，与其论点恰恰相反，他认为我们与澳洲土著人的接触反而削弱了我们与自然的互动。我们在与人类相处的过程中，建立起一整套复杂的关系，我们自己也在其中成了半驯半野的状态，这一切都很可能减弱了我们对生态系统的影响。我们在人类营地周围游荡，循序渐进地登上澳洲食物链顶端。有袋目动物也慢慢地习惯了我们的捕食。因此直到今天，我们仍然是保护澳洲脆弱生态系统的秘诀。现如今，澳洲政府重新将小块火烧地的耕种方法传授给土著人（他们的祖先曾致力于火烧小范围的森林或田野以利耕种），用这种传统方法来控制大自然，避免因植物失控疯长而引发火灾。澳洲政府或许还会考虑将我们再次野化，即重新将我们引入到生态平衡受到威胁的自然环境中，来调节生物数量，包括兔子、猫、狐狸，还有袋鼠、沙袋鼠。

毁灭者反而是大救星？

欧洲人一发现我们，就总想着把我们给灭了。别忘了，这些白人也一度让澳洲的人口数量减少。正如他们曾经让美洲印第安人经历的那样，他们也给澳洲土著人带来了一大波疾病，就算是幸存下来的人，也继续深受种族灭绝政策之苦：欧洲人强制土著人劳动，抢走他们最好的土地，将他们关在固定区域，一有抗议者即刻处决。到了 20 世纪，欧洲人甚至将他们的孩子偷走，美其名曰为了"教化"他们……凡此种种，他们一样都没逃掉。而我们，总的来讲，比人类抵抗得要好些。然而，环境是在不断改变的。试想三个世纪前的澳洲，几十万土著人分成无数个部落，要定期烧掉长满一地的野草才能维护好其生存环境：让土里长出幼嫩的植物，让还没长大的猎物繁衍生息……

后来，欧洲人来了，屠杀这些御火的园丁，他们就此停止了所有活动。不计其数的牛、羊代替了他们。欧洲人开始在草原上凿井，凿出一片片绿洲，让放养的牲口们饮水。从前闻所未闻的动物开始多了起来。欧洲人的船舶运来的猫迅速繁殖，摧毁了许多小型哺乳动物。兔子从养兔棚里逃了出来，因为没有专门捕食它们的天敌，数量也越来越多。本来引进狐狸主要是为了消灭兔子，也能额外让人们享受一把追逐、围猎的乐趣，不承想澳洲本地的小型哺乳动物根本不知道这新来的猫和狐狸会吃小动物，因此毫无防备，结果狐狸们发现，捉它们比捉兔子这耳朵长长的啮齿动物更加容易，这也是狐狸和猫在澳洲能轻而易举地大快朵颐的原因。直到今天，它们仍然对澳洲的生态系统造成了巨大破坏。

我们本来是可以帮助人类对抗这些数量激增的动物的。和所有食肉动物一样，我们会对猎物进行"过度捕食"：一有机会，就会猎杀猫和狐狸，包括其幼崽，斩草除根，减少竞争。然而你们人类却选择了大肆猎杀我们。最早对我们进行研究的博物学家沃尔特·比尔比谈到我们的时候无情地总结道："什么时候这些野兽都死光了，移民者们的幸福生活就来临了。"于是，我们被追捕，被困在陷阱里，被毒死，被枪杀。人类甚至建造了围墙，即防野狗的围栏，这是世界上最长的连绵不断的围墙，长5 300千米，还有大约两米高的铁丝电网，只为将澳洲野犬隔在澳洲东南地区之外。这项工程开始于 19 世纪 80 年代,最初是为了阻拦数量激增的兔子。但围墙并没拦住兔子先生,它们打洞穿墙而过,该工程也没能完成。20 世纪 20 年代至 60 年代,绵羊养殖者们完成了围墙的修建,因为我们当中的某些成员很可能去捕杀那些主人没照看好的绵羊。然而这一切并没有什么用。虽然在围墙的东南边,我们的数量比在澳洲其余地方少得多,但我们还是存活下来。甚至那些曾致力于消灭我们的猎人也常常说,在所有造物中,为了生存,我们(澳洲野犬)最为诡计多端。命运无常,讽刺的是:在我们日渐稀少的地方,兔子和袋鼠猖獗,毁掉了放羊的牧场。当人们操纵环境时,往往会导致不可预计的后果。

在近几十年中,我们因为与欧洲狗杂交而日渐衰微。实际上,澳洲土著人很早就开始收养这些欧洲狗,他们很快就一致同意用这些欧洲狗来打猎或监管财物,因为它们比我们更适合做这些工作,适合得多。在塔斯马尼亚岛,当地的土著还不认识任何犬科动物,却能高效利用这些欧洲狗,在其帮助下打猎,也是因为这些欧洲狗,他们意识到西方人在第一次交往之后不到 20 年,于 18 世纪末,又来到他们身边!在澳洲大陆,大量逃到野外的家犬涌向土著人的营地,将欧洲狗的血液混入我们的血液之中。纯种澳洲野犬越来越少了。漫漫 5 000 年,我们都一直保持着血统的纯净,不与外界进行任何杂交,然而从今以后,根据地域的不同,20%~80% 的澳洲野犬将变成杂交犬。它们数量越是稀少,其杂交程度就越高,例如那些不幸被困在围墙东南边的狗。

说起袋狼,这种长有育儿袋的狼,它的命运如警钟长鸣,回响不绝。英国移民者来到塔斯马尼亚岛时，不遗余力地消灭袋狼，因为他们怀疑袋狼会攻击绵羊。当地的土著人也参与了对袋狼的灭绝行动，猎杀袋狼，再将其头皮卖给白人。白人和土著人双面夹击，余下的工作只需交给四处游荡的狗和外来疾病即可。1936 年，塔斯马尼亚岛上的最后一只袋狼死在一个动物园里，徒留一部记叙其故事的电影和一个死后给取的名字"本杰明"。而塔斯马尼亚岛上的人其实比这只袋狼更早入土：岛上最后一个纯种土著，一个名叫楚格尼尼的女人，死于 1876 年。据说她临死时哀求在身边照料的医生将自己火化，别用稻草裹尸。然而她的遗骸还是在博物馆里被公开展示，等到其死后的第 100 个年头才如其所愿被焚化。再来看看袋狼。有传言说它现在仍然奔跑在塔斯马尼亚岛上：经常被发现，但从未被抓住。它就像喜马拉雅雪人一般，成了神秘动物学的象征，这一学科致力于搜寻那些被正统生物学认为是虚幻不实或已然消失的生物。

歌唱者

现在我们去另一座岛，寻找我那行踪不定的孪生兄弟，它在血缘上和我很接近，却十分善于逃遁。[1] 它就像一个四条腿的幽灵，一些自然主义研究者矢志不渝地想要捉住它。它就是我的兄弟，新几内亚歌唱犬，拉丁学名为 Canis hallstrumi，人们常说它是

---

[1] 参见 collectif, *Des chiens et des hommes. Les plus beaux reportages du magazine* Dogs *à travers le monde*, traduit de l'allemand par Caroline Lelong, Paris, Ulmer, 2011。书中有许多优秀的报道，其中一篇报道给了我灵感。

世界上最稀有的犬科动物。只有极少数的歌唱犬被人捉住，然而直到 2017 年，也没有任何一位生物学家成功地在自然环境中观测到它：其自然栖息地是地球上最难进入的山区丛林之一。

歌唱犬的官方历史记录始于 1942 年，那时候，珍珠港偷袭事件过去还不到一年，太平洋战争正如火如荼。日本和美国在整个大洋洲正面交锋，双方都想尽可能多地控制海岛。某月，美军参谋部向新几内亚岛南岸派出 1 200 名新兵。他们的任务是：在岛上无人问津的森林里开辟一条新的直路，以便突袭驻守在北岸的敌军。他们雇来的巴布亚向导将这条路线称作"幽灵之路"，是地狱的同义词。美国士兵开始了他们漫长的噩梦：交错不明的腐树，洪水泛滥的河流，青苔密布的岩石，贪婪嗜血的蚊虫，不计其数的毒蛇，还有猖獗盛行的败血症，以及无处不在的疟疾引发的高烧。这是美国将军运筹帷幄的妙计，但他们对士兵们在实地所受的苦难根本无法感同身受，更难以想象士兵们在这次荒唐的强行军中是怎样的筋疲力竭，将军只会庆幸自己高明的战术削弱了日军对新几内亚岛的控制。即便如此，两军的战斗还是持续到了1945 年。美国军人在 20 世纪 50 年代出版了自己的日记，他们回忆说，在高地上的巴布亚村庄附近看见过半野化的狗，声音很奇特，叫起来像猫头鹰。

新几内亚岛是仅次于澳洲和格陵兰岛的世界第三大岛，面积775 000 平方千米，大约是法国本土的 1.5 倍。[①] 直到 2000 年，岛

---

① 按照官方说法，新几内亚岛是仅次于格陵兰岛的世界第二大岛，面积约 78.6 万平方千米。——译者注

上 90% 的土地仍然被森林所覆盖，加之其地形非常崎岖，开发起来十分困难。中部群山盘结，云雾缭绕，几座海拔超过 4 000 米的雪峰耸立其中。全岛因地势而分成几块，约 850 个种族共同居住于此，并保留着异乎寻常的语言多样性，也有着闻所未闻的生物多样性的巨大财富。

歌唱犬是岛上流传最为久远的神话之一。人们说它不会像狗一样叫，而是发出一种长长的像猫头鹰一样的叫声，这叫声处于狼的声线与鲸鱼声线之间，却又带着尖锐的颤音，让人想起乌鸫鸟的鸣叫。第二次世界大战后，好几支科学探险队试图捕捉歌唱犬，全都铩羽而归：很多人连高原都爬不上去；有的好容易爬上去了吧，却连个狗影子都没见着！要不是巴布亚人在 1957 年卖给悉尼动物园一对歌唱犬夫妇，人们还以为它们从人间蒸发了。但人类最后还是很好地研究了歌唱犬，让它们繁殖后代，解剖它们……人们因此知道了歌唱犬和我们（澳洲野犬）长得很像，身材比我们矮小三分之一，体重 10 多公斤，肩高 30 厘米多一点，皮毛是米色的，偶尔也有黑色的，四肢较短，下颌宽而有力。它们和我们是近亲，也是东南亚家犬久远的后裔，祖先们在 5 000 年前被不知名的航海者带到此地。不像我们，它们没怎么杂交过，很可能是世界上最古老的犬种。

那对歌唱犬夫妇被圈养起来，有人尝试收养它们的孩子，使其适应西方的家庭生活。这真是白费力气：同样是被人类家庭收养的小狗，歌唱犬却表现出让人惊愕的逃跑天赋。它虽然生来不适合耐力长跑，却非常适合障碍赛。它能在刹那间爬上一棵树或一面峭壁，翻过一面墙或一道铁丝网，像猫一样收缩关节，从缺口钻出去。它和所有祖上是野生犬种的狗一样，别看它一副矮小瘦弱的身板，精力却不可思议地旺盛，一不高兴就叫声频发，震耳欲聋。总之，人们可能只有到了其自然栖息地实地探究一番，才能真正明白其行为特征，然而，它的自然栖息地几乎是无法抵达的。

歌唱犬的数量也不太可能估算出来。上面提到的那对歌唱犬夫妇从 1957 年开始被关在悉尼动物园里，它们的后代也一直被圈养，散落在地球上的各个动物园里。现如今，这些被关在动物园的歌唱犬，比在野外生存的同类数量更多。截至 2018 年年初，在其自然生存环境中，新几内亚岛上的歌唱犬只被人类拍到过三次。第一次是在 1987 年，被博物学家蒂姆·弗兰纳里拍到。第二次是在 2012 年，被高山向导汤姆·休伊特拍到。第三次则是在 2016 年，动物学家詹姆斯·麦金太尔的研究团队为了自动监测来往的动物，在岛上放置了几台摄像机，它们在夜间捕捉到了一连串歌唱犬的影像。就这样，詹姆斯·麦金太尔成功拍下了中央高原丛林中大约 15 只野生歌唱犬的 100 多张照片。

歌唱犬常常是被半驯化了的。那些曾和巴布亚人一起生活过的人类学家证实了这一观点，这也是歌唱犬和我们（澳洲野犬）的生活习性很像的原因。很显然，目前也存在和歌唱犬同源的狗，但它们越来越频繁地和外来的犬科动物杂交。在丛林中，真正的歌唱犬是颇受猎人青睐的。它只有在觅食的时候才会进入人类的村庄，它没有姓名，没有主人，也没有任何人关心它的命运。但它连垃圾也能狼吞虎咽，一有机会就把小孩们的屁股揩得干干净净，还抓老鼠。一看见男人全副武装地离开村子，它就加入到这打猎的队伍中，因为它知道，只要自己能将一头野猪从窝里赶出来，就能获得奖励——一块带血的野猪肉。如果猎人们得意忘形，走出了日常习惯的狩猎地而迷路了，就只能指望歌唱犬带他们尽快回家了。而歌唱犬一死，就会被切成块，有时还会被吃掉。它的骨头被雕刻成首饰，牙齿可以充当货币：巴布亚人总喜欢说，一条由 100 颗狗牙齿串成的项链就能换一个女人。

　　时至今日，歌唱犬仍然是个谜。在传说中，它们只在野外生存，即便在荒凉的新几内亚岛上高原也见不到它们了。它们真的完全与人隔绝了吗？那些和村民一起生活的歌唱犬呢？它们从来不咬人，还帮村民们做各种事，岂不是成了"活化石"？它们也像史前时期最早被人类驯化的那些家犬一样生活吗？在告别之前，请大家静静思考一段话，这是博物学家约翰·古尔德在 19 世纪中期关注到袋狼时提前为它们写的悼词（那时候袋狼还经常出没于塔斯马尼亚岛呢）：

　　塔斯马尼亚岛比较小，随着人口越来越多，当有一天岛上的原始森林被公路纵横交割，袋狼这种奇特的动物数量将会锐减，也会突然灭绝。到了那时，袋狼将会和英格兰、苏格兰的狼一样，跻身已灭绝动物之列。虽然这将造成巨大损失，但袋狼实在是太令人烦恼了，无论是牧羊人还是农场主，都想要将其从岛上清除掉,这也无可厚非。①

　　你们也会让我们灭绝吗? 没有澳洲野犬的澳洲,还会是澳洲吗?

---

① 引自 Georges Daublon, *À la rencontre des animaux disparus*, Paris, Flammarion, 2004。

第五章
杂种犬：边缘生活

浪迹天涯的杂种犬

两位游客迷失在印度尼西亚的村子里，狗群突然转向他俩，瞬间沦为猎物的人们是时候回想一下了，人类到底凭什么能制服狗。在本章中，我们还将讲述一位日本独裁者的故事，他赋予狗的权利比赋予他的臣民的还多。我们还将谈到墨西哥的流浪狗大屠杀事件，屠杀流浪狗，不过是监控整个社会的小小序曲而已。在本章的最后，我们将讲述旧金山的两只流浪狗的美丽故事，它俩团结默契，友谊永存。

巴厘岛上的杂种犬：面对清晨，我的犬牙闪闪发光。今天，我领袖群伦，麾下带着十好几只饿得发慌的流浪儿。我低嚎着前行。看这一公一母，两条腿的一公一母，在印度尼西亚的晨光中吓得脸色惨白、手足无措。若是本地人则会大叫，并捡块石头假装要砸我们，而我们呢，也会乖乖地夹着尾巴四下里逃散。我们常以吃垃圾为生，或是盼着人们扔点能吃的东西给我们。今天碰到的这两个人则不同，我们一拥而上，一番包围和恐吓，还竖起毛发吓唬人家。他们其中一人盯着我的额头，径直逼近。他竟然不再害怕了，于是我主动退缩。两个游客好歹冲散了狗群。从今往后，他们便可大言不惭地对亲友说，人不同，对待流浪狗的方式也不同，而你怎样对待狗，狗就怎样对待你。在非洲和亚洲的大部分地区，流浪狗见人就跑，还攻击人。再往东边去，一到大洋洲，那里的流浪狗见人却会摇尾示好。而到了南太平洋东部的复活节岛上，流浪狗偶尔碰见徒步出行的游客，居然会陪着他，一起去参观巨大的摩艾石像，安然地等着游客扔一小块三明治给它，犒劳这一路相伴。

美洲安第斯山区也有类似的故事。迈克尔·林诺德便亲身经历过这样一段往事。在厄瓜多尔，他和一条流浪狗一起开始了这次历险。这条狗背上有一条丑陋的伤口，迈克尔扔给它一个肉丸，从那以后小乞儿就一直跟着他。尽管小家伙受伤了，尽管队长迈克尔和队员们行进速度很快，但它仍然锲而不舍地跟着队伍。这四位瑞典的极限运动员是来参加世界极限越野锦标赛的。比赛内容极为严苛：征途长达 710 千米，一路上得翻越荒芜的丛林和高山，整个赛程混合了 60% 的自行车越野赛、23% 的越野障碍赛、16% 的皮划艇赛和 1% 的跑道赛跑。队员们碰到这只狗的时候，比赛才刚刚开始。

最初，迈克尔、斯塔芬、卡伦和西蒙都以为他们骑着车，很容易就能甩掉这只小狗。然而事与愿违。于是他们又想方设法试图摆脱它。他们一边命令着"喂，快回去呀！"，一边做着夸张的手势，然而小狗毫不在意，继续坚定地、信任地盯着他们。直到皮划艇赛前夕，迈克尔说，他差点就扛不住了。[1] 他想要集中注意力准备即将到来的比赛，他思忖着，未来的一整天，自己都要划着那艘不怎么牢固的小船在湍流上颠簸。然而，想也没用，他没法集中注意力，他不停地惦记着亚瑟。是的，忠心耿耿的小狗终于有了属于自己的名字，毫无疑问，它现在已经变得很重要了。每天，队

---

[1] Mikael Lindnord, *Arthur. The Dog Who Crossed the Jungle to Find a Home*, Vancouver, Greystone Book, 2017.

员们都忍不住把原本是自己要吃的一部分蛋白质分给它吃。

比赛组织者态度坚决地告诉队员们：绝不可能带着小狗一起继续皮划艇赛。迈克尔、斯塔芬、卡伦和西蒙只好转身，背对亚瑟，用尽全力划桨离开，想忘了它。然而不到两秒钟，他们就听到啪嗒一声，亚瑟跳进水里，绝望地在众多皮艇后面游着，桥上围观的人们发出一片欢呼，鼓励队员们让小狗队友重回赛场。亚瑟活了下来。尽管之前它经历了厄瓜多尔的激流，兽医们给它打了各种疫苗，瑞典政府还对它进行了为期120天的隔离，但最终，瑞典政府同意给它提供庇护。从此它在斯堪的纳维亚半岛过上了幸福的生活，至少，在迈克尔看来是这样，老伙计亚瑟就住在他家里，他高兴得很呢。

流浪狗星球

我们有很多名字：在非洲叫"黄狗"，在亚洲叫"贱狗"，而无论走到哪里，听人叫得最多的名字还是"土狗"。我们流浪狗千千万。"世上到处都是流浪狗！"生物学家夫妇洛娜·科平杰和雷蒙德·科平杰在研究了七大洲的狗之后，得出了上述结论。[1] 他们足迹所至，几乎处处都能见到我们的踪影：最常见的土狗，最标配的狗模样。在炎热的孟买，我们15公斤重；在寒冷的安那托利亚山区，我们则可重达30公斤。一般来说，我们的毛很短，唯有在高山上，毛发要浓密些；毛色通常呈褐色或浅黄色，间或带有黑色

---

[1] Raymond Coppinger, Lorna Coppinger, *What is a Dog?*, Chicago, The University of Chicago Press, 2016.

或白斑。乍一看,我们很像澳洲野犬。你们很容易把我们当成
"杂种狗",仿佛我们就是狗狗大杂烩,你们所知的每一种狗,似乎
都能在我们身上找到自己的影子,却又说不清道不明。实际上,
这正是因为我们的血液中流淌着许多种狗的基因,其中包括你们
钟爱的所有犬种的基因,且远远不止。我们就是那道原始的头
汤,是备用的基因库,其中的基因一经改造,什么狗都能造出来,
不管是体形巨大的大丹犬,还是身材小巧的猎獾犬,不管是没毛
的无毛犬,还是毛发蓬松的纽芬兰犬。

据雷蒙德和洛娜统计,地球上共有 10 亿只狗,其中 1.5 亿只,
好歹都是有品种的,而剩下的都是无法确定品种的流浪狗。有品
种的狗就有名称。它们生活在富裕地区,通常有身份认证,有主
人,有人定期喂食,还打过疫苗,有栖身之所。它们是在近亲之间
选种培育出来的,在身体或行为上有着某些明显的特征,但有时
也会患上基因疾病。它们可能很小,也可能很大,但其品种终究
是可识别的。当人们说起狗的时候,它们当中的某一种就会浮现
在你们的脑海里。

柯平杰夫妇认为,地球上有 1.5 亿有品种的狗,或至少是能被分
类的狗,以及 8.5 亿杂种狗,即无法确定品种、无法分类的狗。另外一
些专家,如斯坦利·科伦则认为地球上大约只有 5.25 亿只狗[1],这个

---

[1] Stanley Coren, *Secrets de chiens. Ce que votre chien veut que vous sachiez*, traduit de
l'anglais par Anne-Emmanuelle Boterf, Paris, Payot, 2013, rééd. « Petite
Bibliotheque Payot», 2015. 作者估计全球有 400 万只被正规记录在册的狗(有
人喂养或有人愿意对其负责)以及 100 多万只确认无主的狗。

数字比柯平杰夫妇的统计结果要小很多。然而,你们去大千世界看看就会发现,我们流浪狗才是狗的大多数。当有人向你们提到"狗"这个词的时候,你们为什么就想不到我们呢？我们可是狗的真正原型啊。我们交配时不受选种育种的限制,生下的后代几乎就是最普遍的狗模子。在罗马人征服高卢人之前,高卢人吃的就是我们的肉。我们在欧洲幸存已久,虽然在那充满现代气息的大不列颠岛,我们早已消失在街头巷尾,但在欧洲大陆上,包括在法国,我们却一直存活到了 19 世纪末。时代发展的同时,我们也慢慢灭绝了,取而代之的,是那些受保护的犬种,它们的选育和性征都受到管控。拥有这些特殊犬种的主人必须经过身份确认,必须将自己的狗关起来,或者将其驯服,还得给它们办理身份证。现如今,一旦发现流浪狗,就必须将其送到警察局的待领场。不过此规定仅限西欧,并非处处如此。例如,在意大利,仍然有流浪狗群幸存。

现在我谨代表我们这些最底层的无名之辈,为大家介绍一下流浪狗群体,这个象征着犬类的绝大多数的群体,以及我们曾经生活过,且至今依然生活着的那个世界,一个不那么合法的世界。让我们先从一些定义开始。生物学家路易吉·博塔尼根据对人的依赖程度将狗分成三大类,这种分类被联合国的许多机构采纳过,还是比较权威的。

第一类是被驯养的狗,生活和饮食完全依赖驯养它的主人,生育繁殖也受到主人的管控,离开主人无法独自生活。

第二类是中间状态的狗,这一大类又细分成两小类：一类是家庭犬,靠收留它的人类家庭喂食,时不时地出门闲逛,偶尔也能离家独自生活;另一类是街区犬,其饮食只是部分地依赖人类,既有某个街区的人们定期喂食,也会自己找东西吃,行动更自由。

第三类是"野"狗,或者更确切地说,就是自由的流浪狗,这一类狗的数量最多。我们也许从未被真正驯服过,但我们可以和人类一起生活,也就是说我们可以与人亲近。我们与人类共生,传承着那千年的契约:你们让我们生活在身边,而我们则吃着你们的垃圾为生。有时我们也会转换类别,例如像上文提到的小狗亚瑟那样,过渡到中间状态,或者直接被驯化,而被驯养以后,必要时,我们也会投桃报李,为你们提供额外服务,尤其是哄着你们,让你们自我感觉良好,以为自己只要按时按点地照顾我们,就可以成为更好的人,其实你们哪有那么好。

柯平杰夫妇是怎样统计出地球上有 10 亿只狗的? 清点出那 1.5 亿只驯养在家的狗并不难。因为一般来讲,它们生活的地方都有统计学和种畜谱系的基础,也有疫苗注射登记系统(这是国家层面的一种管控,预防动物带来的威胁公共卫生安全的潜在风险)。这 1.5 亿只驯养在家的狗,有近一半(约 7 500 万只)是在美国登记造册的。

而剩下的流浪狗,情况就比较复杂了。这正是问题关键所在。柯平杰夫妇在学生的帮助下,对各大洲展开统计。他们的足迹遍布世界,从墨西哥城巨大的垃圾场到南非夸祖鲁-纳塔尔省的城郊,从埃塞俄比亚的乡村到印度的贫民窟。他们还发明了一个数学公式,根据此公式,原则上,每 100 个人生产出的垃圾足够养活 7 只成年流浪狗(只能把命吊着)。由此推算,目前地球上有 70 亿人,这个庞大的人类文明大约孕育着 5 亿只成年流浪狗。而一般来说,雌性流浪狗繁殖后代不受任何人为控制,所以在流浪狗群体中,始终会有 3 亿~3.5 亿只小流浪狗让这个大家庭后继有人,数量也相对稳定。

在人类世界中幸存

根据以上的算法,柯平杰夫妇还提出一个假设:这些流浪狗,也被他们叫做"所有人的狗",要想传宗接代,就必须指望下一代,而在小流浪狗之中,只有 4%能长大成年。他们认为,之所以只有 4%的狗能存活,是因为流浪狗面对现实而采取了只管生不管养的策略,大量繁殖后代,但不费力气去养育它们,指望人类有足够的残羹剩饭让幼崽们活下去,流浪狗种族也能代代相传。

我们来对比一下狼的情况:头狼夫妇举全家之力(一个狼群通常有 6~15 个成员)动员生产,一年也只能生一胎。年成好的时候,一胎中也只有两三只幼崽能活下来,而这些幼崽只有长到快两岁时才能独立,也就是说,能独自猎食和繁衍后代。狼嘛,长得好看,身强力壮,还十分适应野外生活,但这一切的背后,还有来自狼爸狼妈的巨大付出。

狼这种猛兽很像手工业者,富有匠人精神,每一只狼都是精雕细琢出来的。而狗,则是工业化版本的狼,是流水线上生产出来的。但这正是我们成功进化的秘诀,也是我们经过几千年的竞争后仍然存活在地球上的原因。几千年后的今天,狼和狗的存活比是 1 比 3 000！自由流浪的母狗可以和任何公狗交配，一胎可产下 6~8 只小狗，它们常常是同母异父的兄弟姐妹。狗妈妈只给它们喂奶 5~7 周。等到小家伙们嘴里长出牙齿，吃奶时把妈妈的乳房咬疼了就断奶。这意味着它会抛弃自己的孩子，另结新欢。就这样，狗妈妈每 7 个月就可以生产一次。它的孩子长到 7 个月大时，就完全性成熟了（小型的家养狗或流浪狗只需要 7 个月，而大型犬种要等到 18 个月大时才有生育能力）。流浪狗幼崽们，从孩提时期一直到青少年期结束，都必须独立生存。

从孩提时期到青少年期的这 6 个月，对流浪狗幼崽来说，是最关键的。这期间，它们幼小而脆弱，笨拙而迟钝。除非有足够多的食物，否则根本抢不到吃的，因为成年流浪狗一定会将食物据为己有。一般来讲，20 只流浪狗幼崽中只有一只能勉强活下来，而这一只通常是心甘情愿、机缘巧合被人收养，或有人喂食的。如果小狗的长相能讨潜在恩主的欢喜，那它就拥有优势了。其实，流浪狗幼崽生来就能面对这种艰难的生活：刚满一个月，它就能消化一切食物，无论是生的，还是熟的，无论是变质的肉类，还是腐烂的蔬菜，无论是啃不动的面包，还是工业产的饲料，它都能消化，只要有个好心人出手管管它，保证食物别被垂涎三尺的成年同伴抢走。小狗一旦长大，就要重回流浪生活，这种情况最常见。有时候收养它的家庭希望一直留着它，那它就会继续待在家里。如此一来，它就不再是"野"狗了，从流浪狗变成家庭犬，甚至会被驯化。流浪狗的平均寿命是 4 年，而家庭犬的寿命是十几年。

柯平杰夫妇在墨西哥城的垃圾场和肯尼亚的马萨伊村庄，都记录过流浪狗在野外和家庭之间互相转变的过程。你们有过这样的经历吗：一只小狗，养了好几个月，突然有一天，它长大成年了，然后就从家里逃跑了？这时候另一只小狗出现了，那么可爱……这个桥段，多少有点澳洲土著人部落与澳洲野犬的味道！幸存的小狗成了人类的小宝贝，被异族抚养长大的小家伙。那剩下96%无人收养的流浪狗幼崽，会被活活饿死。

以此类推，一只小狗崽被人类社会同化所需要的时间要长得多。若是小狼崽，它出生后，你们只有三周时间有机会让它误以为某个人或某只猫是它的手足同胞，错过这三周，此事便再无可能。而即便在三周内做到这一点，它仍然会对人保持一种天然的怀疑和警惕。而对小狗崽来讲，获取其信任的机会之窗开启时间长达6~10周，一旦成功，幼犬就会表现出对人的绝对信赖。如果你们让一只刚断奶的小狗崽在羊群中生活，那它一辈子都会将羊当成自己的亲人，倾力保护它们。但如果等一年再进行第一次亲密接触，它就会攻击羊群，因为之前没能和它们亲近。你们也可以用同样的方式将一只流浪的小狗崽培养成一名优秀的护卫：将它养在母羊群中，用人们不要的奶酪边角料来喂养它。它鼻间浸染的全是羊奶和羊毛的味道，长大以后会用生命来保护这些母羊。

坎高犬王的传说

据说，它是雄踞安那托利亚高原的霸主，一种强大且血统纯正的狗。毛发厚实，毛色介于白色和米色之间，雄犬体重 50～65 公斤，身高 74～81 厘米。头部宽大，尾巴微微朝上卷曲，口鼻部通常呈黑色。性格勇猛，智力超群。它的名字？坎高犬是也。土耳其人也称它为"安那托利亚雄狮"，说它是"世界上最强壮的狗"。它或许是最古老的大家公认的护卫犬，经历过最严酷的战火洗礼，矢志不渝地坚守岗位，白天保护羊羔们不被猛禽捕食，晚上守卫牛群、羊群和人，防狼防小偷。

　　经世界犬业联盟确认，这种安那托利亚"牧羊犬"①是美索不达米亚看门犬的直系后裔，四千年前，就是这些不可思议的护卫陪伴着世界上最早的几位国王。从 2003 年开始，在土耳其广泛流传着另一个关于坎高犬的传奇故事，更符合土耳其民族骄傲的故事。故事中，作为土耳其民族象征的坎高犬，大约在一千年前，被一个人们通常叫做"克格涅斯"的土耳其部落从中亚大草原带到了土耳其。自古以来坎高犬就孕育、守护着土耳其人民，保卫他们珍贵的羊群不被野兽猎杀。但这还不够，坎高犬似乎还被土耳其近卫军用来打仗，这支近卫军在 17—18 世纪时是奥斯曼帝国军队中的精英步兵卫队。故事里面还说，现代土耳其之父、土耳其共和国的缔造者，穆斯塔法·凯末尔·阿塔图尔克，当年被叛军追杀，敌人悬赏其首级，他逃进险恶的大山，精疲力竭，本来都打算投降了，但奇迹降临，让他改了主意：他亲眼看到一只坎高犬和一只灰狼的战斗，这只坎高犬竟出乎意料地战胜了灰狼。坎

---

① 坎高犬并不是真正意义上的牧羊犬，只是某些坎高犬可能会引领羊群或牛群。坎高犬是一种护羊犬，只要能保护羊群就可以了。

高犬的胜利告诉他，只要顽强不屈，哪怕是最强大的敌人，也能战胜。于是，1923 年，凯末尔带领自己的军队赶跑了当时还是奥斯曼帝国的叛军，以及希腊、法国和英国的侵略者，成为土耳其共和国的总统。

　　杂志上的文章写到坎高犬时都会提到这个故事。而杂志《狗狗们》上的一篇报道却讲了一个不大一样的故事。[①] 报道的编写者前往坎高犬的原生环境中对其进行观察。忽然间，坎高犬在其笔下变得那样的桀骜不驯，不听任何人的号令，是它自己主动积极地要去保护羊群的。报道里还说，坎高犬很小的时候就和羊群一起生活，与牧羊人的关系反倒不那么亲近。人们喂它吃一种和了水的面糊，只能勉强填饱肚子，它不得不通过捕猎和吃腐肉来获取所需的热量。作者还补充道："最早一批坎高犬是于 1965 年到达欧洲的。一位考古学家成功说服了一位农民，用一把猎刀换来一只雄性坎高犬幼崽，考古学家带着小狗崽回到了英国。没过多久，她回到土耳其，想找一只雌性坎高犬来配对。于是，加齐和萨巴海提这对坎高犬就成了几乎所有生活在欧洲的坎高犬的祖先。而直到那时，这种狗在原产地土耳其甚至没有属于自己的名字。大约在 1980 年它们才有了'坎高'这个名字；在那之前，人们就叫它'牧羊犬'。"

　　关于坎高犬，还有另外一个故事。根据科平杰夫妇的讲述，20 世纪 70 年代他们前往土耳其研究流浪狗。加利福尼亚一些养

---

① «Un roi veille», *in* collectif, *Des chiens et des hommes. Les plus beaux reportages du magazine* Dogs *à travers le monde*.

狗的朋友托他们带几只安那托利亚牧羊犬回来做样本，也可以在美国养犬俱乐部多登记一个新品种。"当然可以"，柯平杰夫妇回答道，"可是它们长什么样子啊？"朋友告诉他们，要找的狗，体形很大，红褐色的毛，口鼻部是黑色的，当地人好像叫它"卡拉巴什犬"，土耳其语意为"黑头"。

柯平杰夫妇在他们所碰到的流浪狗群中努力寻找与此描述相符的狗，并且优先从那些打小养在羊群里的狗中挑选。他们选中了二十来只符合上述外形特征的狗，其中的绝大多数被带回美国，成为美国最早一批安那托利亚牧羊犬。然而，柯平杰夫妇强调说，就这几只被选中的狗不可能代表数以千计的安纳托利亚犬那变化无常的基因特征。最有趣的是，同一时期，美国另一位养狗人也在土耳其收集牧羊犬，但他以为土耳其的牧羊犬也是白色的，就像他所知道的比利牛斯山地犬或玛瑞玛安布卢斯牧羊犬一样。他把自己在土耳其找到的牧羊犬叫做"阿卡巴什犬"（Akbash，土耳其语，意为"白头"）。从那时开始就产生了这么一个终极问题：无论名为安那托利亚牧羊犬、卡拉巴什犬，还是阿卡巴什犬，它们到底和最初那不同寻常的坎高犬是同一个品种呢，还是现代人创造出来的新品种？

在意大利，玛瑞玛安布卢斯牧羊犬有着与坎高犬类似的故事。它也是卓尔不凡的牧羊犬，一身毛发洁白无瑕，从最远古时就陪着人们在夏季进山放牧。意大利人对它赞不绝口，据他们说，玛瑞玛安布卢斯牧羊犬通身雪白，或许是出于物竞天择的压力，因为它是在雪地里一路成长起来的。实际上，它很少能看到雪,因为它通常在山坡上过冬,只在夏天才爬上高山牧场。还有人说,它通身雪白,可能是为了隐藏在羊群中,以便能出其不意地攻击来袭的灰狼。然而,玛瑞玛安布卢斯牧羊犬放牧的羊群是灰色的,而它们自己却雪白无瑕,身处羊群之中,反倒成了惹眼的白点点。再说了,狼要发现狗,依靠的更多是嗅觉,而非视觉。总之,玛瑞玛安布卢斯牧羊犬至少从18世纪开始就是浑身白毛,而这是因为牧羊人深信只有白色的狗才能成为好的牧羊犬,所以他们在一窝刚出生的小狗崽中只会留下那些白色的,久而久之,这种牧羊犬身上白色毛发的基因就成了主导。再加上它们的繁殖能力很强,只需稍加选种,就能加强某些特征,形成具有当地特色的犬种。而业余爱好者也因此找到了添油加醋的素材,来讲述一系列绘声绘色却无法证实的故事。

今天,坎高犬被土耳其视作国宝,想方设法禁止它出口。然而在国内,它的待遇也未必有多好,因为它们只有在属于自己的自然环境中才能幸福地生活,即在安那托利亚游走不定的羊群中,而这种群落生境正在消失。

幕府将军的怜悯

中国有个传说:有一天,佛祖讲经传道,欲使众生大彻大悟,只有12种动物听从了他的召见,即鼠、牛、虎、兔、龙、蛇、马、羊、猴、鸡、狗、猪。作为奖励,它们在十二星相中各占一席。每12年,它们就会迎来自己的主星相年,且对应金、水、木、火、土五行中一个属性。所以2018年是土属狗年。

　　无论是在中国，还是在日本，人们相信星相学。根据星相学，狗年出生的人为人正直，做事严谨，爱打抱不平，随时准备不惜一切投入战斗。日本江户时代第五代征夷大将军德川纲吉，正是在 1646 年这个狗年的 2 月 23 日出生的。德川军事家族统治日本二百多年，从 1600 年到 1868 年。这些军事独裁者的统治，或曰幕府统治，意图闭关锁国。他们禁止外国人，特别是西方人，尤其是西方传教士，踏足本国国土，日本在德川幕府时期居然享受了 268 年的和平，这是世界史上独一无二的一段插曲。

　　德川纲吉不是做统治者的料。他所受的教育，也不是教他成为武士，而是成为文人。由于哥哥英年早逝，1681 年他成为江户时代的第五位幕府将军。他心怀抱负，想为世界带来公平正义。他立法反对堕胎，堕胎现象在当时很普遍，他强制孕妇进行人口登记。他禁止卖淫，命令官员用国家的钱为穷人和病人提供食宿，拨款给治安官清剿城市里的匪帮，冬季让人在监狱里分发棉被御寒。德川纲吉治下，人口迅速增长，城市和农村都快速发展，这一切又让他的政治举措有了财政保障。方兴未艾的新贵，也就是人们常说的中产阶级，对武士集团的特权心有不满，对德川纲吉推行的这些改革则是满怀感恩。

　　有一个关于德川纲吉的传说，说他痛失独子后，去找一位禅师，请他开解，禅师建议他将我佛的慈悲惠及动物，特别是狗身上，因为德川纲吉就是属狗的。于是在 1685 年至 1700 年间，德川纲吉强力推行了一项前所未有的政策，此举让他有了"狗将军"①的绰号。他颁布了一系列禁止猎杀动物的《生类怜悯令》，这算是他执政期间颁布的第十条法令。针对各类动物的《生类怜悯令》，在当时的人们看来，就像是当权者魔怔了，才会颁布如此疯狂的法令，但在今天看来，还是具有一定先锋意义的。

首先，他强力推行保护和关怀动物的法律法规，尤其是针对马和狗的，它们是城市中最常见的两种动物。高等的武士阶层，家里既豢养马群用以打猎（在日本，这项活动很久之前就被佛教禁止，但多少还在悄悄进行着），又养了很多狗。这些武士在市中心都有自家的园子，一个园子里住着数百只狗，也不是什么稀罕事。而穷人们呢，则经常会让流浪狗流血斗殴争输赢，并以此下注赌博。狗狗给当时的幕府所在地江户城（也就是日本未来的首都东京）带来很多问题，它们经常咬伤人，有时还咬死婴儿。城市里的居民常常悄悄杀掉它们，一群人偶尔碰见一只狗，也会群起而殴之。

最开始时，虐待或抛弃狗的人只是被罚款或者坐牢，后来又有规定说杀狗会被处以死刑。这一法规最早的受害者是为幕府效劳的一位兽医，他把一只狗钉死在了十字架上，因为这只狗咬死了他的一只鸭子。考虑到他的身份，此人被恩准在最高法院门前举行剖腹自杀的仪式。一位享有盛名的大厨因为溺死了一只小狗而被判流放。1687年，两名日本大名的随身护卫，因为杀掉

① 详见 Beatrice Bodart-Bailey, *The Dog Shogun. The Personality and Policies of Tokugawa Tsu'nayoshi*, Honolulu, University of Hawaii Press, 2006; ou le chapitre «The Dog Shogun», *in* Stanley Coren, *The Pawprints of History. Dogs and the Course of Human Events*, New York, The Free Press, 2002。

了几只攻击其主人的狗而不得不剖腹自杀。档案中没有保留对普通人的行刑记录，但我们知道，因为杀狗被判死刑的普通人肯定不少。至少在城市里，人们很快就明白了，狗的命比他们自己的命贵重多了。就连杀了刚出生的小狗，也会被判处死刑。从此以后，城市中的狗肆意繁殖。因为惧怕刑罚，就算在街上碰见一群狗，也没有人敢上去打斗。这样一来，狗很快就变成一种更加难以控制的危险。1695 年，民众和军人对此十分不满，德川纲吉也因此感到权力受到威胁，但他不能自己废除《生类怜悯令》的各项法规啊，那太丢人了。消灭这些偷吃农作物的四足动物，门儿都没有。于是他强迫领主们根据自己的封地大小，自掏腰包建造养狗场，收留所有的流浪狗。最初的那些法令让狗变得比普通人高一等，而新的要求则让狗变得比武士还要高一等。自那以后，哪怕骂一下狗都是有罪的。人们对狗说话都尊重得很，真是闻所未闻，要想靠近狗，必须用"尊敬的狗老爷"这样的礼貌用语开头。

很难统计，德川纲吉在位的 28 年间，日本遭受了多大损失。历史学家估计，他的治下，共有 6 万，甚至 20 万人因犯罪而被处决或流放，而其中有很大一部分是因为触犯了《生类怜悯令》中的某些法规而被判刑的。1709 年，德川纲吉一死，他的侄子德川家宣，也是他的继任者，就陷入两难之境。他的叔叔曾命令他继续推行现有政策，但德川家宣难以从命。于是他想出一条妙计。他推迟了继位大典，来到前任大将军的棺材前，给他解释了很久，为了国家利益，必须废除这些政策。立法者被勒令废除旧政，并编好一套说辞，说这是前任大将军最后的遗愿，说我们的继位者苦口婆心，终于妥妥地感动了先主：先主终于决定废除《生类怜悯令》。这些法令被废除之后，德川家宣才算是真正建立起自己的政权。成千上万的狗立刻被抓了起来，运到偏远的乡村待宰。人们不敢马上杀掉它们。

流浪狗大屠杀

在同一时期的其他很多城市里，流浪狗可没受到过这样的关怀。至少从 16 世纪开始，在城市中捕杀流浪狗就是稀松平常的事情。例如墨西哥城，18 世纪的最后 25 年，就有 35 000 只流浪狗被杀。当时富裕的墨西哥城正是新西班牙总督辖地的首府，拥有 13 万居民，无比骄傲。在西班牙，搜捕流浪狗早已是一项有组织的活动，有专门的机构和职业，由议事司铎组成的教务会雇佣专业的流浪狗管理人员。他们的任务是防止我们污染教堂周边环境，或者阻止更坏的情况，确保我们不要不请自入，溜进教堂。然而，历史学家阿诺·埃克斯巴林认为，从 18 世纪 90 年代的头五年开始，在新西班牙总督雷维亚·希赫多的组织下，对狗的屠杀呈现出新的态势：已经不是把我们撵跑，或者限制我们的数量这么简单了，而是要消灭街上所有无主的流浪狗；也不是因为有什么特殊情况，而是见狗就杀。[1] 如果说是因为赶上狂犬病大爆发，人

---

[1] Arnaud Exbalin, « Le grand massacre des chiens. Mexico, fin XVIIIe siècle », *Histoire urbaine*, 2015/3（n° 44），p.107 – 124.

们不惜一切地消灭狗，那很正常。但那时西班牙的情况不一样，只是对公共卫生的过度追求，没有别的原因，城市中的卫兵奉命杀狗，还要将死者数量精确统计在案，并将其尸体统一埋在城外的公墓里。

埃克斯巴林将这次"流浪狗大屠杀"定性为一次"城市清理运动"。他的论点是：清理城市，标志着对城市的管控加强，是一种新的治理方式。消灭流浪狗，仅仅是管控社会的开端，是一种恐怖的意识形态，要让流浪汉和乞丐们知道，他们最好快点改变自己的处境。精英阶层的怒火不会一下子烧到穷人身上，于是先发泄到他们的狗身上。城市清理运动之后，接下来还会有圆形监狱，让犯人觉得自己随时随地被监视着，民众游行会受到压制，最后演变成对公民的普遍监视。政治暴力首先针对的是动物，然后才会一发不可收拾地在人身上发作。布兰奇福尔特侯爵，也就是雷维亚·希赫多总督的继任者，在1797年末下达了第二轮流浪狗屠杀令，这一次的屠杀持续了四年。之后的政策稍有调整。为了避免引起民众的敌意和反对，工作人员只在午夜12点到次日凌晨3点之间屠杀那些游荡的狗。如此这般捉狗，实属不易。街巷曲折蜿蜒，手电光微弱，围追堵截时常徒劳无功。当长棍和短棒都消灭不了目标时，工作人员就会放出一只他们训练过的，已然为其所用的叛徒狗（用来盯梢和跟踪，要么帮人揪出其他流浪狗，要么狂吠几声，把同伴引出来），或者直接下毒。有时还会悬赏奖励杀狗人。可能这也是为了破除从阿兹特克人那里传下来的迷信，因为这迷信限制了杀狗效率？在墨西哥，众所周知，人死后，是狗将人驮在背上送至阴间，各归各位的，而这狗是米白色的，和需要消灭的这种流浪狗有着同样的毛色。

还有一个有趣的细节：第二轮大屠杀的导火索是一封匿名信。1797 年，有人给总督寄来一封信，信中谴责狗，说一只狗就是一个好基督徒的对立面。埃克斯巴林总结道，在这封信里，"狗被描写成不祥之物，身负一切堕落之烙印。它游手好闲，摇尾乞食；贪吃好色，不知餍足，极尽淫邪之能事。它溜进教堂和墓地，随地大小便，在祭坛底下乱吐。狗给年轻人树立了坏榜样。基督教的道德品行和人们的一举一动都容易受到狗的消极影响，因为它和人太亲近了。因此，杀狗就像是在赎罪，特别是现在这个当口，没几天就要庆祝瓜达卢佩圣母节了，她可是咱墨西哥城的庇护神"①。

卑贱者的高贵

1861 年，小赖的巡回之旅到了旧金山站。小赖是一条纽芬兰犬，这种狗在当时很流行。小赖皮毛厚实，以黑色为主，还防水，头部到前胸有一溜白毛，看起来有点像近代伯尔尼牧牛犬。也许是饿了很久，小赖瘦瘦的。虽说瘦，但不妨碍它身高力强，人家可是过惯了西部大草原生活的。小赖到处流浪，最后在太平洋沿岸落下脚来。那时的旧金山地处湾区，岩山环绕，与世隔绝，日子平

---

① Arnaud Exbalin, «Le grand massacre des chiens. Mexico, fin XVIIIe siècle», *Histoire urbaine*, 2015/3（n° 44），p.107 – 124.

淡无奇，只有每两周蒸汽船靠岸一次，带来外面的消息，才能稍稍打破这乏味的生活。小赖在街区茁壮成长起来，它天性善良，品种高贵，大家都喜欢它。有一次，小赖听到狗叫声，只见一条恶霸狗在欺负另一只小狗。小赖冲上去把那个混蛋教训了一顿，从此成了那小可怜的保护神。很多人都看到了这一幕。记者蜂拥而至，报道街头之王和小流浪儿之间奇异的组合。小流浪狗是只淡黄色的短毛狗，瘦骨嶙峋，从那以后，大家都叫它"拉撒路"，因为它和《圣经》里的同名人物一样，险些死掉，勉强捡回一条命。[①]

　　小狗拉撒路营养不良，身体虚弱，随时保持着警惕。小赖则相反，它早和人混熟了。它的食物主要来自两方面。首先，是找人要吃的：瞄准那些人多的餐馆，瞅准时机溜进去，在食客中分辨出哪些是不怀好意的，哪些是慷慨大方的，要避免被人踩到，还要能接住人家扔给它的剩菜剩饭。要是没人主动给它东西吃，就要努力把失望之情表现出来：惹人怜爱的眼神，低垂的尾巴，以及卑躬屈膝、蜷成一团的身体。其次，它还可以抓老鼠来糊口。它杀了很多老鼠，抓老鼠对它来说就是家常便饭。就算只吃老鼠肉，也不会饿着自己。更有甚者，它有时会叼着一只老鼠在嘴里晃，像是在说："快看，我干得不错吧！"有时路人为此奖励它一番，投喂点现成小食，那味道可比老鼠好多了。小赖会主动避开垃圾场，那是真正的流浪狗群的王国，这些家伙虽然不懂食不厌精，但若碰上我们瘦削的保护神小赖，为了守卫自己的领地，它们也会

---

① 参见 chapitre «Bummer et Lazarus. Chiens errants à San Francisco（1861 – 1863）», in Éric Baratay, *Biographies animales*, Paris, Le Seuil, 2017。

很狂暴的。

小赖每次觅食都会把战果带回来，先给它的同伴吃。很多文章都用溢美之词报道过小赖的慷慨善良。它还认真培训拉撒路，后者很快就从流浪狗蜕变成街区狗。昔日的流浪儿学会了乞讨和灭鼠两大技能，成为和导师一样受人喜爱的明星。拉撒路和小赖双双成名，并肩作战，共享猎物，一个上午甚至能杀掉400多只老鼠。

1862年的一天，拉撒路独自在街上游荡，结果被警察抓到了待领场。这是一次误捕。工作人员本来知道拉撒路是不能动的，但因为当时小赖没和它一起，工作人员没能认出它来，一条流浪狗和另一条流浪狗根本没啥区别。但这一对狗伙伴早已举世闻名，它们可是旧金山的吉祥物。报纸纷纷发文，充满激情地为它们请愿，拉撒路很快就重获自由。然而，过了一年它不幸去世了，误吃了有毒的诱饵。流浪狗经常因为误食诱饵死去，无论是过去，还是现在。从前的毒是马钱子碱，如今换成了商品名编号1080的氟乙酸钠。

小赖陷入了难以安慰的悲痛，成天打盹儿，就在那些曾经和拉撒路欢声笑语的地方。人们看它如此消沉，就喂它吃了很多好东西。1865年，一个人类的流浪汉把小赖痛打了一顿，据说是因为嫉妒它吃得太好了。小赖再也没能好起来，也许它是一心求死？

1808年，拜伦大人为了纪念爱犬，一只纽芬兰犬，着人在为它建造的奢华陵墓上刻下一段话：

爱犬遗骸

安葬在此

生前美丽却不虚荣

强大却不傲慢

勇猛却不凶残

集人类诸般美德于一身，却毫无人性缺点

此番赞美，若作人类墓志铭

应是荒谬谀辞

但写给我心爱的波兹维恩

却是最公正的献礼①

---

① 转引自 André Demontoy, *Dictionnaire des chiens illustres à l'usage des maîtres cultivés*, t. I: *Chiens réels*, Paris, Honoré Champion, 2012, p. 86。

第六章

比利牛斯山地犬：牧羊犬的外交术

羊群护卫比利牛斯山地犬

狼又回来了，吃了很多羊，所以必须灭狼，牧场主申辩道。但狼是生物多样性的一部分呀，应该保护它，生态主义者则反驳之。此情此景，该比利牛斯山地犬上场了，它是比利牛斯山上的守夜者，或许可以代表一种与狼共舞的外交策略。我们能否与狼和平共处呢？

比利牛斯山地犬：我半卧在林下的灌木丛中，带刺的灌木开满了花，花香熏得我头晕。我是这山中之王，居高临下，守卫林间小道，监视着小道上的远足者们，我看着这些人。他们背着包，费劲地爬到山口，又爬到山顶。不远处，竖着一块告示牌："小心比利牛斯山地犬。"其实他们不用怕，只要别碰我的绵羊，因为这些羊都是我的亲人。谁要是敢靠近小羊羔，与它合影留念，那就等着见识我的怒火吧：我身高 80 厘米，体重 60 多公斤，全身浓密的白毛。

我是真正的战士，也是卫兵，人们常说的"护卫犬"或"防护犬"。可别把我和比利牛斯牧羊犬弄混了。[①] 牧羊犬嘛，那是我的小表弟，身高只有 40 厘米的小矮子，体重也只有 15 斤左右。它是"导羊犬"，知道如何有效地引导和驱赶羊群，但不能抵抗狼或熊的进攻。而我们比利牛斯山地犬家族长久以来盛产战士，身材和力气都是万里挑一的，正因如此，我才有这么巨大的体形。也唯

---

① Xavier de Planhol, « Le chien de berger；développement et signification géographique d'une technique pastorale », *Bulletin de l'Association de géographes français*, n° 370, 46ᵉ année, 1969 - 03, https://www.persee.fr/doc/bagf_0004 - 5322_1969_num_46_370_5897（2018 - 04 - 17）.研究者在此文中对"护羊犬"和"导羊犬"做出了区分。

有如此强大的我，才能展现一种具有更多可能性的外交学，一种共享大自然的交际策略。

王者归来

近来，大家都听说，灰狼，这掠食之王，又在法国出没。[①] 重回视野的第一只狼，是在 1992 年被发现的，其行踪十分隐秘。这家伙在晚上越过了法意边境，从意大利偷渡过来。它身形纤细，一看便知是南欧那边的品种，雄狼平均体重只有 30~35 公斤。最先发现这只狼时，政府部门想睁一只眼闭一只眼，因为害怕公众的反应。但该来的一定会来。最终，法国老牌自然科学杂志《蛮荒大地》接手此事，发布了野狼出没的消息。牧民和猎人都惊惶不安。现如今，法国四分之一的领土上都有灰狼出没，这个比例还在继续增长。据统计，2017 年法国就出现了 52 个狼群，共计 360 只狼，且狼的数量还在以每年 20% 的比例增长。这么多的狼，必然会闹出动静啊。

重回人间的灰狼之所以引起一片哗然，是因为从 20 世纪 50 年代开始，法国农业界就确信灰狼这昔日的超级猎食者已然消失。没有了灰狼，人类才能发展出一整套粮食产业模式：不断扩展粮田，大规模合并农业用地；原材料进出口，出口小麦，进口大豆。与此同时，和世界各国一样，法国绝大部分土地用来种植饲

---

① 详见 Farid Benhamou，«La guerre des moutons»，*La Billebaude*，dossier «Le loup» n° 4，Paris，Glénat，2014‑05。

料作物，以饲养牲畜。农业机械化，资本大量涌入，系统地使用化学农药杀虫除草，施用化肥，破坏了土壤原本的自然结构，农业劳动力消失，田野沙漠化，生物多样性彻底崩塌……最终，徒留一望无尽的原野和有待垦荒的丛林，还有那些高山牧场，羊群在干旱贫瘠的草地上吃着草。这些地方都无人进行妥善的看管与治理，只能靠降低生产成本和紧缩财政开支维持着。

最初，人和动物都未彻底离开原野，还影响着这里的生态平衡。当人们进行大规模狩猎时，动物数量日益减少。20世纪70年代，狍子、鹿、野猪、羚羊都变得稀有。于是人们又控制人口，规定狩猎限额，动物数量重新得以增长。大约同一时期，几百只灰狼生活在意大利的自然保护区。一些年轻的灰狼离开狼群，踏上征服世界之旅。它们明显不在乎什么地缘政治，自顾自地来到法国。对它们来说，这里是乐土福地：有猎物，有广阔荒芜的原野，高山上吃草的动物毫无防范。意大利中部阿布鲁佐大区的情况则完全相反。在那里，我的兄弟，玛瑞玛安布卢斯牧羊犬已经放羊几个世纪了，它身处羊群之中，机警地护卫着它们。意大利的国土面积只有法国的一半，总人口数量却和法国差不多。

然而，事情还是发生了一点变化。狼的地位不同了：从前是要被消灭的有害动物，如今却是被保护的珍稀物种。而最容易被灰狼侵害的那些牧场主，例如阿尔卑斯滨海省份的那些养殖人员，他们也最无法理解关于灰狼的保护政策。一些农业组织为了反对灰狼的回归而积极奔走，为了消灭灰狼而向有关部门施压。为了安抚这些牧场主，政府实施了四个方面的举措：建立赔偿基金；展开研究，监控灰狼数量；相机而动，宰杀部分灰狼；积极主动保护家畜。

但这四个方面的举措出台以后，谁都不满意，因为这些政策只是为了在两方不可调和的阵营之间维持现状：一边是环保者，生态主义组织认为灰狼的回归标志着大自然的和谐；另一边是牧场主和牧民，长久以来的农业政策已然将他们拖向危难的深渊，他们觉得，灰狼的到来使自己离苦难的坟墓又近了一步。

一年又一年，灰狼数量在不断增长，其捕食的猎物数量也在增长，其捕猎造成的损失同样在增长。2010 年法国境内大约有 4 500 只灰狼，到 2017 年就有 1 万多只了。这个数字，相较于法国本土的绵羊数量，倒也不算大：法国目前有 700 万只绵羊，其中 300 万只处在灰狼出没的危险区。用于补偿羊群损失的经费也随之上涨，从 2010 年的 70 万欧元涨到了 2016 年的 350 多万欧元！这种写支票赔钱的策略饱受生态主义者的诟病，他们认为，这样一来，有许多羊本来是被流浪狗咬的，牧场主为了获得赔偿，硬说它们是被狼咬的。但专家不同意这种说法，因为在狼的地盘上，流浪狗小心提防还来不及呢，更别提去攻击羊群了。这些生态主义组织还强调说（这次的说法有点道理），每年有大约 30 万只绵羊死于事故或疾病，①另外还有 350 万只羊在屠宰场被宰杀。某

---

① http://loup.fne.asso.fr/fr/sur-les-traces-des-predateurs/loup/argumentaire.html. 因该资料的数据是基于 2012 年的统计，而自 2012 年后法国境内的雌羊数量有所减少，本书对数据进行了调整。也可参见 Audrey Garric，《Dix vérités et contre-vérités sur le loup》，2014 - 03 - 05，http://ecologie.blog.lemonde.fr/2014/03/05/dix-verites-et-contre-verites-sur-le-loup/（2018 - 04 - 17）。

些牧场主声称自己不得不放弃养羊事业是因为灰狼掠食，但从生态主义角度来看，这种生物间的自然掠食只是造成绵羊死亡的很次要的原因，畜牧业之所以难以为继，最主要还是因为整个经济状况本就低迷。生态主义者还说，绵羊死亡以及随之而来的损失，并不完全是因为羊被狼咬断了脖子：有些羊本来活得好好的，但不幸流产；有些被狼吓到了，跌下悬崖；还有些羊因为狼的存在而惶惶不可终日，渐渐衰亡……狼生来吃羊，羊生来怕狼，对牧民来说，灰狼的存在本身就是一种永久的潜在危险，不是每次出了事赔点钱就能解决的问题。

学会共同生活

前面提到安抚牧民的第二个方面的举措，是监控狼的数量，但狼的行踪十分隐秘，该项政策所费甚巨。需有专家实地考察，辨其足迹，一路追踪（在德国，人们追踪一只狼追了两个月，它一气跑了 1 550 千米后才找到一块新领地安家），最好还能收集狼的粪便和毛发，进行基因检测。法国每年为此投入的预算达 700 多万欧元，这在整个欧盟都是独一无二的，然而这样的经费并不足够，研究者仍然无法更好地了解狼群的家庭结构。

结果呢，只能实行第三个方面的举措，即宰杀部分灰狼。而这一举措纯粹是出于政治考虑，也就是说，没什么科学依据，全看谁闹得更凶，力量更大：一边是生态主义组织，另一边是农业机构，政府对比、权衡了双方力量，最终决定杀掉一定数量的灰狼。2010 年杀了十几只，2018 年计划杀 40 只，就这么随意。后果可想而知。如果恰巧被杀的是一只头狼，或者狼爸狼妈，那整个狼群就散了，只剩下 4~6 只毫无经验的少年狼在大自然中觅食。羚羊太机灵了，根本捉不住。少年狼饥肠辘辘，能闻到的，只有附近牧场里绵羊的味道，而它们又如此手到擒来……

第四个方面的举措花钱最多，宣传最少，但最终也启动了。保护家畜的一系列措施，所需费用的 80% 是由国家资助的。那些愿意继续经营的牧场主领取救助金后，才能给雇来的牧民和看守员发工资，安装电防盗网，防止夜间偷袭，购买护羊犬，如比利牛斯山地犬或类似的品种。仅 2016 年，这些部署和装备就花了2 250 万欧元。

正因如此，我才派上用场，守护羊群。只要我在，狼就不会来。但你们人类也一样，别靠羊群太近。我代表着一种和平共存的可能性。各种想象都集中在狼身上。生态主义者觉得狼象征着大自然的回归，牧场主认为狼的回归意味着畜牧经济的消失，而我，居中调节，使各种可能性和谐共存。这正是当今社会最突出的政治问题啊。人、狼、羊，如何在同一片土地上共同生活？

在澳洲，已经有人给我们带来了答案，此人便是艾伦·马什，人称"马泥巴"（他的姓 Marsh 在英文中就是沼泽泥潭之意）。[1] 他是一位养鸡场场主，生活在澳大利亚维多利亚州，他的梦想是生产出绿色无污染的鸡蛋。要实现这个梦想，首先得让下蛋的母鸡自由活动。那么，得圈出一块 60 公顷的土地，能养

---

[1]　参见 «Au secours des manchots», in collectif, *Des chiens et des hommes. Les plus beaux reportages du magazine Dogs à travers le monde*。

5 000~15 000 只鸡，但它们只能在圈好的范围内活动，以免被狐狸吃掉。而且圈出这么大一块地要花不少钱，不太现实。所以艾伦引进了一对玛瑞玛安布卢斯牧羊犬，希洛和小古怪，让它们守护母鸡。从此以后，他便高枕无忧。两只牧羊犬总能适时地在自己地盘上四处留下自己的味道，狐狸一闻便退避三舍，只能安分守己。

　　不少人纷纷效仿艾伦此举。在离他不远的地方，瓦南布尔城南部的一座名叫中岛的小岛上，有一片野生动物保护区，这里生活着世界上体形最小的企鹅——小蓝企鹅（也叫中岛企鹅），它们只有 40 厘米高。2005 年，这片自然保护区差点消失。原来这里生活着数几百对生儿育女的企鹅夫妇，最后只剩下十几只了。生死存亡之际，人们终于发现问题所在：大陆上的狐狸发现只需涉水游个 150 米就能上岛，岛上的企鹅没法自保，逃也逃不掉，吃它们就跟吃美味的自助餐一样！这时候艾伦提出了一个妥帖的法子：让玛瑞玛安布卢斯牧羊犬上场。于是吉娜和杰西两位牧羊犬女使来到岛上护卫企鹅。据最新消息，两只新的牧羊犬尤迪和图拉接了班。自从有了这些"白衣护卫"在小岛上巡逻，小蓝企鹅的数量飞一般地回升了：2005 年以来，岛上没有一只小蓝企鹅死于狐狸之口。引进牧羊犬的计划实施之前，还有人造谣说狗会攻击雏鸟，毁坏鸟巢，现如今事实截然相反，狗既没有攻击雏鸟，也没有毁坏鸟巢。

热沃当事件

　　然而，狼和狐狸可不一样。众所周知，对付狐狸，狗只需在自己的地盘上撒点尿，留下味道，宣示主权，便能让柔弱的狐狸退避三舍。而这一套拿来对付狼则行不通。法国原热沃当省的马尔弗若勒市，有一座叫人见之难忘的雕像，建造者是埃马纽埃尔·奥里科斯特。雕像是一只毛发蓬乱的巨狼，全身用黑铁锻造。这件艺术品的原型，来自当年举世闻名的一桩公案：热沃当怪兽事件。传说中的恶魔野兽，在1764至1767年间杀害了80~120个人，他们都被撕开了喉咙。

　　彼时法国的样貌早已湮灭于忘乡，要想弄明白事情的来龙去脉，还得回顾一下当时的情况。[①] 18世纪末，法国全境共有15 000至20 000头狼。"但凡有饥荒、瘟疫或是战争肆虐，捕猎的人少了，狼就会趁机大肆繁衍。"历史系学生西里尔·盖农解释道，"就事论事，其实这是法国乡村生态环境良好的标志。"[②]那个时代，许多野兽都吃人。但加蒂奈、都兰、奥尔良，包括热沃当的情况尤为特殊，因为这几个地区吃人的野兽实在太凶猛了。直到今天，人们也很难判定到底是不是狼杀死了那么多人。还经常有人认为，是人类的连环杀手利用当时狼人迷信的恐怖氛围大开杀戒，但这种说法并无实证。所以我们至少可以说，狼不可能是无辜的，换言之，人尽皆知，狼是吃人的。在历史学家让-马克·莫里索主持建立的数据库中，法国当代经证实的狼攻击人的事件就

---

① 详见 Jean-Marc Moriceau, *La Bête du Gévaudan（1764 – 1767）. La fin de l'énigme?*, Rennes, Éditions Ouest-France, 2015。

② Cyril Guesnon, «En Gévaudan, la mythification du loup anthropophage», *La Billebaude*, dossier «Le loup», n° 4, Paris, Glénat, 2014 – 05.

有 3 000 多起。[①]

热沃当地区汇集了各种关于狼的传说。该地区处在中央高原最深处，群山起伏，林木繁茂，人群散居，雾多且重，经久不散。1764 年 6 月 30 日，14 岁的少女让娜·布莱被一头野狼吃掉了。她只是众多在林间嬉戏的孩童之一，帮大人照看几头牛。这些孩子很容易被攻击。这也许是因为，碰到羊群时，狼自然更愿意攻击羊，但若碰上的是牛，牛角太危险，牛身又太重，拖不走，所以狼就转而去攻击放牛娃了。在之后的三年中，被野兽攻击的受害者多是 5 至 15 岁的孩子。

野狼攻击先是从 1764 年夏天持续到 1765 年秋天。群众惶惶不安，政府也忧心忡忡。朗格多克地区的军事指挥官为此派出 57 名龙骑兵，由让-巴蒂斯特·布朗热统领，后者也被叫做杜亚美先生。他首先发动 1 500 名村民进行了一次大规模围捕，未果。于是他和军队驻扎下来，一应开销由当地居民负担。他命人在动物腐尸上下毒，接着在人的尸体上下毒，皆收效无多。最后，他让士兵扮成女人，像小红帽那样前往密林中。所有这一切都徒劳无功。凡尔赛宫那边不耐烦了，委托诺曼底的两位优秀猎人德纳沃父子接手此事，据说他们二人猎杀过 1 200 头狼，战绩彪炳。两人来到热沃当，一开始便激烈地抨击杜亚美先生，但后来也不得不亦步亦趋地故技重施，还抱怨说热沃当的情况和诺曼底不一样，

————————

[①] 参见 www.unicaen.fr/homme_et_loup.（2018 - 04 - 17）. 该网站还收集了一些关于狼攻击人的故事，发人深省。

热沃当地形崎岖，他们无法骑马追击野狼，花了那么多钱在围捕的随从和猎犬上，一点用也没有。农庄散落在密林之中，无法有效保护居民，而在舆论压力之下，又必须好好保护他们。如果没有那些专门刊登爆炸性新闻的报刊，热沃当事件还会有这样的进展吗？我们有理由对此表示怀疑。当时已被《法国公报》接管的《阿维尼翁军人报》对相关事件进行了系列报道，围捕这头"吃人怪兽"，被报道成如赫拉克勒斯传奇一般的冒险故事。

路易十五亲自处理此事。他派出自己贴身的狩猎校尉，御用扛枪手弗朗索瓦·安托内。此人最终于 1765 年 9 月 21 日击毙一只 130 斤重的巨狼，大胜而归。然而到了 1766 年，野狼杀人事件又发生了，但这一次没有任何外部力量介入，事情很快了结。1767 年，当地一名猎人让·沙泰尔杀死了元凶，也是一只巨狼，为此次连环杀人案画上句号；传说他用来射杀狼的子弹提前在圣水里浸泡过。

现代性之血

像这一类狼攻击人的事件，绝非只发生在热沃当，只不过热沃当事件的规模和影响太大了。16—18 世纪，法国有好几百人被狼吃掉。18 世纪以后，另一类攻击多了起来，而此类攻击其实由来已久。狼不再是为了果腹偷偷攻击和杀害人类，而是因为一种病毒控制了它的大脑，让它口吐白沫，见人就咬。省档案馆里有许多这样的报告，记录着这一类血腥的传奇经历，发了狂的狼散布着恐慌，咬伤了好几十个人。1885 年路易·巴斯德发明了狂犬疫苗。在此之前，狂犬病是不治之症，一旦患病，人会死得很痛苦。当时防治狂犬病的唯一手段，就是将被咬的肢体切除，并灼烧残端。"1590 年 6 月 25 日到 26 日，贝尔福地区有一只母狼，一天跑了 40 多千米，让下面农村的几个县一片恐慌，后来一群收庄稼的人带着狗，用长柄大镰刀消灭了它。但还是有 12 个人被咬了，蒙贝利亚尔伯爵的第一个医生让·博安医治了他们，但其中 9 人还是死得'异常悲惨'。"卡昂大学的官方网站上有这样一段话。[①]

吃人的狼和得了狂犬病咬人的狼，都给人们留下了阴森可怖的记忆。这也是为何在整个西方从很早开始就致力于灭狼。《圣经》中明确指出狼是化身牧羊人的耶稣及其羊群的敌人，富有象征意义。这在《使徒行传》第 20 章 29 节中也有重要体现，使徒之一圣保罗如是说："我，我知道，我去之后必有凶暴豺狼进入你们中间。它们不会放过羊群。"

813 年，查理曼大帝成立捕狼队，致力于灭狼，多少有些成效。中世纪时，贵族渐渐垄断狩猎权。在旧制度之下，随着王权巩固，农民的武器都被没收。从 16 世纪开始，查理曼大帝的捕狼队渐渐被王室贵族的随从侍卫取而代之。狩猎亦成了娱乐；狼的数量起伏不定，有些森林里已然见不着狼，但每当遭遇战争或饥荒，它又会强势回归。捕狼队束手无策、百无一用，于 1787 年解散。法国大革命期间，革命者于 1795 年重组捕狼队，因为当时的法国纷

---

① 参见 www.unicaen.fr/homme_et_loup.（2018－04－17）。

争肆虐，无止无休，尸横遍野。原本在 18 世纪已然消亡的灰狼卷土重来。那时的法国大约有 2 万只狼。人们猜想，它们大约是在满是尸首的战场上开始喜欢上吃人肉的。

事态紧急，1804 年拿破仑向灰狼全面开战，悬赏取其首级：屠雄狼一只赏 12 法郎，屠雌狼一只及其幼崽，赏 18 法郎。一时间，全民自发投入到屠狼的国家事业中。人们只用了一个半世纪就消灭了狼族。为了杀狼，没有不能用的法子：在腐尸上投毒，例如掺了碎玻璃碴的乌头；带着狗去洞穴围剿母狼，将其一家老小一网打尽；用火枪射杀，从 19 世纪 30 年代始，火枪性能有了极大改善（新发明了击发枪、连发枪、滑膛枪），且因批量生产，价格越来越低。

狼先生再无半点生存机会，于二十世纪三四十年代在法国灭绝。从开始到结束，屠狼奖金是一直都有的。哪怕到了 1950 年，按官方说法，法国领土上再无灰狼，然而屠狼还是会有一笔可观的奖金，5 000 法郎，这在当时相当于一名工人两个月的薪水。狼的灭绝并非没有引起伤怀，哪怕是屠狼最起劲的家伙，对狼的绝迹也是有感触的。例如让-埃马纽埃尔-赫克托·德·勒库特勒克斯·德·康特勒，他是一名狂热的狩猎者，创造了许多猎犬品种，他于 1861 年发表了一篇狩猎专论，对猎狼一事充满悲情地做了一个小结。[①] 无狼可猎，猎狼则难以为继。他还解释了为何从

---

① Raphaël Abrille, «La rançon du succès. Le Couteulx de Canteleu（1827－1910）et la louveterie en France dans la seconde moitié du XIXe siècle», *in* Jean-Marc Moriceau（dir.）, *Vivre avec le loup? Trois mille ans de conflit*, Paris, Tallandier, 2014.

此以后人们应该尽可能用最没有效率的方式来猎狼，好让狼活得久一点。例如围猎，随从喧嚷，花费靡众，还应少带些猎犬，更无需猎手埋伏。他提倡一种贵族式消遣的狩猎，而非平民大众带着目的的高效狩猎，后者往往有屠狼三部曲：陷阱、毒药，以及冲去洞穴将狼崽子一窝端了。

灰狼纷纷谢幕

英国灭狼成功，比法国早得多，在岛上灭狼也更为容易。15—17 世纪，在英国的土地上再也听不见狼嚎，随后是苏格兰，最后才是法国。现代性发展正当时。现代性的开端，是和一位软弱的国王联系在一起的，即"无地王"约翰一世。1215 年，他在大封建领主们的压力下，被迫签署《大宪章》，通过这份具有"民主"性质的文件，将自己的某些权力授予这些封建大贵族。过了不到一个世纪，其后继者之一爱德华一世最终确定了《大宪章》，但其实在他执政期间，《大宪章》对英国王权的约束反而减弱了。与此同时，他开始在自己的疆土上组织灭狼。而获得新权的贵族精英也将马上开展一场土地吞并运动，逐渐剥夺自耕农的土地所有权。

16 世纪，西班牙人入侵美洲。他们在美洲赚得盆满钵满。英国新贵也想从中分一杯羹。得卖点什么东西给西班牙人啊。当时天气严寒，正处于一个小冰川期，羊毛大衣受到全民追捧，伊比利亚半岛也不例外。英国新兴资产阶级和新贵族从自由农那里征收土地，可以饲养不计其数的绵羊。在这场史上著名的圈地运动中，英国新贵将土地据为己有，而他们之所以能够成功"圈地"，是因为当时已经没有狼了，羊群也就没了威胁。16—18 世纪，伴随着狼的消失和圈地运动的开展，王室和封建大领主为了狩猎，成片兼并森林，导致农村人口过早外流。这些流动的劳动力都聚集在城郊地区。工业雏形初现，工业革命发轫，它将在 19 世纪达到高潮。假设那时灰狼幸存，人类世界的命运也许就不一样了。

在美国，灰狼经历了相似的生命轨迹。从欧洲移民过来的殖民者下船登陆时都惊呆了，心想怎么这么多狼啊。土地兼并，生态系统消失，一样样接踵而至。欧亚植物代替了本地草木。野牛从大平原上消失，取而代之的是巨大的牛群。灰狼也让位于家犬。从此以后，美洲大地就是"新大陆"了。幸存的美洲印第安人被赶到边远地区，很可能会追忆往昔，想象着灰狼和他们的祖先一样，在这片土地上自由漫步。

在日本，灰狼的命运如出一辙。[①] 它曾是神隐之狼，"尊敬的大神"。但 17—18 世纪，人口数量迅猛增长，导致大量树木被伐，灰狼不得不更换栖息地。它们背井离乡，离开了猎物丰富的森林，被迫在人类的地盘上讨生活，能捕到什么样的猎物就吃什么。别的地方也有这样的现象。中世纪的欧洲，人们砍伐森林，常常使得"灰狼出林"，家畜、孩童和家犬遭狼攻击的事件时有发生。从 17、18 世纪开始，日本人就试图控制灰狼数量，每逢集体狩猎，那场面就像驱邪仪式一般。

随后，便是明治天皇统治时期。之前德川幕府的独裁者所奉

---

① 参见 Brett L. Walker, *The Lost Wolves of Japan*, Seattle, University of Washington Press, 2005。

行的孤立主义的政治倾向，在西方势力的干预之下分崩离析。在大炮的威胁下，倍感屈辱的日本人放弃了保护主义政策，下定决心，要永远摆脱弱小挨打的处境。他们请来了最好的专家，教他们打仗，发展工业，规划农业……欧洲人从世界的另一端来到日本，告诉他们，一个文明的民族是不能和狼一起生活的，唯有灭狼，才不会阻碍畜牧业的发展。所有日本人都深信不疑，昔日的神灵其实是魔鬼，整个民族都投入到灭狼行动中。不到30年的时间，日本群岛上再无灰狼踪迹。两个灰狼亚种在日本灭绝了。

一切就这样发生了，仿佛无论是工业世界、城市人类，还是那些纯种犬，在根本上，都需要灭了灰狼才能存续。在历史的镜子里，野狼影像已然消失，现代文明最终胜利。

重新商谈生存条约

然而今天，人类正忧心忡忡。第六次物种大灭绝正在发生：不到半个世纪，全世界的大型野生动物数量就减少了一半，欧洲的昆虫数量锐减到30年前的六分之一……面临城市化进程和人造空间的扩张，自然群落生境四分五裂；土地年年遭受化学物质的侵蚀，除草剂和杀真菌剂摧毁了土地的生机，为了让土地重新肥沃起来，只能大量施用氮肥，给不能自然授粉的植物进行人工授粉……关于天然野生的问题，关于幸存者的问题，突然进入社会关注的视野。灰狼是该问题的一个典型案例。这个已被遗忘又重新出现的另类，该拿它怎么办？从哲学的角度，我们可以列举四种方案。

　　第一种方案是继续消灭。采用和对付"热沃当怪兽"一样的解决之道，继续战斗。但无论是从人类的角度，还是从其他物种的角度，这种解决方案在道德伦理上可能站不住脚。人类未来的子孙后代要忍受的世界，已然愈发炎热，已然被严重污染，生活也已然没有那么多可能性了。因此保住各种生命至关重要，哪怕仅仅是为了其作为一种资源的固有价值。更何况，但凡人类将自己的同理心范围扩大一些，那么很显然，他们就应该让动物过得更好些。就目前的形势（各种国际条约和伦理思考）来看，在法国境内，或是在任何其他被灰狼重新占领的故地，再一次将灰狼消灭掉都是不可能的。因此需要接下来的三种解决方案。

　　第二种方案是提供天然庇护所。代号为 0-6 的一只母狼，是狼与人类各居其所的突出代表：为保留灰狼的野生状态，人类已经设计了动物园。之前动物园也关过和狼一样原生态的其他野生动物。动物园是专属于动物的空间，动物的基因在此得以存续。但动物园中的动物始终是人类的俘虏，在人类的目光之下，始终是脆弱的。这就促使人们创造一种更高级的野生动物庇护所，自然生存的圣地。我们来看 0-6 的例子。它生活在美国黄石国家公园，这是一个拥有 9 000 平方千米（相当于科西嘉岛）土地的自然公园，地处崇山密林的高原腹地，而这片高原地区的面积比黄石公园还要大 10 倍，因此黄石公园也叫黄石山公园。这座震撼人心的公园，在 19 世纪末拯救了濒临灭绝的美洲野牛，也代表了一种先驱式的尝试：把狼重新放入正在消失的生态系统，做调节之用。

0-6 的故事很有启发性。在整个 19 世纪，不少设陷捕捉皮毛兽的猎人说他们见过这些布满硫磺和温泉的土地，但直到 1872 年，一支军事探险队才将黄石公园所在的这片区域在地图上绘制出来。10 年之后，为了保护这片独一无二的土地，美国建立了第一个国家公园。这一举动，也常常被认为标志着当代保护生物多样性政策的诞生。然而，当时的政策和我们现在的理念相去甚远。那时的美洲印第安人种族灭绝政策和灭狼政策双双达到顶峰。从欧洲移民过来的殖民者兼并了黄石公园所在的高原地区。无论是清除美洲印第安人，还是灭绝灰狼，都让设陷阱捕捉皮毛兽的猎人和饲养家畜的牧场主喜不自胜。驯鹿很快繁殖起来，紧接着，郊狼也多了起来，人们只能用猎枪来控制它们的数量。这是黄石公园"肮脏的秘密"。每年冬天，园中不再游人如织，就会有人十分秘密地进行这项苦差事。

20 世纪 90 年代中期，游客数量越来越多，黄石公园的管理员进行了一项前所未有的尝试：将 30 多头灰狼重新引进到生态系统中，它们从 20 世纪 30 年代开始就从这个系统中消失了。结果是惊人的：灰狼大大减少了郊狼的数量，接着又有效调节了驯鹿的数量。园中的植被变好了，树林愈发茂密，海狸和驼鹿回归了。游客在导游的陪同下蜂拥而至，几乎确信自己能将"自然"环境中的狼拍摄和录制下来。0-6 比它之前的任何一只母狼都更能代表这一举措。它是一个名叫"德鲁伊教"的狼群的母头狼，生活在拉马尔山谷，附近就是人们常去的区域。游客在脸书上大量发布和传播它的照片，让它荣登"全世界最著名母狼"①之位。它死于2012年，当时它跑出了公园，被外面的一位猎人打死了。重新引进到黄石公园的灰狼，被安全无虞地保护了50年，但0-6却成了它们之中的第一个受害者，因为那时已有规定，一旦灰狼溜出自然公园，人们就有权猎杀它。

灰狼哲学的两点概要

　　第三种方案是共栖，即"狼人"之道，中间人或调停者之道。有这样一个故事：有一天，易洛魁部落占领了一块土地，他们起初并不知道此处住着灰狼。地盘被人占了，灰狼必然反攻，咬伤、咬死了不少人。易洛魁部落便开会商量对策：要不要回击，灭掉灰狼？其实人家是先来的呀，在这儿住得好好的。要不干脆算了，换地方吧？他们最后还是觉得，灭狼之举不道德、不靠谱，于是就搬家了！这还没完，为了避免再犯同样的错误，他们想了个新鲜法子：每次开会都得问一问："谁来代表灰狼说话呢？"于是他们又选出来一名"外交官"，以维护灰狼的利益。就这样，这一步步见招拆招的权宜之计竟成了惯例，确保人和狼都不吃亏。

　　哲学家巴蒂斯特·莫里佐在其著作《外交官》中已然探讨过相同的问题，这部作品内涵颇丰。② 他认为，灰狼本就是生活在中

---

① Nate Blakeslee, *American Wolf. A True Story of Survival and Obsession in the West*, New York, Crown, 2017. 作者生动地讲述了一只代号为"0-6"的狼的生平，"0-6"也成为描绘黄石公园生态系统运作的绝妙隐喻。

② Baptiste Morizot, *Les Diplomates. Cohabiter avec les loups sur une autre carte du vivant*, Marseille, Wildproject, 2017.

间地带的动物,既没法消灭它,因其适应力实在太强,也没法真正为它提供天然庇护所,因其生来就像水银,充满活力,自由流动,哪里能活下去就能在哪里开枝散叶。一旦人的地盘撞上狼的地盘,人们就应该建立一种"灰狼外交学",或者推而广之地讲,动物外交学。作为哲学家,巴蒂斯特·莫里佐还提到 15 位思想家,他们皆如舷梯,似桥梁,身处两个世界之间,每个人都代表了某种可能的模式,他们能像半人半狼的"狼人"一样思考,既关注人的利益,又关注狼的利益。他还提到生物学家坦普尔·格兰丹,"外交官"中的典范。她身患阿斯伯格综合征①,却能利用自己"与众不同"的认知,感同身受地体会动物的经历,并发明许多特殊设备,让动物生活得更加安逸。②

第四种方案是和谐同居,即家狼布勒南的案例。关于第四种解决之道,有一个最好的例子,主角是一只名叫布勒南的灰狼,它很小的时候就被哲学家马克·罗兰兹收养,已然被驯化。《哲学家与狼》一书,便是马克对自己和布勒南之间关系的思考,发人深省。如他在书中所述,他和布勒南在一起,很快就意识到,只要让它独自待着,哪怕只有 3 分钟,它就会把房子糟蹋得不可收拾。于是他和这位伙伴达成协议:绝不分离。一只重达 75 公斤的犬科动物,一位学识渊博的人类学者,两者的亲密关系持续了 11

---

① 社会交往障碍的一种,主要特征为局限的兴趣和重复、刻板的活动方式,但此症没有明显的语言和智力障碍。——译者注

② Temple Grandin, *L'interprète des animaux*, 2005, traduit de l'anglais par Inès Farny, Paris, Odile Jacob, 2006.

年，无论是在美国，在爱尔兰，还是在法国。为了让布勒南充分释放天性，马克每天都像在跑马拉松，而布勒南则不得不忍受大阶梯教室里马克的哲学课，并给学生带来了最大的欢乐：马克讲述着那些被遗忘的哲学智慧，但若持续时间太长，布勒南听太久了，便会长嚎一声，表达自己的不耐烦。

马克认为，布勒南不是道德上的"施动者"，它在这方面没有像人类一样的能力，它只是一个"道德的受动者"，只享受权利，无需履行义务。其实所有动物都应如此。各项法规已经开始谨慎地逐步树立这一观念，将人类社会的契约扩展到动物界。卢梭曾认为只有平等的双方之间才能达成社会契约，那么今天，我们却必须承认，弱势群体也有某些基本权利。为了与布勒南共存，马克为它设置了一系列简约、平和却行之有效的规则，也为它划出了不可逾越的界限。规则之一便是，绝对不能攻击绵羊，做到这一点，它就可以在爱尔兰羊群中自由奔跑，也可以尽其所能地抓捕野兔。托马斯·霍布斯曾坚信，在自然状态下，"一个人对另一个人来讲，就是一只狼"，这一观点或许应随霍布斯一起葬入坟中。

看到此处，大家应该已经明白，布勒南案例最终的解决办法，其实就是将狼驯养成狗。它是主人名正言顺的伙伴，它的生活也要有个"伙伴"的样子：每天都有人陪着，不会被拴着，也不会被关着，更不会丢了生命的尊严。布勒南一生下来就是人类的俘虏，但它过得不好吗？假如它是自由身，会比跟着一个总在旅行的哲学家更幸福吗？马克可不这么认为。狼是会适应环境的。

布勒南的父母就被人类圈养着，它命中注定也要和人类一起生活。那它在有生之年的每一天和马克一起撒欢奔跑，总比在动物园中苦熬要好啊，即便时不时要听马克高谈阔论讲哲学，那都不算啥。

对我们所有的狗来讲，也是如此。我之所以长成这样，是锻炼出来的，我之所以智力超群，那也是需要激励和开发的，而我生来亦有局限，并非全能。我们比利牛斯山地犬也有自己的实际情况。诚然，我们可以做外交官，但并非没有条件。若是让我独自对抗一群协同作战、诡计多端又擅声东击西、闪躲回避的灰狼，那我真是束手无策。易洛魁人曾说，他们的祖先当初就是通过观察灰狼兄弟才学会了打猎。蒙古人也说，他们的祖先是通过观察狼如何攻击羊群的过程才成为世界上最厉害的将帅之才的：狼群在攻击羊群时，有一部分狼始终保持主动，假意进攻，调虎离山，转移护羊犬的注意力，一番长途奔袭，使其筋疲力尽，将其引入歧途，此时，剩下的狼直接攻击毫无防备的羊群。

如果你们人类还想让我有所作为，就必须明白，我们比利牛斯山地犬也只有在团体作战时才能有效防御。满打满算，平均每只护羊犬只能有效护卫一百来只羊，这是最理想的状态。然而这个最低要求在法国都很难达到，因为饲养比利牛斯山地犬花费甚巨。想让我们好好工作，这就是代价啊，虽然在当下经济化的社会中，区区一只露天散养的母羊，身上的肉也不值什么钱。如今的法国，羊群中的羊动辄成千上万，却只有一位牧羊犬在看守。但我们比利牛斯山地犬，只有当大家在一起，数量足够多的时候，才能有效保护众多的羊，使其不受灰狼的攻击。我们会将大部分兵力排布在受攻的羊群两侧，形成防线，再派几位同伴埋伏到羊群中间。那些以为一只"外交官"护羊犬便能挡住狼群的人，定是从未与这猛兽交过手。你们要时时记住，共栖同居，首先得学会设身处地站在对方的角度考虑问题。

无论如何吧，谁来为灰狼说话？故事的最后，我们来听听哲学家阿尔多·利奥波德的感想，他也是一名护林人兼猎人，在生平最后一次灭狼以后，感到悔恨不已：

我们及时来到老狼面前，刚好看到它眼中热烈的绿光一点点消失。那一刻，我明白了，我在它眼中读到了某种新的东西，某种只有狼和大山才知道的东西，自那以后，我一直都深知这一点。那时我还年轻，猎枪影响着我，改变了我。我觉得少一些狼，就会多一些鹿，世上若没有了狼，那便是猎人的天堂。然而当那抹绿光从老狼的眼中消失时，我知道，狼和大山都不是这么想的。

第二部分

我们是如何创造历史的

第七章

秋田犬：翻身做主人

忠贞不渝的微笑天使秋田犬

在日本，它曾是颇具王者风范的贵族，尾巴高耸，犹如一簇火焰。据说从前啊，它的人类仆从，似乎不得不学习一种特殊的语言，才能与之对话。但其实，狗真的能听懂人说话吗？而人类，又能否听懂它们的叫声？

至死不渝

秋田犬：我，总是在等待。近一个世纪以来，我一直守候在东京涩谷火车站前。这是一处富有象征意义的所在，东京第二重要的火车站。行人步履匆匆，日复一日，不计其数，从我面前经过。虽然我的主人再也没回来，但此后，热恋中的人儿被我的忠贞所感动，纷纷来到我的雕像下约会，山盟海誓，矢志不渝。我的名字叫八公，意为"八皇子"。我是一只白色秋田犬。1923 年 11 月 10 日，我出生在日本西北部的秋田县，一窝 8 只小狗中，我是最小的。1924 年 1 月 14 日，我被买下，坐了很久的火车，最后被带到上野英三郎教授面前。他是东京帝国大学的著名教授，更是一个好主人。每天清晨，我都会陪他走完每日行程中的第一段路，一直走到涩谷站，然后自己回家。傍晚时分，主人回程的火车到达前几分钟，我又会回到火车站等他。你们可别不信，这是真事。那时候的城市对我们这些狗狗来说还没那么危险和致命，街上还没有川流不息的汽车，只有小推车，也没有鳞次栉比的高楼大厦，只有三三两两的小房子，透过疏疏落落的篱笆和栅栏，还能望见都市中的一畦畦菜园……顺便提一句，虽然在如今这极度人造化的环境中,狗狗出来闲逛的比从前少多了,但你们人类的小孩又何尝不是如此呢。有数据显示,在 20 世纪 30 年代的伦敦,小孩子每天独自走完的路程,比今天的小学生独自走完的要长得多。

1925 年 5 月 21 日,我刚好 18 个月大。像往常一样,傍晚时分,我来到火车站,但教授却没回来。我坐了下来,没人注意到我。夜幕降临,我回到家里。所有人乱成一团。假如能听懂他们说话,我就会知道那天教授突发脑溢血,去世了。但我没法知道啊。他的继承人把房子收了回去,主人的女伴坂井八子没有继承权,他们在一起生活了十几年,却没有结婚。她离开了,把我托付给一个做布料生意的远房亲戚,这个人没过多久就受不了了,好像是因为我吵到了他的顾客。于是他把我扔到了街上。

从此,我每天都守候在涩谷站,一动不动地蹲坐着,眼睛盯着售票窗口。从前,每天傍晚,我的主人都会从那旁边走出来。人们都可怜我,开始给我东西吃。第一个喂我的好心人是一位卖鸡肉丸子的小贩,他每天都在附近摆摊。1932 年 10 月 4 日,著名的《朝日新闻》刊登了一篇文章,报道了"老犬等候已逝主人长达 7 年的感人故事"。从那以后,大家都认识我了,都叫我"忠犬"。那时的日本帝国,为了给民众洗脑,引导他们掀起那场与全世界为敌的战争,将我变成一个绝对忠诚的荣誉象征。[①] 学校里讲述我

① 参见 Aaron Herald Skabelund, *Empire of Dogs. Canines, Japan, and the Making of the Modern Imperial World*, Columbia, Columbia University, 2011。此书的主要论点,参见作者的文章《Canine Imperialism》,文章网址链接：Berfrois.com-http://www.berfrois.com/2011/09/aaron-herald-skabelund-hachiko/(2018 - 04 - 30)。

的故事。我还享有天大的特权，1934 年 4 月，我还在世时，人们便为我造像。雕像建成后，整整一年的时间里，我和我那青铜炼就的孪生兄弟肩并肩，端坐在后爪上，共同等待着，一个是血肉之躯，一个是金属之身，都化作坚韧和毅力的永恒象征。1935 年 3 月 8 日，我与世长辞——没人知道我是死于寄生虫病，还是死于癌症。人们为我举行了国葬。

　　我的雕像始终端坐在涩谷站前。二战期间，因金属短缺，最初的雕像被熔化了。战后，人们在原址为我重塑铜身。我的皮毛被制作成标本保存在东京国立自然与科学博物馆，我旁边是一副已然灭绝的本州狼骨架。我的肉和骨头，则在制作标本的时候从我的身体中被取出来焚化了，埋葬在青山陵园中，就在我主人的坟墓旁边。在我死后，人们为了纪念我，又纷纷为我建起其他更多的雕像。小说以我为主角，我是许多漫画中的主人公，我的故事还被改编成电影《忠犬八公物语》。这部电影由神山征二郎执导（1987 年），感动了许多美国观众，结果美国人又翻拍了一个自己的版本《忠犬八公的故事》，莱塞·霍尔斯道姆执导（2009 年），理查·基尔在其中饰演一位音乐教授，他也有一只忠诚的爱犬，坚贞不渝地等着他。但是商业电影和现实生活不同，一切都要有个圆满的结局。两部电影中，我的忠诚都得到了回报：我的主人回来了。[①] 难道是现在的人们再也不能忍受永恒等待的念头，也不能再想象这无法舍弃的忠诚？

[①]　参见 Akira Mizubayashi, *Mélodie. Chronique d'une passion*, rééd. Paris, Gallimard, 2014, 书中有对忠犬八公的专门描述。

狗的东方学概要

我们这些狗狗啊，时而被重视，时而被看轻，日本也好，西方也罢，都一样。比如说，公元6世纪，日本大和国王室雇用了一批来自南方岛屿的野蛮人，作为贵族的贴身保镖。在人们的想象中，这些番邦人野蛮、残暴，雇主还强迫他们学狗叫，好叫人知道他们对主人有多顺从，对外人就有多凶狠。[1]

我们秋田犬素以安静少吠闻名。我们既是日本本土犬（故而谨慎内向），又是原始犬。"原始犬"是大部分犬类联盟在划分犬种时都认同的官方分类。人们认为，日本本土犬在岛上生活，始终没有与其他犬种杂交过，这一点与大陆犬种不同。我们和西伯利亚哈士奇一样，身上保留了某些与史前犬种很相近的特征。

经过认证的纯种日本犬只有6种。它们都属于狐狸犬，尾巴像羽毛一样耸立，皮毛厚实，且都是在20世纪30年代被认证的纯种日本犬。时值二战前夕，在日本政府的帮助下，一些狂热的爱狗人士确定了纯种狗的认证标准，来认定那些能象征日本国家精神的犬种，这样一来，不只西方才有品种犬，日本也有啊。脱颖而出的6位优胜者是：秋田犬、甲斐犬、纪州犬、柴犬、四国犬、北海道犬，日本将这6种本土原生犬指定为"天然纪念物"，它们是日本人倾尽全力保存的国家遗产。这6种经认证的本土犬，加上池

---

[1] Georges Jehel（dir.），*Hisoire du monde. 500，1000，1500…*，Nantes，Éditions du Temps，2007，p. 101.

英犬、土佐犬和桦太犬，就撑起了日本的狗的历史。[①] 我们一起来回顾一下。

人们猜测，最初秋田犬这种"犬种"概念并不存在，只存在某些类别的狗，它们受气候影响，生活在某个山区附近，本地犬，中等体形，皮毛呈浅黄褐色，尾巴像镰刀一样弯曲。越往日本北部，这类狗的体形就越大，但最多不会超过 25 公斤，即今天所谓的"中型犬"的体重，且毛发厚重。因而，在日本东北部，日本最大的岛屿本州岛的北部，就生活着一种名叫"玛塔吉"的狗，即"山地狩猎犬"，也是看门犬。据说，只要有它在，连在村子周边游荡的熊都会远远地避开。从 16 世纪起，日本贵族就开始豢养狗群，用来狩猎，虽然他们表面上遵从佛家禁止杀戮动物的戒律。他们最喜欢的是一种浅黄褐色或白色的狗，耳朵尖尖的，尾巴明显成翎饰状。日本著名"狗将军"德川纲吉在位（1680—1709 年）前后，这种名叫"玛塔吉"的狗已做非法斗犬之用，特别是在那些远离首都的省份。人们认为，狗中最好的角斗士来自秋田县北部。要等到19 世纪末，人们才会将这种北方的始祖犬与许多进口犬、德国看门犬、圣伯纳犬等其他种类的犬杂交，让它长出足够强劲的肌肉，那是精英斗士该有的肌肉。杂交以后的犬，耳朵和尾巴变得更短了，为的是尽量避免让对手咬到，这种杂交犬有个新名字，叫新秋田犬。

---

① 讨论日本犬种历史的法语作品，作者仅见一部：Marie Paule Daniels-Moulin, *Les Chiens japonais*, Paris, De Vecchi, 1995。

1908 年，日本出台一项法令，禁止斗犬，于是狗狗互相杀戮的血腥时代结束了。但一些狂热的爱狗人士，特别是一些有影响的学者，却抱怨说这么典型的一种日本犬今后就要变种了。新秋田犬更像英国斗牛犬，不像原来日本北部土生土长的秋田犬。因此，日本政府在消灭流浪狗的同时，又对日本纯种秋田犬展开"净化"，使其免受外来犬种的影响，回归到"真正"的日系秋田犬，只保留其高大体形这一个外来特征。爱狗人士的努力得到了回报，1931 年，日本政府将 9 只秋田犬认定为"天然纪念物"。

从 1945 年起，在美军占领日本期间，美国士兵喜欢上了美丽的秋田犬，带了几只回美国做样本。自那以后，美国犬舍俱乐部和日本的两家犬舍之间就一直纷争不断。前者很晚才认定了自己的美系秋田犬始祖犬，而后者，这两家日本犬舍，虽然是竞争关系，但都心有不甘，要保证日本对认定这种"国犬"标准的垄断权。

甲斐犬在从前应该是用来捕猎野鸡的，1934 年，人们确立了甲斐犬的认定标准，其中规定了该犬的毛色必须是带黑斑的。这可不是什么好事，因为现如今的日本人并不喜欢这种杂色的被毛。正因如此，甲斐犬几近灭绝。在日本或全世界其他任何一个地方，当人们不再迷恋某种犬，最初的喜爱便将被淡忘，那么关于这种犬的认定标准也会逐渐消失。某个犬种是否能存续，向来只取决于它是否流行。

纪州犬，猎犬的一种，其认定标准也是于 1934 年确立的，其中关于毛色的规定刚好和甲斐犬相反，纪州犬的被毛必须是纯色，纯白、纯红或纯芝麻色，这种犬就没有灭绝的危险。

柴犬的样子就像一只小型秋田犬。如今的宠物犬，在从前可是出了名的狩猎好手。20世纪初，人们将其与塞特猎犬和波音达猎犬杂交。其犬种标准于1934年确立，旨在去除其身上的外来元素，使其回归真正"完美"的日本犬，简而言之，即微缩版的秋田犬。四国犬也有相同的经历。

桦太犬呢，则是北边的一个犬种：北海道是日本北部的一个大岛。桦太犬，与北海道原住民阿伊努人联系紧密，从前被用来猎熊。阿伊努人将熊视作神之信使，每逢盛宴都会抓它来祭祀。桦太犬则会展开追捕，一路奔跑，让熊精疲力竭，最后将其堵在某处，好让猎人们用细网制服它。

池英犬和以上几种犬不同，它虽然源自日本，但其犬种标准却是西方人确定的。池英犬又被称为日本的西班牙种长毛垂耳猎犬：19世纪末，所有小型长毛犬都被当做是西班牙种长毛垂耳猎犬。人们推测，池英犬可能是哈巴狗的后裔，哈巴狗是一种矮脚犬，曾被中国僧人养来做伴，野兽来袭或是有客到访时，它都会提醒主人。早在后汉时期（公元1—2世纪）哈巴狗就已存在，到了唐代（公元7—9世纪）就十分流行了，这些迷你小狗常蜷在女子衣裙套袖中，安静、乖顺，被有钱的太太们当成贴心小宝贝，揣在衣服里，随她们四处闲逛。此举后来在精英阶层中广为流传。最迟，也是在公元1000年前后传到了日本，而在16世纪就已风靡全球了。

1853年，美国海军中将马修·佩里率领一支舰队，以坚船利炮相威胁，强迫日本开放自由贸易。日本人送了他7只池英犬作为外交礼，其中有两只在旅程中活了下来，顺利回到纽约。池英犬全身长毛，鼻子塌得厉害，面相看起来就像一只猫，作为宠物犬曾风靡一时，当然也与查理士王小猎犬和中国斗牛犬争过宠，不过它们最后都被中国狮子犬和查尔斯国王骑士獚打败了。

土佐犬，又称日本斗犬，是强大的角斗者。早在 6 个世纪前，斗犬这项活动在日本就已合法化了。19 世纪时，日本的斗犬经历了一项特殊的措施，旨在增加其体重，那就是杂交，将其与斗牛犬、獒犬、德国短毛垂耳猎犬及德国看门犬等杂交。杂交以后，身形最大的土佐犬简直就是狗界的相扑选手。日本这个国家的特质之一，便是保留所有本土传统，因此斗犬这项活动一直延续下来。但日本斗犬的战斗，与阿富汗和其他一些地方的流血混战可不一样。经过训练的土佐犬在对战时不会流一滴血。在这样一场特别组织的比赛中，两只 60 至 90 公斤的庞然大物只需扑向对方，尽全力击退对手，直到其中一只被完全制服，即脖子被对手用前爪紧紧抓住，按在地面，动弹不得。如果狗狗不愿打架，人们也不会强迫它们。比赛的胜者会被授予"横纲"之谓，此为日本相扑运动员最高称号，还会受到奖励，奖品是某种专用物品，如一个稻草编成的巨大狗项圈，象征它已然封神。

无尽酷寒的幸存者

照片上有两只黑毛球，胸前一块白斑纹，它们与身着厚实衣物的两位主人久别重聚。这张照片曾风靡全球，太郎和次郎这两

自南极奇迹生还的桦太犬太郎和次郎

只狗也因此声名大噪，成为登峰造极的奇迹生还者。因为这两只年仅三岁的桦太犬，在人们所能想到的最严酷的环境，即南极大浮冰上，独自连续生活了 11 个月，并活了下来。

桦太犬，又称库页岛哈士奇。与邻岛北海道一样，库页岛上的土著居民阿伊努人多饲养桦太犬。1945 年苏日战争之后，西伯利亚附近的库页岛被苏联占领。当时北海道还是日本最北部的领土。一到冬季，两座岛都覆盖着厚厚的白雪，也正因如此，两地都生出了桦太犬这种雪橇犬。该犬种的标准在当时尚未确认。某些专家甚至认为该犬种已经灭绝了，因为找不到任何桦太犬的官方饲养者，也因为雪地机动车取代了狗拉雪橇，后者沦为博物馆里的小配件。

1956 年 11 月，情况有了变化，日本在这一年参加了南极考察活动。11 位科学家被派往昭和基地，随行的还有 15 只雪橇犬，出于国家、民族之骄傲，日本人选择桦太犬作为雪橇犬。1958 年 2 月，轮到第二次队换防接班。11 位考察队员乘坐直升机拔营离开，然而，突如其来的暴风雪封住了破冰船，接班的队伍并未到达。日本考察队员深信同事不日即能到达，便将狗儿们拴在了嵌在冰里的短桩上，只留下一大盆食物。

直到 1959 年 1 月 14 日，考察队才终于返回基地。队员们都以为，那 15 个狗伙伴肯定还被拴在当初留下它们的地方，早就饿死了。实际上，只有 7 只狗因为被拴在原地而饿死，另外 8 只成功挣脱了锁链。更让人吃惊的是，两只最小的狗，太郎和次郎，居然熬过了 11 个月漫长的寒冬，而且是在这样一片几乎没有任何食物来源的地区。历劫重生的两只狗毫无怨恨，终于同它们的人类朋友相聚了，而这些人类呢，少不得要因为将它们弃在此处这么久而感到内疚。

那么，太郎和次郎到底是如何幸免，没有被饿死的呢？人们原本以为它们吃掉了同伴，但这一假设被推翻了，因为被找到的狗尸体仍然被锁链拴着，冰封已久，完好无损。它们也未动用基地库存的食物，都原封不动地存着呢。人们又猜想它们可能吃了自己的粪便，捕猎了企鹅，或是吃了信天翁的粪便……两只生还的狗儿在南极又生活了两年，次郎于 1960 年病逝。太郎则光荣退休，它最后被送回北海道首府札幌，在 1970 年以 14 岁高龄在此地逝世。它的遗骸被稻草填塞，制成标本，陈列在札幌大学博物馆中。而次郎的遗骸也被制成标本，陈列于东京国立自然与科学博物馆中，就在八公标本的旁边。人们为两只狗塑了好几座雕像，分布于日本各地，共同纪念着它们的传奇经历。它们的故事还被改编成两部电影：一部是《南极物语》（原名《南極物語》），藏原惟缮执导，1983 年出品，其英文和法文的译名为《南极》（*Antarctica*）；另一部是由迪士尼翻拍的《零下八度》，弗兰克·马歇尔执导，2006 年出品，法文译名为《南极的冰雪囚徒》（*Antarctica, prisonniers du froid*）。还有一部 10 集的电视连续剧《南极大陆》，2011 年开始发行，不过只播出了一季。

太郎和次郎的故事告诉我们，有些灾难无人能生还，狗却能挺过来。尽管主人离弃它们，还拴住它们，让它们独自在零下 30 度的严寒中生活了那么久，除了一盆狗粮，啥都没有，可当狗和主人重聚时，它们还是会深深地感到幸福，因为狗活在当下。

你们会说狗语吗？

某些人确信，在"狗将军"德川纲吉时代，秋田犬身份尊贵，只有贵族才配拥有。据传，贵族因为太过迷恋秋田犬，甚至强制那些负责伺候狗的家仆学习一种特殊的语言，好跟狗说话。动物反客为主，让人想起日本历史上那个"乾坤颠倒的时代"，那是一个混乱的时代，因为战争，没了上下尊卑。尤其到 16 世纪，轮到平民向主子老爷发号施令了。然而，真的需要发明一种特殊的语言，才能让人和狗畅通无阻地交流吗？事实上，狗能听懂人话。犬类心理学家斯坦利·科伦在《狗语是怎样炼成的》这本极有用的必读小书中，为我们揭示了狗为何能听懂人话的大秘密。①

　　芬尼根是一只出色的爱尔兰塞特猎犬，但它差点被执行安乐死，因为它只要见着个活物，也不管是人是狗，就往上扑，还露出满口的狗牙，整整 42 颗，一颗也不少。斯坦利·科伦讲到这个经典案例时说，他原本以为芬尼根有暴力倾向，铆足了劲准备解除它的武力威胁，结果一见到它，他就哈哈大笑起来。芬尼根蹦到他身上去了，是带着微笑的。当狗狗打着哈欠，张大嘴巴时，其实是在很清楚地表示："很高兴见到你，我知道，你是老大，你说了算。"行为主义学家斯坦利·科伦为芬尼根的主人讲解了最基础的与狗交流的知识，一切便恢复如常。在此次问诊之前，芬尼根经常挨打，因为主人想让它知道，不能露出牙齿吓人。结果越打，它的嘴就张得越大，因为对它来说，张嘴就是为了表示顺从呀。鸡同鸭讲，越讲越乱。

　　斯坦利坚持认为，人们对狗的身体和面部动作的解读很多是错的。例如，嘴巴大开的狗，是没法好好咬人的，这个动作背后，恰恰是和平的意图。因此，当人们与狗狭路相逢，危险迫近，大可以张开嘴打个哈欠，同时眼睛往别处看，这样便可解除威胁。如果眼睛直盯着进攻者，反倒会挑衅、激怒它。这就是学习狗语的好处。

---

① Stanley Coren, *Comment parler chien. Maîriser l'art de la communication eutre les chiens et les hommes*, 2000, traduit de l'anglais par Oristelle Bonis, Paris, Payot, 2001, rééd. «Petite Bibliothèque Payot», 2003. 还可参见 Dominique Guillo, *Des chiens et des humains*, Paris, Le Pommier, 2011, p. 213。

狗语,即狗的语言,它们可以用嘴说(叫声、呼噜声、呻吟声等),用眼睛说(目光游离或坚定),用尾巴说(上竖还是下垂,摇个不停还是绷紧不动),用耳朵说(竖起,或垂下,或向两边分开),用身体说(下压还是上抬,喉部是否亮出来),用毛发说(是竖起还是顺帖)。例如,准备咬人的狗,嘴巴会一直闭着,额头可能会皱起来,尾巴绷直,呼噜声重,身体紧绷。如果它确定自己占上风,稳操胜券,就会抬高身体;如果它有些害怕,但下决心面对敌人,就会压低身体。相反,如果狗想和人玩,就会摇尾巴,蹲坐在后腿上,发出叫声邀请你,接着还会坐立不安、左跳右跳。人们必须破解狗语密码,甚至和狗说一样的语言,才能与狗对话。

在此,必须区分"狗语"和"驯狗语"两个概念。前者是狗自己的语言,后者是人类和狗说话时,自作聪明地以为狗没他们聪明而使用的一套小儿语:"啊!乖狗狗!狗狗真乖!"但其实人说的话,狗都能听懂。多项研究表明,狗能正确解释人说话的语调,也能识别人类的意图和期待。只要人们每次都用同样的词汇来指示所对应的物体和动作,狗就能将词汇和相关概念联系起来。特别有天分的狗,甚至能学会 200 个不同的词。总之,"驯狗语"能有效驯养出一位勤勉的仆从,而"狗语"则能让人更好地理解这位仆从。

话虽如此,但你们如何才能知晓,我们从你们的话语中听出了些啥?毋庸置疑,我们肯定能听出自己的名字,听到那个词时,知道是在叫自己,我们还能听懂许多其他词,能轻松执行 50 多项,甚至更多的命令。我们的某些同胞,还能一边察言观色,一边闻声辨调，临时反应，应对复杂指令。最好的例子，便是我的一个小伙伴，它在当时可真是给卡尔·约翰·沃登出了个大难题。这位纽约的行为-心理学家真是棋逢对手，碰到了一只杂耍狗，费洛。

费洛是一只德国牧羊犬，它的主人叫雅各布·赫伯特。雅各布用日常的英语和费洛聊天，就像和人说话一样。费洛一听就懂，让它干啥就干啥，连最复杂的指令都能顺利执行。应雅各布之邀，卡尔开始测试费洛，且毫不掩饰自己的怀疑：他不信一只狗能像一个小孩一样，仅仅听到一个词，就能辨别出牙刷、枕头、帽子或银行票据等不同物品，这与他的理论不相符。更有甚者，这只狗还能识别出自己身体的不同部位，区分出大男孩和小男孩。它还能很好地执行一系列复杂指令，如"送一送这位太太，再回来"。无论是主人在场，亲自发出指令，还是主人不在，由别的它已然熟悉的研究者发出指令，它都能很好地完成。于是乎人们不得不得出一个让人烦心的结论：费洛能顺利听懂英语。只不过……

个中关窍终被揭晓：原来人们在说话或发出指令时，总会不自觉地做出各种动作。如果人们嘴上发出一套口令，实际上却做出另一套与之不同的动作，比如，眼睛看着右边的球，嘴上却让费洛去把左边的棍子拿回来，狗狗就会犯错。这一点，费洛的工作原理和汉斯一样。汉斯是一匹会算数的马，声名远播。汉斯的主人给它出了一道算术题：2 乘以 9 等于多少？汉斯轻敲马蹄，1，2，3……一直敲到 16，17，18，到 18 的时候，它以敏锐的感官捕捉到四周的观众都松了一口气，连身体都放松了。此时它便确定，可以停止敲击马蹄。汉斯像是一本百科全书，历史、地理无所不知，它还能做选择题：巴黎是哪个国家的首都？德国？法国？一听到法国，汉斯就敲了下马蹄。最终，心理学家奥斯卡·方斯特发现了其中奥秘。他让汉斯在夜晚工作，在黑暗中，汉斯再也无法根据观众的身体紧张程度来读取"答案"了。

如果说费洛的故事能教会你们什么，那便是，你们人类总以为语言只是口头上的，但对我们狗来讲，语言更多是肢体层面的。我们狗狗相遇时，自然是先通过声音来判断对方的情况。对方大声叫，就是在问："你想和我一起玩吗？"低声叫，就是在说："走开！"但除了声音，我们也会结合许多身体动作来判断：对方的尾巴是怎样的，上竖，紧绷还是下垂？嘴巴，是张开还是闭合？脸部是否皱起？是匍匐在地，还是直挺挺地站着？毛发呢？眼睛？耳朵？气味？狗的秘密不过如此：若你们能以我们狗所独有的敏锐来观察人类对话者，那你们再也不会上当受骗。和我们一样，人类作起弊来，也未见得高明。①

人类只听得懂我们的叫声？很显然，恰恰相反，斯坦利·科伦如是说，他言之有理啊。② 你们自己看嘛，你们一听狗叫，就以为我们在说人话。天下狗叫岂非一般，然"汪汪"之声在众语言中

---

① 参见 Mark Rowlands, *Le Philosophe et le Loup. Liberté, fraternité, leçons du monde sauvage*。
② Stanley Coren, *Comment parler chien. Maîriser l'art de la communication entre les chiens et les hommes.*

却千差万别,法语里是"Ouaf ouaf",布列塔尼语里是"wouf wouf",日语里是"wan wan",英文里是"arf arf",俄语里是"gav gav",阿拉伯语里是"haw haw",挪威语里是"voff voff"……你们人啊,要么觉得我们狗都在学说人话,要么就是你们对我们关注得实在太少,都想不起我们到底想对你们说啥。

昙花一现的藏獒热

最后还想告诉你们,我们狐狸犬这种原生犬,通常被认为是藏獒的后裔,或至少是在基因上与之很相近。藏獒又叫西藏看门犬,这个全身毛茸茸的大家伙,和它的土耳其兄弟坎高犬王一样,是凶猛的守卫,保护羊群不被狼、熊、豹子这些猎食者侵害。和我们狐狸犬一样,藏獒的尾巴也向上耸立,像一把弯弯的镰刀。从外貌看,藏獒和中国低地平原地区的狗没有太大区别,然而它却能适应喜马拉雅高原地区的生活,适应 4 000 米的海拔高度。中国遗传学家的一项研究表明,藏獒的身上有着基因进化加速的现象:牦牛费了成千上万年方才适应了缺氧的高原环境(海拔 4 000米的高度,空气中的含氧量比海平面少一半),可藏獒要快得多。研究者就此提出一种假设,即"以适应为目的的渐渗杂交"是进化途中的一条捷径。[①] 藏獒也许还从别的犬类那里获取了另一种基

---

① Benpeng Miao, Zhen Wang et Yixue Li, « Genomic analysis reveals hypoxia adaptation in the Tibetan mastiff by introgression of the gray wolf from the Tibetan Plateau», *Molecular Biology and Evolution*, vol. XXXIV, n° 3, 2017 – 03, https://academic.oup.com/mbe/article/34/3/734/2843179 (2018 – 04 – 30).

因，使其在少了一半氧气的情况下仍然能满肺呼吸。极快的适应基因和极好的呼吸基因，有可能来自当地的灰狼。这两类基因能促进血红蛋白的生成，后者负责将氧气输送到血液中，并使血液呈红色。因此，藏獒有可能与灰狼杂交过，二者还有一个相同的特征，即一年只生一窝小崽。中国研究者的这项研究告诉我们，最强的适应者，为了生存，往往要借助其他物种的基因。这一结论不太符合我们的直觉。其实人类也曾如法炮制：西藏人身上也有类似的基因，其智人祖先与丹尼索瓦人杂交，获得了这种基因，丹尼索瓦人也是早期智人的一种，距今 5 万年前，生活在中亚。①

近几十年来，藏獒却走下了高原神坛。这些庞然大物体重 80 公斤，浑身黑毛，也有红毛的，但比较少。它们曾一度在中国非常受欢迎，2014 年，一只藏獒幼犬卖出了 195 万美金，创下纪录。一时间，藏獒成了奢侈品最高级的代名词，一只巨大的、毛茸茸的、拿得出手的活玩具，象征着主人是社会上的成功人士。藏獒热在 2013 年至 2015 年间渐渐退去，之后纯种藏獒的均价跌落到 2 000 美金以下。

或许，我们可以缅怀一下莱奥纳多·达·芬奇的亡灵，大约在 1500 年，他在《绘画论》中写道：

人类语言能力超强，但大多是空言、谎言。动物的语言能力很弱，但表达出来的都是真实有用的东西。是假大空好，还是真小实好呢？答案不言而喻。

---

① Emilia Huerta-Sánchez *et al*, «Altitude adaptation in Tibetans caused by introgression of Denisovan-like DNA», *Nature*, 2014－07－02.

第八章
看门犬：战士的威力

美国海豹突击队的骁勇战士马林诺斯犬

　　本章是看门犬的回忆录，亦是战斗史，从古时的巴比伦到现代的墨西哥，它以灭世之威，一路征战。它是信使，是巡逻兵，是守卫，是毒贩子，是敢死队队员，我们将追寻这些狗战士的浴血征程。最后，和航天先锋小狗莱卡一起，踏上太空之旅。

不是你死，就是我亡

　　西藏看门犬：是时候了。我能感觉到。我两天没吃饭了，心情烦躁。主人有些紧张，说话声音很大，远超平日，他的朋友们则拼命抽烟。他们开了几小时的车，把我带到这里。一大片草地，站满了人，都是公的。大伙儿都激动得不行，结成几个小圈子，吵吵嚷嚷。另外，还有几只藏獒死盯着我，其低沉的嗥叫声可不会骗人，仿佛在说：待会儿就来撕烂你。旁边有人大声喊，于是人们给我腾出地方。我眼前站出一只年轻力壮的藏獒，高大威猛，耳朵被齐根剪掉，以防被对手咬住，尾巴紧绷直竖，龇牙咧嘴……我也和它一样，摆出同样的姿势，它的主人在台上朝它大叫，我主人也一样朝我大叫。

　　鼓气环节很快结束，正片开始。我们扑向对方。这一扑可不是闹着玩的。两个大块头撞在一起，都想干翻对方，紧咬住对手颈脖上的皮肤……最终，我的对手放弃了，我按照比赛规程，咬住它的嘴，最终让它夹着尾巴乖乖认输。主人飞奔而至，一手拖着根铁链，径自套在我的头上，一手熟练地收着一把把的钞票。钞票很快就消失在他的口袋里，跟变魔术似的。咦，钞票里偶尔还夹着颗糖，这倒稀奇！我气喘吁吁，弗一缓过劲，主人就过来了，给我检查一番……没受伤？那就开始下一场吧。

这一幕发生在阿富汗，[①]也许在亚洲其他的山区也时时上演。一个世纪前，大家在加拿大或许也能得见此景，杰克·伦敦在小说《白牙》(Croc-Blanc)中便讲述了这样的故事。主人公是一只狼犬，名叫"白牙"，身上有四分之三的灰狼血统。因生活所迫，它不得不凶残地对待同伴，它们都是北极狼，样子有点像同时代的哈士奇和格陵兰犬。白牙被培训成斗狼，它的主人是个大恶棍，虐待狂，人称"美男史密斯"，白牙咬死了主人安排的所有对手。它的速度和力量无可匹敌。每逢战斗，它都稳如磐石地站立着，敌人根本近不了身。它顽强不屈，成了传奇。直到有一天，白牙遇上了新的挑战者。那家伙简直难以描述。闻味道吧，毫无疑问，是狗，但它却没有毛。爪子上有一点点毛，也很短。狗的脸一般都是瘦长的，它却是个方脸，耳朵没了，只剩残端，尾巴也被齐根剪掉。它身形庞大，性情执拗，行动缓慢。白牙快如闪电，频频出击，咬得它满身伤，但它不在乎。那家伙满身脂肪，皮肤坚实，十几个伤口一齐流血，但看上去没啥大碍，它只要等一个时机……等到白牙紧张，失了水准，那家伙的诡计便得逞了，它一口咬住白牙的胸膛，白牙差点窒息而死，还好有位天使从天而降，

---

① 参见《La fierté de l'Hindou Kouch», in collectif, Des chiens et des hommes. Les plus beaux reportages du magazine Dogs à travers le monde，关于这场斗狗，该文有详细的描述。

救了白牙……①但我不能往下讲了，以免糟蹋了这部佳作。

白牙诞生在荒野世界，血液中本就有狼祖先的野性，仅凭这野性就足以成为无双的斗士。但它不知道，在古老的欧洲，几千年来，人们都会选育合适的犬类，训练出越来越出色的战斗机器。例如上面提到的那东西，便是英国斗牛犬。它生来只有一个目标，那就是锲而不舍地干掉比它强的对手。经过一代又一代基因选种，如今的英国斗牛犬有着虎钳般的下颌，骨架坚实，牢不可摧。英文中的 bulldog，意为如公牛一般强壮的狗。它生来便是斗犬，双肩宽阔，任尔东西南北风，我自岿然不动。前肢位置分得很开，便于贴地而行，避免斗牛时被牛角戳到。它看起来憨厚淳朴，其实生来只有一个目标：在斗牛场上斗牛，别被公牛轧死，一有机会就扑向公牛，紧紧咬住对方的脖子，直到公牛精疲力竭、惊恐万状地倒下，口吐白沫，双眼圆睁。斗牛犬要完成这个使命，就得忍耐被疼痛刺激的公牛甩得上下翻飞，四处碰撞，且绝不松口。英国斗牛犬起源于 19 世纪，最初的斗牛犬皮肤厚实，包裹着圆滚滚的满是脂肪的身体，也保护着状如酒桶的身子里的肌肉，里面还装备着加强版的坚韧骨架。它的下颌咬合力可达每平方厘米 150 公斤之重，无论发生什么，它的嘴巴都能紧紧锁住猎物。其他种类的狗或者狼，可以凶猛地咬伤对手，但没法一直咬住不松口，斗牛犬恰恰相反，它一旦咬住猎物，就绝不松口，哪怕陷入昏迷。这

① Jack London, *Croc-Blanc*, traduction de Paul Gruyer et Louis Postif, Paris, Hachette, 1976.

也是它的奇特之处。

我呢，我是一只西藏看门犬，也叫藏獒，在喜马拉雅以西被唤作"萨日库奇"，在喜马拉雅以东则被唤作"多吉"，我就是战犬的原型。你们人类曾选中我的祖先来培育斗牛犬以及其他一些战犬，因此，必须由我来讲述这一段漫长的浴血传奇：上下五千年，我的先祖和你们人类协同作战，一起征服了世界。

东方红沙

故事发生在美索不达米亚。彼时，城池初建，赋税尽收，仓廪充实，而有些人却总想要得更多。他们建立军队，四方征战。小城邦不断侵吞邻里，成了帝国。这杀伐之旅少不了我们。我们的主人很警惕，我们当中最高大强壮的，才得以交配，育出吾族。那时还不存在"藏獒"这一标准的犬种概念。我们护送着穿越亚洲的旅队，守卫着高原山地的羊群，追随着军队，一遇危险则以叫声示警。

我们一成年就会叫。狗是否会叫，是由基因决定的。你们人类的心理学家约翰·斯科特和约翰·富勒早已证明了这一点。1945—1965年，两位美国研究者将巴森吉犬和可卡犬进行杂交，前者只有南非才有，几乎从来不叫，后者则以喜欢叫而闻名。这两种狗杂交以后生出的后代和可卡犬一样，喜欢叫嚷。这就说明：其一，喜欢叫的这一特质是由基因决定的；其二，这一特质源于显性基因。我们喜欢叫，所以成为哨兵守卫，也由此开始了战士生涯。此外，我们的嗅觉灵敏，比你们人类的嗅觉要强几百倍。

我们的听觉也很厉害，其敏锐程度是你们人类的 4 倍，哪怕从灌木丛中飞出来的冷箭，我们也能辨别出那难以察觉的搭弦放箭之声究竟是从哪里传出来的。当然，还有视觉。是啊！我们确实不像人类那样容易辨别出不同的颜色，然而，你们是知道的，我们能更好地识别动态物体，在夜间也能看得很清楚。我们的视野更宽、更远：远在天际的轮廓，我们也能比你们更早发现。正因为我们这些超常的能力，人类在历史上不止一次地赋予我们预测未来的超自然使命，例如，猜猜敌人这天会攻打哪个目标。在关键问题上，我们也善解人意：二战时期，盟军成功训练了一支军犬突击队，一旦发现隐藏不动的年轻男性，也就是发现埋伏着的德国士兵，它们就会狂吠。

是的，我们是作为哨兵开始自己的战斗生涯的，后来才晋升成为突击兵。一旦成为突击兵，我们就不再叫了。进攻时，我们要节省体力。每逢冲锋陷阵、捕杀猎物，像灰狼一样潜入到羊群中，我们一定是静默无声的。公元前 1792 年—公元前 1750 年在位的巴比伦国王汉谟拉比，给他的士兵配备了高大好斗的看门犬。早在公元前 1500 年，巴比伦和亚述帝国就有文字记载，强壮的"雄狮犬"在全副武装的军犬指挥员的带领下，冲破敌军阵营。稍晚些时候，法老图坦卡蒙（公元前 1352 年—公元前 1344 年在位）墓中一只箱子的内壁上，画着埃及人与努比亚人打仗的场景。画上的图坦卡蒙身形巨大，他的战车前面有士兵和巨犬。这些狗身体修长，脸也是瘦长的，耳朵下垂，样子像今天的大型猎兔犬，例如灵缇犬。这些白色的看门犬将努比亚的弱鸡战士打得落花流水。这画可能有些夸张，展现的并非真实场景，只是为了显示法老的强大，但它确实是从真实战争中汲取了灵感。在那时我们狗和人就已经结成精英二人组，在战场上叫敌人闻风丧胆。在我们的猛攻之下，步兵溃散马蹄惊。我们身着厚厚的皮质护甲，脖子上戴着配有尖钉和刀片的项圈，既可以避免被同类咬伤，又可以防止敌人用手抓我们。我们还是心理战中的利器。公元前7世纪的亚述王亚苏巴尼巴尔，是人类历史学家所知的最早喜欢将战俘丢给巨犬的人。自那时起，这一侮辱性的刑罚就引发长期争论。

公元前5世纪，希罗多德在书中提到马萨格泰人的看门犬。据他所言，生活在死海沿岸的这支游牧民族饲养着最为强壮的斗犬。与希罗多德同时代的另一些人则认为，最好的狗都在伊庇鲁斯这片希腊北部的多山地区。在同一时期，雅典城的一幅壁画上也有一位狗战士。这幅壁画是为了纪念公元前490年希腊联军抵御波斯帝国的马拉松之战，画上的那只狗因此永远地被人们记住。这只猛犬自然是与希腊人并肩作战的。希腊人也自然不会提及，这种被叫做印度犬的大狗很可能源自喜马拉雅，而他们的对手薛西斯大帝貌似也在军中养了这种狗，并大赞其凶猛。整整一个世纪之后，亚历山大大帝征伐波斯。他养了一只名叫佩里塔斯的大看门犬，因此对那些声名远播的印度犬十分好奇，据说它们都是打仗的好手。神秘的国王苏菲特斯，不晓得他在历史上统治的到底是旁遮普还是巴克特里亚王国，送给亚历山大大帝一整个营的狗士兵：150只看门犬。为了向亚历山大大帝证明我们的战斗值，他开始演示：四只看门犬对阵一头巨大的狮子。据老普林尼对此事的记述，在四只全力进攻的看门犬面前，百兽之王似乎微不足道。此后一个世纪，看门犬的数量与日俱增。据史官卡利克辛的记载，托勒密二世费拉德尔弗斯，这位有着希腊王室血统的埃及法老，曾在亚历山大港举行了一次阅兵式，2 400 只战犬列队行进。自那以后，希腊人赋予我们的使命愈发多了。除了攻击和防卫，我们还是传信专家：一只只战犬的身上背负着重要讯息，变身赛跑运动员。

千狗之乡

格拉提乌斯把罗马称做"千狗之乡"。罗马共和时期（公元前509 年—公元前 27 年），特别是罗马帝国时期（公元前 27 年—公元 476 年），看门犬已然成为大家普遍接受的一个犬类。富足的罗马人可以有效控制雌犬的交配欲，培育出有显著特征的幼犬。现如今标准犬种的某些特征，在那时已然出现，虽然那时我们的身体特征还远远不像今天的标准犬种那么明显。因此，我们以下所述，仍然是某些类型的狗，而非犬种概念。

我们看门犬和罗马城的情感历程一开始似乎并不顺利，错在我们。公元前 390 年，高卢人在布伦诺斯的带领下攻入罗马城，烧杀抢掠。元老院的贵族议员及其平民家臣拿起武器，退守到卡皮托利山丘上。此处遍布寺庙，每座寺庙皆有防御工事，易守难攻。高卢人的围攻持续了 7 个月。每逢进攻，我们都狂吠示警。后来高卢人派出几名突击队员，深夜时分潜入堡垒之内。据古罗马历史学家蒂托-李维的记载,突击队员杀死了哨兵,并设法绕过了我们这道防线,我们居然没有发现他们! 在死一般的寂静中,高卢人铺开队伍,准备向我们沉睡中的主人发起最后的攻击。突然,一声刺耳的尖叫划破夜空——卡皮托利山丘上朱诺神庙中圈养的鹅群被惊醒了,发出警报。在罗马,每年都会举行花车游行,来纪念这段极为传奇的故事:华盖之下,圣鹅端坐于宝座之上,行进于大街小巷。游行路线设有路标,这路标就是钉在十字架上的狗。对狗来说这种死法极为耻辱,以此提醒大家失职的哨兵是什么下场。

在这段征伐史中,罗马人十分迷恋他们在战场上杂交出来的看门犬。不乏家境殷实者豢养看门犬看家护院,亦不乏庄园主忙不迭地在看门犬守护的领地外放置警告牌:"小心有狗!"这句警示语的意大利文是 Cave canem,庞贝古城发现的一幅镶嵌画中就有类似的标语,画中还配了一只栩栩如生的狗,样子像是罗威纳犬,一副脾气不好的样子。那时罗马人对高卢和大不列颠的英国斗牛犬着迷不已,据说它们比印度獒犬和伊庇鲁斯的大看门犬还要强壮。据古希腊历史学家斯特拉波的记载,除了看家护院,罗马人的这些看门犬也会战斗,身披金属加固的皮甲,有的披着锁子甲。它们来到一片新天地——角斗场,对战狮子、熊、角斗士等。格拉提乌斯曾提到,传说有一只看门犬撕开了一头公牛的颈背!

自马尔蒂乌斯在大约公元前 105 年改革罗马军团之后,每个军团都养狗助战。古罗马开国皇帝奥古斯都(公元前 27 年—公元 14 年在位）建立了三个城市步兵大队，驻扎在罗马，以保治安。他还建立了夜警机制，罗马帝国的主要城市中皆有夜警布防，负责维持秩序和应对突发火情。所有这些队伍都配有军犬指挥员。作为补充战力，我们这些军犬一直一丝不苟地执行着两项任务：追捕逃奴和恐吓聚众闹事者。据罗马人自己的记载，他们严格区分看门犬、牧羊犬和猎犬三大犬类，其中猎犬又细分为攻击犬、围捕犬和追击犬。这些军团还都配有经过训练的通信犬，它们往返于各城区，传递信件。军团也配有几个班的大看门犬，后者和军团士兵一样，常常背负重物。

罗马灭亡以后，西欧的某些精英仍然豢养战犬。例如阿提拉，他的军营就由一群嗜血成性的哨犬把守。和平年代，我们维护治安；战争时期，我们身先士卒，偶尔也拉拉小车。和一匹块头差不多大的马相比，我们能搬运更多更重的货物。我们总在战斗。有贝叶挂毯为证。这幅刺绣连环画记载了征服者威廉一世于 1066 年出兵英国，顺利称王的故事。挂毯上共有 623 个人，202 匹马，55 只狗。这 55 只狗都是嗅觉猎犬和看门犬，它们分别负责食物供给（猎犬负责捕猎）和战斗（看门犬负责咬人）。此外，还有不少其他的证据证明，这种猎犬和战犬的组合在那时的军队中很常见。从 12 世纪开始，钢铁价格下跌，炼铁技术提高，人们也愈发喜欢给我配上锁子甲。

许多军队和城邦都仰仗过我们，而布列塔尼地区的圣马洛城在这方面尤为突出，圣马洛城长期保持着夜间哨犬警戒的传统。从 1155 年到 1770 年，在长达 6 个世纪的时间里，哨犬一直恪守职责。成群的看门犬哨兵，一到夜间便被放出去，跑到海边的沙滩上，保卫城市不受盗匪和强敌的攻击。圣马洛城的居民都知道，必须遵守宵禁。据说，到了晚上，教堂钟声敲响，宵禁开始；清晨，随着一声号角或小号，宵禁结束。城市会向居民专门征收一笔税费，用于支付哨犬指挥员的日常开销。这支哨犬巡逻队的记忆也留在了纹章学和地理学中：圣马洛城的城徽上环绕着两只看门犬，而其城门之一便叫做哨犬之门。

阿兹特克人的噩梦

中世纪晚期，看门犬选种育种的要求更为严格，其犬类特征也更加明显。到了16世纪，人类士兵看到的都是巨型看门犬：身高达1米，体重可达100公斤，更暴力，更危险。必要时，士兵身边亦有猎犬护卫，它们的体重少说也有一百来斤，快如闪电，一分钟之内就能撕烂一头鹿。这种猎犬，在法国叫圣于贝尔犬，在西班牙叫阿朗特犬，在英国叫寻血猎犬。1518年，英王亨利八世为驰援其盟友查理五世，给他送去了400只披着铁甲的藏獒，协助他镇压西班牙瓦伦西亚日耳曼尼亚人的叛乱。1599年，英国女王伊丽莎白一世用一支22 000名士兵和800只寻血猎犬组成的军队，镇压了爱尔兰的一次叛乱。寻血猎犬十分强壮，经过精心选育之后，可近身对抗野猪，经过训练，还能生扑马上骑兵，使其坠马。寻血猎犬热衷于捕猎所有的猎物：无论是人，还是动物。面对这样一群杀手，要想逃出生天，虽说不是完全不可能吧，但机会着实渺茫。

然而，到了美洲新大陆上，我们才彻底施展出自己的才能。经过 20 个世纪的基因选育，我们身体和下颌的力量达到最大化，我们将在这片土地上大显身手，这里的对手手无寸铁，不知盔甲为何物。战斗始于 1480 年前后，那时西班牙人对加那利群岛上的土著关契斯人实行恐怖统治。西班牙人剥夺了他们的土地，奴役他们，驱使他们种甘蔗。一些关契斯人逃走了，躲在山地里。为了把他们从藏身之处逼出来，西班牙人用上了喜吃人肉的阿朗特犬。西班牙人与摩尔人开战时，也越来越多地用到看门犬。为了培育出身手更敏捷、攻击性更强的大看门犬，人们将猎犬和看门犬进行杂交。这些杂交犬被引进到大西洋另一端以后，便被叫做古巴看门犬。

在天主教会执事胡安·罗德里格斯·德·丰塞卡的谨慎建议之下，克里斯托弗·哥伦布载着 20 来只看门犬扬帆启航，前往加勒比地区，开始了第二次航海之旅。这 20 来只看门犬中的一只，在 1494 年 5 月与当地土著的第一次对抗中，单枪匹马地创造了奇迹，冲散了全副武装的敌群。一年之后，在维加雷亚尔之战中，这只看门犬及其同伴再次证明了它们战斗起来有多危险、多厉害：数以千计的土著塔诺斯人对战两百多个西班牙士兵、20 只猛犬以及 20 名骑兵。"拿下他们！"一声令下，20 只流着口水的怒犬便扑向赤膊上阵的敌人。据编年史作者的记载，那些骑兵虽然披着铁甲，但任何一只看门犬都比他们有效率，仅一个小时的猎杀，就有一百多名对手被其剖腹。

名声在外，大势已成。当埃尔南·科尔特斯征服墨西哥时，我们伴其左右。当弗朗西斯科·皮萨罗征伐印加帝国时，我们也倾力相助。在那些如末日般可怕的日子里，南北美洲的居民在疾病和勒索的摧残之下不断死去，我们也得了"地狱之犬"这么个名副其实的称号。对中美洲的人来讲，更是如此，他们的地狱之神就是一只狗，而他们此前所知道的狗不过是中小型的胆小怕人的狗。因此，美洲本地的一位文人专门就西班牙的巨犬做了如下的记述："满身斑点像豹猫，耳朵扭曲向后皱，下巴很大且微垂，肚上无肉，目泛黄光，身侧嶙峋。"为使我们更加嗜血好斗，主人们常用美洲印第安人的尸体喂养我们。他们还推广了一种羞辱性刑罚：哪个部落酋长（村民首领）胆敢阴谋抗议，一只看门犬，伴着兵痞子们的戏谑声，就能将其撕得粉碎。士兵还会打赌：狗会先抓住那人身体的哪个部位？咬多少口才能要了那人的命？虽然西班牙国王也为此等行为感到惋惜，但并未采取任何措施终结这样的悲剧。西班牙太远了，将在外，君命有所不受。

几只著名的雇佣杀手犬的名字流传了下来。[①] 阿米戈，它是努尼奥·贝尔特兰·德·古兹曼的狗，不过这名字没取好，此人是埃尔南·科尔特斯身边的重要人物。布鲁托，它是埃尔南多·德·索托的狗，单是"布鲁托"这个名字就让当时某些地区（今美国南部）迷信的印第安部落闻风丧胆，以至于它的死都秘而不宣，以求长久震慑。莱昂西科，人称"小狮子"，是瓦斯科·努涅斯·

---

① 参见：Stanley Coren, *The Pawprints of History. Dogs and the Course of Human Events*；Mark Derr, *A Dog's History of America. How Our Best Friend Explored, Conquered, and Settled a Continent*, New York, North Point Press, 2004。

德·巴尔沃亚的狗，经过专门训练，用来追捕美洲印第安人。主人一声令下，它就会咬住某人的手臂，那人便立刻明白，他应臣服于巴尔沃亚，和他站一边。要是那人敢反抗，这只大看门犬就会把他撕成碎片。忠诚的莱昂西科战功赫赫，被晋升为下士。

最后，还有贝塞里洛，人称"小公牛"，它是莱昂西科的父亲，亦是胡安·庞塞·德·莱昂死心塌地的爪牙，此人曾任波多黎各总督。他经常将这只珍贵的战犬交给上尉迭戈·德·萨拉萨尔照顾。贝塞里洛不止一次在夜袭行动中发现埋伏并示警，它曾用不到半小时就杀死了 33 名敌人。一天，萨拉萨尔阴损地决定利用贝塞里洛捉弄一位美洲印第安老妇人，那时的贝塞里洛浑身伤疤，杀人名单上已有几百名受害者。萨拉萨尔给了老妇人一个小纸片，命令她立即将其交给总督，否则就会被狗吃掉。等老妇人一出发，他就放出了贝塞里洛去追她。士兵们料到这场新屠杀会是个什么光景，顿时哄笑起来。老妇人一回头，在猛兽眼中看见了死神，便跪下来，向它求饶……而贝塞里洛真的放过了她。也许是没有了平日它攻击人时的那种刺激，人们会哭，会试图逃跑，或反抗，而此刻什么都没有，也没有鲜血迸射，这杀手被整糊涂了。庞塞·德·莱昂听说此事后，命人放那老妇人一条生路。他大声说道，总不能让人家说，我们这些基督教徒还不如一只狗慈悲吧。然而贝塞里洛浪子回头的日子并不长。不久后，它遭到一群美洲印第安人偷袭，那时它正试着穿过一条激流，印第安人放箭射死了它。

从那个时代起，古巴看门犬就当之无愧地成为人类不可或缺的助手，在美洲新大陆上维持着奴隶社会的秩序。它们由凶猛的猎犬和战獒杂交而成，经过专门训练，用以追踪和杀戮逃奴。16—19世纪，它们是美洲种植园里最能干的苦役犯看守。动物学家阿尔弗雷德·艾德蒙·布雷姆在1860年前后出版的著作《图解动物生活》中就告诉我们这些看门犬是怎样被训练成杀手的。它们在很小的时候就被关进带金属栅栏的狗笼子里：

> 当它们开始长大时，主人时不时拿一个竹子编成的黑奴人偶在狗笼子上晃动。人偶里塞满了内脏和血。狗子们闻到味，激动地往栏杆上撞，但自然是出不去的。它们越是焦躁，主人越把黑奴人偶拿得更近。与此同时，给它们的食物却与日俱减。最终，主人将人偶丢给它们，只要它们极其凶残地将人偶撕烂，扯出里面的内脏，主人就会抚摸它们，以示鼓励。如此一来，它们越来越憎恨黑人，越来越依恋白人。一旦主人觉得它们已然被教育好了，就会派它们去追捕逃跑的奴隶……而后，这些猎犬继续回到狗笼子里，下巴上溅着鲜血，丑恶不堪。[①]

骑兵恶魔

　　1642—1651年，英国资产阶级革命期间发生了三次内战，一时间硝烟四起，我们的一位同伴也趁势声名鹊起。它名叫博伊。在某种程度上，它决定了革命的结局。然而，它既没有站岗放哨，

---

① Martin Monestier, *Les Animaux-Soldats. Histoire militaire des animaux, Des origines à nos jours*, Paris, Le Cherche-Midi Éditeur, 1996.

也未能撕咬敌军，更不曾追捕逃敌。它的毛又白又卷，很有可能是一只巴贝特犬，不过也不一定，反正就是一只毛发又长又卷的伙伴，像只大型贵宾犬，军队里的吉祥物罢了。然而这个象征，却让它有了某种超自然的色彩。

这场内战的对阵双方，一边是骑士党支持下的英国王室，另一边是清教徒支持下的英国议会，这些清教徒还有一个外号"圆颅党"，因为他们的头发剪得很短，显得头很圆，不像他们的对手，那些封建贵族，长发飘飘，就像漫威英雄参孙博士那样。当时，有一位年轻迷人的司令，鲁珀特亲王，深受骑士们的爱戴，他是巴伐利亚公爵，也是英王查理一世的侄子。他才智超群，深孚众望，英勇无双，加之在30年战争中积累的丰富作战经验，使他自战争初期就得以开展一系列战术改革：他裁减骑兵部队的人数，使其作战更为机动，也更具杀伤力。无论是在布里斯托尔、伯明翰，还是在纽瓦克，这一战术革新使鲁珀特亲王在对阵"圆颅党"的战斗中连连获胜。他成了传奇。而他与爱犬博伊寸步不离，这又让人们将亲王的节节胜利与其爱犬联系起来，博伊一跃成为保皇派的吉祥物。

捷报频传，保皇骑士党人举起酒杯祝愿他们的巨型贵宾犬万寿无疆。而"圆颅党"这边节节败退，他们也深信不疑，那只大卷毛狗是撒旦的化身，专为迫害"圆颅党"人而来。他们认为博伊有着众多天赋：它能隐身，也能让主人隐身，也许正因如此，鲁珀特才能神不知鬼不觉地出席他们的会议，偷听作战方案。否则，鲁珀特为何总能像狗一样嗅觉灵敏、洞察入微，在他们进攻之前便先发制人？它还能施法让主人和自己都刀枪不入，否则，为何这只狗和它的主人身经百战却还能死里逃生、毫发无伤？人们都怀疑这只狗会巫术，很快，它变得比主人还要可怕。造反派的总指挥官托马斯·费尔法克斯这样评价博伊："只有这只地狱之犬的死亡，才能为我们带来胜利。"他的士兵接到命令，一旦发现博伊，便放弃其他所有目标，先消灭它，使其不能继续为害。

博伊和鲁珀特之间的关系非比寻常。30年战争期间，鲁珀特被俘，囚于奥地利林茨，其时他收到一份礼物，就是博伊。亲王把博伊当成好友，和它一起度过了三年的囚禁生涯。博伊常陪他狩猎，和奔驰的骏马并驾齐驱，也很乐意扑倒一两头雄鹿。主人最微不可察的欲望它都能预知，主人带兵打仗，开会讨论，它都贴身陪伴。查理一世也很喜欢这个雇佣兵，在宴会上，曾经亲手将一块一块的鸡肉喂给它吃。

然而，1644年7月2日这天，在马斯顿荒原那一战中，博伊的命运、鲁珀特的命运和整个英国的命运都发生了逆转。起义的议会军虽然一再失利，但他们的战斗热情丝毫不减，国王沉不住气了。他写了封信给鲁珀特，想吓吓他，施加点压力，但鲁珀特却将其当成国王的命令，要自己尽快结束战争。亲王做出了一个自杀性的决策：急行军，火速驰援被敌军围困的约克郡，在荒原上粉碎敌军的步兵主力。然而敌军的步兵数量比亲王麾下的多得多。初战告捷，亲王欲乘胜追击，进一步击溃"圆颅党"，却遭到起义军两支增援部队的反击。王军的骑兵部队被摧毁，炮兵部队被俘，鲁珀特侥幸逃脱，保住一命。议会军方面，奥利弗·克伦威尔指挥了最后的决定性战斗，大获全胜，他也因马斯顿荒原之役而一战成名，当之无愧地成了英国资产阶级革命的神圣领袖。而博伊呢，关于其结局，流传着很多版本，众说纷纭，唯有一点无疑：它的尸体被打成了筛子，满是弹孔和刀痕，可见它的对手有多么疯狂，要反复确认，它的确死了。

除了把我们当做心理战的武器，同一时期，人类还利用我们来制造细菌武器。其实使用细菌武器作战早已不是什么新鲜事儿：斯基泰人曾将箭头浸泡在腐烂的尸身之中；希腊、波斯、罗马的军队中皆有一种习俗，队伍撤退时，用腐尸毒化附近的取水点；中国人继 9 世纪发明火药之后，在 12 世纪又开始发明一种类似破片手榴弹的武器，为了加强其杀伤力，还在上面涂抹人类的粪便。所有这些手段，都是为了用致病毒菌来削弱敌军。这些方法是从实践经验中总结出来的：虽然在发明显微镜之前谁也不知道细菌这肉眼不可见的同盟军的存在，但其杀伤力却在战场上得以证明。因此，从 14 世纪下半叶开始，为攻破围城，战士会竭力从城墙上往城内投掷染疫而死的人的尸体，据说这个点子是从蒙古人那里学来的。然而这种做法很危险，操作者本人也有被感染的风险。因此，波兰-立陶宛联邦的军事工程师卡齐米日·西门诺维兹考察了狂犬病绝对的致死率之后，想出一个办法。此人是建树颇丰的发明家，发明了许多装备以增加发射器的射程（如多节火箭、作为火箭稳定翼的三角翼等等）。1650 年，他建议将染疫而死的人类尸体炮弹，换成含有狂犬病病毒的唾液炮弹。此计妙就妙在：实际操作的士兵不会被感染。调配好的毒素盛放在玻璃容器中，这些玻璃容器一旦被投掷到目标身上，就会炸裂开来。卡齐米日·西门诺维兹在提出该设想的同一年，就成功研制了这项实验武器，但它是否真的有效，似乎没有结论。这很可能是因为狂犬病毒必须经由伤口才能侵入人体。

我们狗还成为外交斗争的代表，尽管我们非常不情愿。只举一个例子即可。那是最著名的例子，改变了全世界命运的那件事。[1] 普鲁士国王腓特烈大帝痴迷于一只雌性小猎兔犬，类似原产英国的惠比特犬，他给它取名比什。那个时代的欧洲，给宫廷宠物取"比什"这样的名字是很自然的。腓特烈大帝干啥都带着比什，也十分爱说俏皮话。他是确凿无疑的同性恋者。在一次公开的晚宴上，他戏谑着发表了如下一番言论："这只小母狗睡在我床上，在我耳边悄悄给我递主意。她就是我的蓬巴杜夫人。我的这位蓬巴杜夫人，和路易的那位蓬巴杜夫人唯一的不同，便是路易给了她侯爵夫人的头衔，而我只能给我的小母狗'比什'这样一个名字。"法语人名 Biche 一词，用作普通名词时，亦有"母鹿"之意，而英文中对应的 bitch 一词，既有母狗之意，又可指荡妇。从 biche 到 bitch，这言外之意再明显不过了。法王路易十五身边最受宠的红人，真正的蓬巴杜夫人，闻此言后羞忿难当，遂不遗余力地摧毁普鲁士和法国之间的传统同盟关系。新一轮的外交同盟缔结成功，欧洲列强你争我斗，七年战争（1756—1763 年）打响，战火蔓延到全世界。最终，英国-普鲁士联盟打败了法国-俄国-

[1] André Demontoy, *Dictionnaire des chiens illustres*. t. I.

奥地利联盟。在这场战争中,我们还扮演了另一个关键角色。腓特烈大帝决定用专门训练过的狗在军队之间传递信件,以策万全,这让他的部队反应更加迅捷。

拿破仑的命中劫

法国大革命期间,各种鼓励参军的政策使越来越多的男子投身军营,欧洲军队人数飞速增长。法国在大革命时期普遍实行的征兵令便是其中之最。枪支的普及,让军队中的大型看门犬失去了往日的威风,它们太容易被火枪打到了。然而,整营整营的军犬指挥员和战士还在继续发挥作用,有时还能打胜仗。这种整个营的军犬兵力部署一直持续到克里米亚战争(1853—1856 年),甚至更久,直到法国向外殖民扩张时,仍然存在。19 世纪时,军犬作战的方式有了重大转变,它们不再被用于近身肉搏战,而是被赋予其他各种使命。

19 世纪初,全世界的战场都是拿破仑·波拿巴的演武场。据证实,拿破仑不喜欢狗。倒不是因为他不知晓狗在战场上何等神勇,法兰西帝国的战场上多的是丰功伟绩的军犬。我们在此仅举一例。著名的穆斯塔什,一只巴贝特犬,1799 年 9 月生于卡昂,才 6 个月大时,就跟着一个投弹兵团上了战场。它跟着战士们来到意大利,在一个暴雨之夜,有了用武之地。那夜,奥地利人突袭兵营,是它叫醒了守卫部队。从那以后,它就成了军中的吉祥物。在马伦哥战役中,它被刺刀刺伤,却仍然从一只看门犬的嘴下救了一位军官的性命,那只看门犬体重是它的两倍。它因此被提名授勋。在这次战役中，它失去了一只耳朵。这耳朵不是被敌人那只大看门犬咬掉的，而是被一颗子弹打穿了，不过子弹穿过它的耳朵，最终却打进了对手看门犬的脑袋里，结束了战斗。1805年，穆斯塔什又加入了奥斯特里茨战役，它被派到一支骑兵小分队中。据说它成功护住了团旗。它从敌人手里抢过团旗，冒着枪林弹雨跑回战友身边。但就在撤退的最后时刻，它被一颗炮弹炸伤，失去了一条腿。正是这项伟大的军功，让拉纳元帅亲自为它授勋。只有三条腿的猎犬老兵穆斯塔什，在1809年的阿斯佩恩-艾斯林战役中幸存，却在1812年战死在西班牙的巴达霍斯。

拿破仑身经百战，在战场上阅狗无数，但他本人与狗的故事却令他十分苦痛。为了加强自己的社会威望，拿破仑于1796年和约瑟芬·德·博尔阿内按照民法登记结婚。这是拿破仑的第一任妻子，原名玛丽·约瑟芬·萝丝·塔舍·德·拉帕热里，是一位贵族的遗孀，美丽迷人，颇有影响力，她的前夫在法国大革命恐怖统治期间被处死了。洞房花烛夜，拿破仑惊讶地发现，婚床上居然有一个情敌。福蒂内，这就是那情敌的名字，它可是约瑟芬的心肝宝贝。这是一只小型斗牛犬，攻击性强，起源于中国，因此也叫中国斗牛犬。据说，罗伯斯庇尔执政期间，监狱里的约瑟芬就是靠福蒂内向家里传递消息的，它从一个牢房钻到另一个牢房，身上带着小纸条，就藏在它的项圈下面。总之，约瑟芬就是离不开福蒂内。拿破仑吃醋了：新婚第一夜就在新娘那儿挂了彩，腿肚子被福蒂内狠狠咬了一口。让这位法兰西帝国未来的帝王狂喜的是，有一天，这蠢狗居然蠢到去攻击一个比它强得多的对手，即拿破仑厨子的一条大獒犬，结果被对方撕烂了。

据斯坦利·科伦所述，拿破仑在老婆那儿受的挫败，1798 年都给报复回来了。[1] 攻打埃及时，他下令将所有的流浪狗抓来，聚集在亚历山大城墙之下，这座门户海港当时已然落入法军之手。拿破仑此举目的有二，都很明显。其一，发出即将攻击的警报、示警，甚至不惜延迟进攻，只要这些狗能被敌军悉数宰杀。其二嘛，拿破仑或许只向他的某个贴身近卫官透露过，此时在埃及的酷热之下，他想到的正是某只狗，自己血战沙场，它却能睡在约瑟芬的温柔乡里，看着这狗东西的同类马上就要死在敌军的长矛之下，他心里那个高兴啊。要知道，福蒂内死后，又来了一个接班的，叫福克斯，也是一只中国斗牛犬，中尉伊波利特·夏尔送的，拿破仑怀疑这位年轻的军官是妻子的相好。

流放厄尔巴岛时，拿破仑也有一位狗仆从，据记载，是一只黄色杂种犬。此狗是拿破仑的心腹，专门负责为他试菜。被废的皇帝陛下害怕英国人给他下毒，所以无论吃啥，都让这只狗先吃一口。昔日的街头流浪儿吃得跟皇帝一样好，真是梦幻般的狗生。从厄尔巴岛出逃时，拿破仑的命运，随着另一只狗又发生了逆转。他跌落水中，如果不是因为一只狗施救，他早就淹死了。那是一只黑白相间的纽芬兰犬，主人是一位渔民。

而另一只黑色纽芬兰犬也与拿破仑结缘，正是它，陪着海军准将乔治·科伯恩一起，将拿破仑带到其生前最后的住所，圣赫

---

[1] Stanley Coren, *The Pawprints of History. Dogs and the Course of Human Events.*

勒拿岛。这位前法兰西帝国的帝王，抱怨说这只名叫汤姆·派普斯的黑色纽芬兰犬晚餐时偷吃了他的食物。拿破仑一生不喜欢狗，只在生命的最后说了几句关于狗的好话。他给回忆录作家埃马纽埃尔·德·拉斯卡斯讲述在意大利打仗的故事。回想当年，他还只是一名年轻的将军，面对战争的残酷，难免心绪波动。虽然长年征战，杀人如麻，他早已变得冷漠，但在一天夜里，目睹一只狗紧紧守护在主人的尸体旁边，他还是被这份坚贞的忠诚感动了。死去的主人，是一位敌军军官。

狗兵总动员

斯塔比中士为我们留下几张照片。照片上，它披着军大衣，嘲弄般地炫耀着大衣上钉满的荣誉勋章。第一次世界大战期间，它是唯一被授予军衔的狗。狗鼻子一闻便知，斯塔比中士是一只斗牛梗。它的传奇经历始于 1917 年。那时，在美国耶鲁大学校园中，美军步兵 102 团正在训练，士兵发现了一只流浪狗。一个名叫约翰·罗伯特·康罗伊的士兵将它带在身边，并把它藏起来登船赴法。在船上，偷渡者还是被发现了，但军官们见了它却心软了。就这样，斯塔比成了军中的吉祥物，它平步青云，走上了传奇之路。传说中，有一支军队路过，里面有一只黏人的狗，还有一群爱狗、喂狗的年轻人。这狗能及时预警，还能驱赶扰得战士们日日不得安宁的老鼠。不过，这预警和捕鼠的功能只是额外之喜，斯塔比就算啥都不会，也仍然是战士们的幸运宝贝。得亏那非凡的运气，斯塔比才能在战火中幸存下来，被人称颂。

在战壕中的短短一年半时间里，斯塔比经历了数月的轰炸、17次战役和4次大型攻击。它的大腿被手榴弹弹片划伤了，撤离到后方治疗，随后又被送到前线。它看上去总是高高兴兴的，战友们都喜欢他。但大家之所以都离不开他，主要还是因为它能预警：遇到毒气时，它能第一个闻到。只要它发出低沉的叫声，周围的士兵就会立刻戴上防毒面具。或许士兵们会给它也戴上面具？正如在博物馆的照片和遗址中看到的那样，战场上许多狗都戴着防毒面具。不止一只狗因此窒息而死：狗通过舌头调节体温，防毒面具戴太久，会呼吸困难。

和许多同类一样，斯塔比还能预测即将到来的炮弹雨，人们还啥都听不到时，它就能分辨出轰炸来袭前那种特有的声响。它还学会了在战壕中寻找伤员，将伤员的随身物品带回去给搜救者，告诉他们有人遇难，并带领搜救者去营救伤员。它甚至能抓俘虏：它曾经咬住一名德国士兵的腿，在战友们到达之前一直不松口。就在一战结束前的几天，斯塔比在一次爆炸中受伤了，有好几块金属弹片飞进了它的上身和前爪，不过，它又奇迹般地生还了。战争结束后，它获得了中士的光荣头衔，还有一堆荣誉勋章，等它回到美国的土地上，就会戴着这些勋章，在庆祝胜利的游行中拍照。它还将喜获另一项殊荣，那就是和三位美国总统握手。1926年，斯塔比在享有盛誉的乔治敦大学逝世，走的时候，它睡在康罗伊的怀里。今天，它的皮毛标本被陈列在史密森研究所。

斯塔比是极其幸运的，也因此成为好几本传记的主人公。它奇妙的一生，也是约 10 万只军犬的生命缩影，它们大多籍籍无名，在一战中备受煎熬。人类征募了大量的牵引犬、哨犬、巡逻犬、捕鼠犬、吉祥物犬、救护犬、通信犬。征募的方式，有时候用钱买，但也经常直接征用。需要特别指出的是，当时德国人、奥地利人和英国人已然初步形成了使用军犬的传统，参谋部对军犬执行某些任务的能力深信不疑，因此他们的士兵对军犬的利用，比法国士兵要有效得多。这种有效性从征募环节就开始体现出来，正规军犬，讲质不讲量，所以它们的数量不是很多。狗主人蜂拥而至，都想把自己的狗伙计交给军队，或许是出于爱国主义精神，或许是因为养狗很费钱，特别是在战争时期。德国和奥地利士兵在将狗收编之前，会对它们进行选拔测试。法国士兵的要求就没这么高。他们常在一些收容所里用餐，能找到的狗大都没经过正规训练，且经常被虐待。并且，在德国和英国军队里，一条狗跟着同一个士兵的时间，比在法国军队里更长，吃得也更好，法国军队里的狗只能吃面包。以上这些因素，都解释了为何在法国军队里的狗总体作战效率更低，数量变化不定，死亡率也更高。

不过也有例外。一战中，一支法国军队被困在白雪覆盖的沃日山，军需补给遇到困难，法军参谋部在两位爱狗人士，上尉路易·穆夫莱和中尉勒内·阿斯的劝说下，决定使用雪橇犬。两位军官被委以重任，在著名的雪橇夫斯科蒂·阿兰的协助之下，远赴阿拉斯加寻购雪橇犬，最终带着 400 多只阿拉斯加马拉穆特犬翻山跨海而归。长官们对雪橇犬运输供应物资的能力大加赞赏，称它们比马匹和山上的哨兵有用多了。[①] 这 400 多只雪橇犬,有一半最后战死沙场,这个比例还挺高的。法国军队征募的约 2 万只(德国军队征募军犬数量的一半)军犬中,有四分之一死在了前线。

作为历史的见证者,那些描写一战的作家,除了描写狗在战争中为人类提供的无数帮助,还常常提到狗为人类带来的精神支持。其中有一个故事很特别,是狗运送烟草的故事。当时,《美国医学会会刊》发表了一篇文章,明确论证了吸烟可有效缓解紧张和抑郁,所以士兵吸烟是受到支持的。因此,除了丰富的粮食和弹药,还有大量的烟草需要源源不断地被送往前线。为了护送这些物资,就特别需要强壮的看门犬,中等身材即可,它们不易被攻击,在泥泞的战壕中行走,也比人类快得多。

一战中,我们狗还被赋予最后一个角色,那就是宣传大使。有海报为证。海报上一位法国士兵为保护军旗牺牲了,而他的狗,则始终英勇地守在他的遗体前。这幅海报还配了一首四行诗:"战士火中亡,义犬亦受伤。不屈护战旗,英雄法兰西。"[②]

战争临近结束,我们也派不上什么用场了。谁来养我们,就成了问题。最后,往往是那些和我们一起打仗受苦的战士救助我们,把我们带回家。这样做对他们也有好处。战争留给他们的创

---

① 参见 Daniel Duhand, *La Véitable Histoire des poilus d'Alaska*, autoédition, 2014。也可参见 http://www.poilusdalaska.com/histoire.htm(2018-05-18)。

② 转引自 Patrick Bousquet, *Michel Giard*, *Bêtes de guerre. 1914-1918*, Clermont-Ferrand, La Borée, 2018。

伤太大了，似乎只有我们狗才能给他们带去某种精神安慰。我们的同伴，许多成为导盲犬，它们的主人因为毒气攻击而失明，或者成为牵引犬，在它们的帮助下，那些被炮弹夺去双腿的士兵生活能基本自理。

敢死队与突击队

一战结束了，但 20 年后，二战的战火又燃烧起来。武器装备进化了，但我们狗从未缺席任何一场战斗。许许多多狗兄弟，和人类突击队员一起，空降到一线阵前。兵马未动狗先行，探雷探埋伏。德军一致决定使用德国牧羊犬作战，这种狗象征着德国的骄傲，成为弹药库、军用设施和灭绝集中营的守卫。苏联这边，我们也有了一个新角色：狗狗敢死队队员。

自 1941 年起，苏联在战场上不断遭到装甲车集群的攻击。为了对抗这种机械化的洪流，达致某种势均力敌，苏联红军决定启用狗炸弹：对狗进行特殊训练，使其能背着炸弹，冲到德军装甲车下。苏军征收了 4 万只狗，大部分是街上的野狗。时间紧迫，要让它们尽快适应战场的枪炮声，并主动冲向坦克。最初的实验是场灾难。经过训练的狗狗敢死队队员，是通过发动机的特殊声响以及装甲车碳氢燃料的味道来辨认目标的。可是，训练中所使用的目标是苏联人自己的坦克，其发动机的燃油和德军装甲车所用的苯燃料味道不一样，发动机发出的声音也不一样。第一批实验中，那些被派去轰炸德军的自杀突击狗并不知道自己到底是去干嘛的，暴虐血腥的战斗场面把它们吓坏了，苏联坦克熟悉的味道和声音又吸引着它们，于是，这一批狗中的 6 只居然往回跑，跑回自己的阵营后，爆炸了。这个问题一经发现，苏军立刻改用缴获的德军装甲车作为目标来训练，狗狗敢死队也被大量投入使用，以拖住德军进攻。本来，死上几千只狗也许能报废 300 多辆装甲车，只可惜，大部分狗跑到目标附近就不跑了，离得不够近，自己被炸死了，敌人却毫发无伤。一年之后，苏军放弃了这一计划。使用狗炸弹，不能预料的情况太多了。

但这一计划在冷战时期重新被发掘出来。一直到 20 世纪 80—90 年代，苏联人和美国人还在努力训练动物来进行自杀性袭击，其中就包括狗，但此间它们好像没有被真正投入实战。越南独立同盟会在越南战争时就用过人体炸弹，不过这似乎也没耽误他们使用狗狗敢死队。伊拉克的造反者大约从 2003 年开始，让背着炸弹的狗冲向载着西方军队的装甲车。

二战期间，使用德国牧羊犬作为军犬的，并非只有德国军队。德国牧羊犬是大家公认的完美军犬的原型。有例为证。1945 年 3 月 24 日，美军伞兵 13 营的一小队突击队员空降到德国，沿着莱茵河聚集到敌军阵前。他们当中就有两只德国牧羊犬——宾和蒙蒂，但人家是美国国籍。[1] 它们使用的是小型降落伞，原本是用来空投自行车的。这两个"狗伞兵"接受过深入训练，只要在很低的海拔高度，它们就能自己跳伞：跳伞的高度不能超过 300 米，以便在最大程度上降低被发现和被射击的风险。除了精通跳伞，它

---

① 参见 Andrew Woolhouse, *Lucky For Some. The History of the 13th* (*Lancashire*) *Parachute Battalion*, CreateSpace Publishing, 2013。

们还能探测炸药、陷阱和敌军。在任何情况下，它们都能保持静默：当它们嗅到或听到哪怕一点点危险时，将如何应对？它们会凝神聚气，绷紧臀部，抬起一只前脚，鼻子朝着它们觉得不对劲的地方。和它们并肩作战的战士表示，它俩曾不止一次地预知敌人的埋伏。宾于 1955 年为国捐躯，它的赫赫战功都在它的墓碑上刻着呢："它在'霸王行动'（诺曼底登陆）和'大学校队行动'（强渡莱茵河）中的英勇表现，拯救了无数人的生命。"蒙蒂呢，它被一发霰弹夺去生命，死于德国。

史上最伟大的探险家

　　纳粹德国和日本帝国战败，世界形成美国和苏联两个超级大国对峙的局面。美苏争霸，在各领域竞争角逐，相互遏制，这就是所谓的"冷战"。美苏两国的军备竞赛愈演愈烈，双方亦各自吹嘘自身在外交、科技等领域的实力。此情此景，让一只母狗平步青云，从流浪儿变成太空探险先锋。莱卡是一只流浪狗，苏联科学家把它抓回来，就是要把它变成民族英雄的。他们认为，要将生命送往太空，试验品必须是一种习惯了最严酷生存环境的动物。而科学家能想到的最严酷的生存环境则是莫斯科街头。为何要选母狗呢？母狗体形更小——这是生理上先天决定的；母狗更好调教——这是男人的想法。但当时的科学界，就是男人主导的嘛。

　　为了实现太空犬计划，科学家抓了几十只雌性流浪狗。它们都经历了高难度的选拔：被抓来的这些候选狗都遭受了极强的压力，只有最强壮的才能坚持到最后。科学家让它们承受外界压力的突然变化，以及可怕的噪音，这些都是火箭发射过程中不可避免的。它们还要被迫在骨盆上戴一种引出粪便和尿液的特殊装置，一戴就是好几天。最后胜出的两只狗，一只叫库特辽卡（俄语中 Kudryavka 有卷曲之意，所以它也叫"小卷毛"），另一只叫阿宾娜（俄语中 Albina 有白色之意，所以它也叫"小白"）。库特辽卡曾在广播电台被人"采访"，发出叫声，于是便有了它后来的名字，也是被历史铭记的名字"莱卡"，俄语中 Laïka 意为"吠叫者"。

选拔结束，1957 年 11 月 7 日，莱卡在经受了相当于地球重力 5 倍的压力后，被送上了距地表 3 000 千米的太空。尼基塔·赫鲁晓夫执意要在这一天进行发射，以纪念十月革命 40 周年，布尔什维克们正是从十月革命开始，夺取了政权。而对莱卡来说，这是一次自杀式任务，有去无回。这只杂交的狐狸犬应该是第一个踏上地球轨道、进入太空的生物。它所乘坐的太空舱"史波尼克 2号"最终分崩离析，堕入大气层。这是意料之中的事。那时候，第一颗人造卫星，即"史波尼克 1 号"，才刚刚发射两年。苏联人还没有足够的时间来完善载人宇宙飞船的原型机。"史波尼克 2号"的重量是"史波尼克 1 号"的 6 倍，但它竟然连莱卡的食物都装不了。苏联为莱卡的宇宙生涯做出的官方规划是：完成 7 天的宇宙飞行任务之后，因缺氧而快速死去。

然而，根据装在莱卡身上的医学传感器显示，"史波尼克 2号"发射之前，莱卡在封闭的太空舱里只存活了三天，而当这颗人造卫星发射之后，莱卡的心率达到平日的 3 倍，因受到惊吓，开始绝望地喘气。卫星进入轨道107分钟后，机舱中的莱卡体温开始升高，最终因身体过热衰竭而死。它绕地球转了4圈，最后身体酷热，在体温高达90度时断了气，年仅3岁。"史波尼克2号"在轨道上运行了5年，最终分崩离析，堕入大气层。在很长一段时间内苏联官方坚持说莱卡在轨道上飞行存活了5天。英国一些动物保护协会组织游行，反对牺牲动物进行太空实验。莱卡白死了吗？也不尽然。不管怎么说，它还是证明了一个复合的生命有机体是可以在太空轨道上生存的，但前提是，能正确调节防热层。

战火中的狗鼻子

凯尔罗是一只马林诺斯犬，这一犬种已然代替德国牧羊犬，成为军犬的经典代表。凯尔罗是美军精锐部队即海豹突击队第6分队的一员。正是这支队伍，于2011年5月2日直捣乌萨马·本·拉登在巴基斯坦的老巢，并将其击毙。在这次超正义的处决行动中，凯尔罗扮演了关键角色。它嗅觉灵敏，能探测火药和埋伏，因此，在该行动之前就开始训练凯尔罗，无论本·拉登藏身何处，都要找到这个圣战组织的头头：经常给它闻沾有本·拉登味道的物品，让它的鼻间始终充盈这股味道，同时让它的耳朵熟悉本·拉登的声音。行动时，和其他突击队士兵一样，凯尔罗拥有整套高科技武器装备：配有电池的K9战术防弹衣（K9这一标志，其英文发音和英文中与狗相关的形容词canine一致，是美军的专用缩略词，表示和狗有关的一切）、全球定位系统、红外摄像机（不仅能在白天使用，还有夜视功能）、记录、传输影像的无线电,以及在所有直升机空降、跳伞、绞盘牵引滑翔等行动中的必要装备,和一套专用的防弹铠甲。更别说,还有在它一只耳朵里植入的麦克风,让它可以听到军犬指挥员暗中发出的指令。从此,狗的战争也成了高科技之战。然而,即使是近身肉搏,经过格斗训练的马林诺斯犬仍然是极为厉害的对手。凯尔罗于2016年去世,它并非军犬唯一的代表,总计有600只军犬前往阿富汗和伊拉克,协助美军作战。也许越南战场上那4000只和美国大兵并肩作战的军犬离我们有点远,但必须承认,自那以后美国军犬的地位有了很大的提高。当年,越战结束,西方军队开拔,退伍军犬皆被遗弃。而现代战争中的退伍犬则会被带回国,其中百分之五患有战后创伤应激障碍的,还会得到治疗。

凯尔罗的法国兄弟,是一只名叫迪耶赛尔的马林诺斯犬。它隶属于法国警察的精锐部队"黑豹反恐突击队"(Raid),在2015年11月18日执行任务时牺牲。那天,它和队友正要突击圣-德尼的一座大楼。那里据守着两名恐怖分子及一名团伙犯,他们5天前在巴黎,特别是法兰西体育场附近发动数次恐怖袭击,130人遇难。而迪耶赛尔似乎是因"同门相煎"而亡:它是被一名队友的子弹误杀的。为了表示团结友爱,俄罗斯政府不久后就宣布,要送一只名叫多布里尼亚的德国牧羊幼犬给黑豹突击队,以代替迪耶赛尔。这只幼犬曾在俄罗斯警犬训练基地接受培训,但它最后还是不得不退役了。它的臀部塌陷,这是德国牧羊犬很常见的一种发育不良的病症,多布里尼亚也因此无法跳跃攻击。而它的体形过于庞大,不能到处钻,也不能完成探测炸药的任务。

凯尔罗、迪耶赛尔，还有其他许许多多的兄弟。[1] 在人类的精锐部队中，处处有我们的身影。打仗时，寸土必争，失之毫厘，谬以千里。你们人类，始终要仰仗我们的才干。2017 年以来，美国一家军事工程设备公司，波士顿动力公司，一直致力于将一只名叫"阿尔法狗"的机器军用犬原型机卖给西方军队。事实上，那东西就是一个长着四条腿的金属玩意儿，看上去更像一头骡子，可承载四名士兵的装备。目前为止，没有人购买它。也许有一天，机器人真的会在战场上替代我们狗，最终也一样会替代你们人类。想象一下，未来某一天，机器人能独立思考，独立地做出某种伦理上的决定，比如说，杀人。这样的可能性着实让人焦虑。但这样的未来离我们还很远。到目前为止，无论人工智能的发展多么惊人，但在像战场这般混乱的环境中，机器人所能拥有的预判能力并不会比一条低等单核细胞的变形虫强多少。至少在未来的一二十年，我们还是得陪着人类士兵一起打仗，有福同享，而大部分时候，是有难同当。正如作家埃里奇·玛利亚在 1914 年至 1918 年那场浩劫刚结束时所说的，"没有什么比让动物上战场更让人厌恶了！"

---

[1]　关于这些狗狗英雄的命运，参见英文网站 http://dogs-in-history.blogspot.fr/，法文网站 http://histoirescelebres.com/category/chiens-celebres/（2018-05-18）。

第九章

猎兔犬：走进娱乐时代

猎兔犬中的佼佼者西班牙灰狗

笼子门开了，野兔条件反射般地冲出来，后面跟着 6
只快如闪电的猎兔犬。不可思议的跑步高手啊，请你告
诉我们，你是如何在遥远的过去一步步完成游戏般的蜕
变：从实用赛狗到魔力之狗，再到神圣之狗，最终成为日
常知心狗？

猎兔犬：我喘着气，身子往前倾。旁边还有 5 个伙伴。大家
都很兴奋，不耐烦地尖叫，跃跃欲试。眼前是一扇铁门。不远处
有人，他们也很紧张，我能感觉到。这样的场面，我早就见过了。
我修长的背上，贴着号码牌。待会儿比赛时，会有一台机器，拖着
诱饵，沿着跑道在前面跑。那发动机的声音很特别，听到那声音，
我便绷紧了肌肉。铁门一开，我们 6 个一齐冲了出去，你追我赶。
比赛在一个体育场内进行，跑道是椭圆形的，一圈 360 米，我们跑
完一圈需要 20 几秒，这个速度，比你们人类最优秀的赛跑运动员
还快一倍。终点线只有一条，最先跨过那条线的胜利者也只有一
个。开跑！

我最终赢得了比赛。根据吉尼斯纪录，我们猎兔犬属于世界
上速度最快的犬类。猎兔犬有两大特征：一是追赶猎物时靠的是
视觉，而非嗅觉，①这也是为何比赛时只要那台拖着毛绒玩具的机
器在前面一直跑，我们就会疯了似的在后面一直追；二是我们的
外形是最理想的流线型。从起点开始到赛程的前 30 米，我们只

———

① 猎兔犬的英文名"sighthound"，意为"视觉猎犬"，强调猎兔犬依靠视觉狩猎这
一特质。

用 6 步就能跑完。我们当中最快的小伙伴，速度将近每小时 70 千米。想达到这个速度，必须具备以下条件：尖脸，能冲破风的阻力；三角耳，楔形头，小耳朵向后，能减少风的阻力；四肢纤细，但肌肉紧实且骨架突出，骨骼轻巧而坚固，肌腱刚劲，大胸、细腰、拱背，脊柱弯曲有韧性，一步可以跨很远。我的外形和猎豹很像，虽说样子像，但猎豹是自然进化的结果，而我则是最初基因选育的产物。

猎兔犬的基因选育，和看门犬的基因选育几乎是在同一时期进行的。看门犬浑身肌肉，生来就是战斗的：最初是为了保护羊群，和掠食者战斗，后来又和主人的其他敌人战斗。而我呢，生来就是跑步的。古时候的犬类家谱上主要有四种狗：首先是家狼；其次是澳洲野犬，即其他一些流浪犬——我们犬类的基因进化史，最早就是从澳洲野犬开始有记载的；然后是看门犬和猎兔犬。后两者几乎在同一时期出现在考古遗址中：一个是斗士，一个是跑步高手。看门犬和猎兔犬同时出现，说明了那一时期，即五六千年前，人类已经有足够的力量塑造我们的身体。看门犬在战争年代让人印象颇深。而我，猎兔犬，则在中间的和平年代出尽了风头。一直以来，我都与精英为伍，参加大型狩猎，出席高级沙龙，享用豪华盛宴，与贵族一张桌子吃饭。

地下墓穴的陪葬品

人类世界流传着许多关于我的传说。而我的历史如此悠长，讲述起来可不容易。人们常说我来自埃及或苏美尔。这种说法毫无根据，人类啊，就是喜欢编故事。五六千年前，在尼罗河谷或是苏美尔，确实能见到和我类似的狗。但这只能证明，古往今来擅奔跑的猎犬长得都差不多。现如今，马格里布的北非猎犬和伊朗的萨路基猎犬都是十分漂亮的猎犬样本，有着纯种猎犬的高贵和十分特殊的地位。只有北非猎犬和萨路基猎犬是例外。它们是沙漠中的贵族犬，帮助人类捕猎羚羊。据说它们的直系祖先，是当年萨尔贡王朝皇室成员和埃及法老的御用猎犬。美索不达米亚城邦的历史文献和埃及萨卡拉大型墓地里的绘画作品，都描述了这些 4 500 年前的御用猎犬的模样，北非猎犬和萨路基猎犬和它们长得几乎一模一样。人们还说，这两种猎犬曾被先知穆罕默德亲自赐福过。

许多美丽的传说，更加证明了我们猎兔犬不仅是不同凡响的赛跑健将，同时也被人类赋予了极大的象征意义。地中海世界不断流传着关于我们的逸闻趣事：许多人痴迷于伊维萨岛上的波登可犬、西班牙的西班牙灰狗、埃特纳火山附近的西西里猎犬，还有马耳他犬（又叫法老王猎兔犬，自英国考古学家在 20 世纪初宣称马耳他犬和法老王猎兔犬之间有亲缘关系之后，它就有了这个别名），他们都说自己的爱犬是古埃及猎兔犬的直系后裔。其实，从19 世纪开始，各地才开始有针对性地培育一些擅长奔跑的狗，我们这些现代猎兔犬都源自于这些跑步能手。和绝大多数所谓的"品种"犬一样，我们都是很晚才培育出来的犬种。

故事讲到这里，大家不难看出，埃及确实是很喜欢猎兔犬。仅举一例为证：阿布秋是史上第一只留下名字的狗。这只古埃及猎兔犬似乎是皇家守卫，根据其墓碑上墓志铭的描述，它直耳卷尾，确实是一只猎兔犬。但我们只能说它在形态—功能类型上属于"猎兔犬"，它虽然长得像猎兔犬，却不能因此就说它一定和现代猎兔犬有直接的亲缘关系。阿布秋生活在约公元前2200年，一位不知名的法老下令，以顶级规格将它葬在吉萨公墓中，就在今天的开罗附近。

　　再往南边去，便是位于萨卡拉的阿努比斯地下墓穴，一个葬着木乃伊狗的大型墓地。狗鼻子一闻便知，这里有将近8百万只木乃伊狗，其中还有一些豺和狐獴。公元前5世纪到公元1世纪期间，这些犬科和伪犬科动物的木乃伊都堆放在这座地下迷宫中！也许有人会仓促下结论：在古埃及人的眼中，我们狗是神圣不可侵犯之物。但考古学家提出了反对意见，因为被做成木乃伊的狗，通常是幼犬，甚至是刚出生的狗，也就是说，它们完全能继续存活，却被杀掉做成木乃伊。[①] 再换句话说，墓穴中几百万具狗尸体，证明了当时的祭祀或墓葬仪式已经产业化。大家不妨把地府想象成一座大型祭奠市场，祭司在市场上贩卖丧葬仪式，养殖者贩卖狗作为祭品，木乃伊制作者则负责用防腐香料保存我们的尸体，让我们成为永不腐烂的祭品，而地狱上供者购买我们这些祭品，或许是为了让我们在阴间陪伴他们的某位亲人，又或许想让我们给这位亲人捎个信。那时，狗的这种象征意义在大众心中已然很普及了，在许多地方我们都能见到关于这种象征的惊人巧

① Paul T. Nicholson, Salima Ikram, Steve Mills, «The Catacombs of Anubis at North Saqqara», *Antiquity*, vol. 89, n° 345, 2015 − 06.

合：古墨西哥科利马人和古埃及人几乎在同一时期养狗，好让每个人在去往来生时都有一个忠诚的伙伴。

在埃及，木乃伊狗的生意，显然是打着阿努比斯神的幌子进行的。这位神灵是个谜：人身，黑色狗头，冥界之主。我的表亲墨西哥无毛犬在之前的故事中已经为大家讲过，在许多文化中，特别是美洲文化中，都存在着引导亡灵前往阴间的狗。这一现象是基于人们的联想：狗是食腐肉的动物，习惯在墓地生活，常在夜间出没，叫声阴恻恻。阿努比斯神的头，据说是豺、狗或狼的头，说实话，大家都不确定是哪一种。阿努比斯的头，糅合了古埃及人所知的所有犬科动物的头的特征。阿努比斯神的画像有很多种，有时它完全被画成狗的样子，脸很长，像狐狸，耳朵上竖，像狼，尾巴也许是豺的尾巴吧，而身体，则如我们猎兔犬一般瘦削。杂交混种的神秘，与死亡和来世的谜团交相辉映，而阿努比斯神掌握着制作木乃伊的秘密，正是这一切谜团的专属守护者。

狗狗一身都是药？

古时候，狗的墓地都是成片修建的。最著名的狗墓地之一，位于阿什卡隆（以色列）。这座墓地与上文提到的萨卡拉的那座，几乎是在同一时期建成的。大约 2 500 年前，腓力斯丁人在阿什卡隆的这座墓地中埋葬了近 800 只狗。这些狗似乎没有特定的种类，都是普通的流浪狗，因为生病或受伤而死去。但不知怎的，在那个吃狗肉吃得一点儿也不含糊的文化中，人们却认为这些死去的流浪狗太重要了，每一只都应该享有独立的墓地。在北极圈内的俄罗斯的乌斯特-波卢伊考古遗址中，人们也发现了类似的现象。两千年前，那里的人们用狗来拉雪橇，这些雪橇犬中的100多只死后得到了独立而体面的安葬。然而，其骨头上留下的特殊印记告诉我们，它们中的大部分是被宰杀的。考古学家提出的假设是，我们这些狗兄弟应该是祭祀仪式中的祭品，而人类为了和神灵一起分享圣餐，把这祭品宰掉吃了。

另一些考古专家则提出了狗与医神关系密切的假设，他们特别提到美索不达米亚的医药女神古拉。想要求得康复的信徒们，会为古拉女神献上她的象征性动物，即狗的雕像。人们也常常将真狗埋葬在供奉古拉女神的神殿附近。古希腊-罗马也有类似的传统和信仰，希腊神话中的医神阿斯克勒庇俄斯也与狗有关系。古人也许见过狗舔伤口，便认为狗的口水有疗愈之效。这个想法还真是让人倒胃口，按理说，狗舌头上肯定有无数病原体。不过，也有一些冷门研究提出了相反的观点，狗舌头一舔，或许能消毒，于是促进伤口愈合？

在古希腊-罗马时期的地中海流域，人们虽已不再把狗肉当做食物，但吃狗肉的现象在宗教和医疗领域依然存在。在某些神庙中，人们会宰杀幼犬作为祭品，而在另一些地方，祭司们在寺庙里养狗，看似是为了保卫寺内财产不受外人觊觎，实际上，这些狗护卫中的一部分却变成了医生。例如，在祭祀医神阿斯克勒庇俄斯的神殿埃皮达鲁斯遗址中，有两处碑文分别记述了狗给人治病的故事。两只狗都生活在神殿内院中，它们各自医好了一个孩子：一只狗舔了一个盲童的眼睛，那孩子便重见光明了；另一只狗神迹般地让一个幸运儿喉咙里的肿瘤消失了。老普林尼曾称赞狗是万灵药："能治疗咽峡炎、嘴烫伤、儿童牙齿发育不良、箭伤、高烧、疥疮、痛风、狂犬病、恐水症，有效缓解耳朵、性器官、脾脏、肛门、眼睛等的疼痛。"①狗身上的一切都是治病的良药：狗肉、狗骨头、狗牙焚烧后的粉末、狗血（特别是狗的经血）、狗唾液、狗胆汁、狗奶、狗粪，甚至狗的呕吐物。

这一类治疗手段显然是带有巫术性质的。但那时的人们也许真的认为食用污秽之物，以毒攻毒，能切实有效地治病，因为在古人的认知世界里，"不洁"是导致疾病最重要的因素，那么，食用某种象征着死亡、肮脏、卑贱之物，或者将其当成祭品供奉神灵，在一定程度上有治疗之效。如此看来，那些被献祭的狗，本就是为了治病或祭祀而养的，其命运也与人们养在身边的家犬截然不同：在人类眼中，祭祀犬和流浪犬一样，食腐肉，常在墓地出没。这样一类治病救人的手段，不但没有随着罗马帝国的灭亡而消失，反而一直延续到了现代。1624 年，让·德·勒努医生竟然推荐大家吃狗屎来治疗咽峡炎，吃人屎来帮助伤口出脓！而 60 年后，安托万·德·阿坎，路易十四的第一位医生，也是莫里哀嘲笑的对象，则推荐了一款狗皮药膏，据说这个药方对于治疗创伤、溃

① Jean-Marc Luce, «Quelques jalons pour une histoire du chien en Grèce antique», *Pallas. Revue d'études antiques*, n° 76, 2008, https://www. researchgate. net/ profile/Jean_ Marc _ Luce/publication/266617725 _ Quelques _ jalons _ pour _ une _ histoire_du_chien_en_Grece_antique/links/5436eled0cf2dc341db4c463/Quelques-jalons-pour-une-histoire-du-chien-en-Grece- antique.pdf? origin = publication_detail （2018－05－21）.

疡、牙疼、腹泻有奇效：肥狗一只，以锤击头，一击毙命，"佐以锦葵、荨麻、接骨木、白葡萄酒，及五六斤蚯蚓，沸水炖煮"[1]，炮制成药膏擦拭患处。

作为隐喻的猎手

我们在前面的故事中认识了忠犬八公，那只忠诚的秋田犬，它在死之前一直希望主人能回来，等了他整整八年。西方文学中也有这样一只忠犬，罗马神话中尤利西斯（对应希腊神话中的奥德修斯）的爱犬，阿尔戈斯。尤利西斯参加特洛伊战争（《伊利亚特》），远征他乡 20 年（《奥德赛》），阿尔戈斯一直等着他，直到战争结束，尤利西斯回到家乡伊塔卡岛。漫长的等待，拖垮了阿尔戈斯的身体，主人归来，它终于含笑九泉。然而，它死之前，仍保持着清明神智。当时尤利西斯乔装成一名又穷又脏的乞丐，只有阿尔戈斯一眼认出了从死人堆里爬出来的主人，伊塔卡岛真正的国王。人们一般认为《伊利亚特》和《奥德赛》的作者是行吟诗人荷马，成书时间很有可能在公元前 8 世纪。然而，两部作品对待动物的态度则不尽相同。在《伊利亚特》中，狗只是祭品。阿喀琉斯为了让挚友帕特洛克罗斯在冥界不那么孤单，献祭了"和他一张桌子吃饭"的 9 只爱犬中的 2 只，4 匹马，以及 12 名出身大家的特洛伊俘虏。从《伊利亚特》到《奥德赛》，两部作品之间有巨大

---

[1] Robert Muchembled, *La Civilisation des odeurs*, Paris, Les Belles Lettres, 2017, p. 168.

的差别。在《伊利亚特》中，为了帕特洛克罗斯而被献祭的狗，虽然已经是人类的亲人了，但还是被绑在柴堆上焚烧而死；相反，《奥德赛》里的看门犬阿尔戈斯一直是主人最忠实的伙伴。两部作品流传后世，许久之后，人们才发现这一转变：《伊利亚特》讲述的是公元前8世纪的普遍情况，那时候，狗要么被献祭，要么被吃，只有被献祭和被吃的狗才算不虚此生，物尽其用；而《奥德赛》描绘的恰恰是作品完成之后的情况，后世的希腊人和罗马人已经不一样了，他们甚至会为自己的爱犬修建坟墓、立碑题词。两种情况一直共存，直到基督教废除献祭传统。自那之后，只有极少数邪教组织出于信仰或施展巫术时，才会杀狗、吃狗。

从公元前530年开始，最常引得希腊人立碑怀念的宠物犬便是我们猎兔犬：长鼻、三角短耳，细长中等身材，尾巴卷曲上翘。据文献记载，这些家养宠物常常陪着人们狩猎，猛追小猎物；群体捕猎时，可追捕大型动物，还能找到那些被投石和弓箭击中的鸟类。诗人品达曾夸赞这些来自拉科尼亚的猎兔犬拥有非凡的狩猎天赋。据说，它们在追捕野兔时能一直奔跑，直到猎物精疲力竭，再将其带回去交给主人，因此得了"猎兔犬"这个名字。当时的大小村落里尚有许多流浪犬，但鲜有文献记载，相反，我们猎兔犬出现在众多的文献和画册中，颇具威望，深受精英人士喜爱，给权贵歌功颂德的时候，少不得也要夸我们几句。

然而，可不要因此就以为我们猎兔犬在那会儿只会成天到处抓兔子。古希腊时代和罗马帝国时代，狩猎虽说是娱乐消遣，但有着深厚的历史渊源。那些石碑和浅浮雕上，描绘着我们和主人一起追赶野猪和雄鹿的画面，那不是对现实的记录，而是专属于精英贵族的文学想象：就好比今天，围猎的游戏更多是一种社会阶层的象征。

亚里士多德的《动物史》中，有几个段落是专门写家犬的，他将家犬分成拉科尼亚犬（猎兔犬）和麦尼西亚犬（看门犬，从某些画册上看，甚至很像英国斗牛犬）。两种犬分工明确，从那时起，猎犬就只负责打猎，可以瘦弱些，不需要像看门犬那样，既要守护羊群，又要斗狼斗小偷。亚里士多德，还有同时代的其他一些作家，随后也明确提出了杂交的概念。这位哲学家建议将麦尼西亚的种犬和拉科尼亚的雌性猎犬进行交配，培育出"勇猛而有活力，不达目的誓不罢休"[1]的犬种。这说明，希腊人，很可能还有许多同一时期其他民族的人，已经懂得将特定犬种隔开来单独饲养，以强化某种生理特征。但他们同时也意识到，可以杂交培育出多功能助手，一种介于两种犬类之间的新品种，或是增强某种功能特性。普鲁塔克讽刺了杂交选育的做法，说如果杂交那么好，人也可以杂交嘛。于是他在作品中，借笔下人物莱库格斯之口说道："人们将母狗和母马拿去同更好的种狗和种马交配，求着这些种畜的主人，看在大家都是朋友或盟友的分儿上，把这些种畜给他们吧。他们倒是给畜生找了更好的配偶，却把自己的女人们锁起来。"

---

[1] Jean-Marc Luce, «Quelques jalons pour une histoire du chien en Grèce antique», *Pallas. Revue d'études antiques*, n° 76, 2008.

再晚些时候，石碑上的我们被刻画成会生活的享乐派不可或缺的伙伴，我们和主人一起，时常出去活动筋骨，顺便玩玩，打只过路的野兔回家。我们是富人阶层运动休闲的同伴，是品位不俗的象征，看见我们，就知道最优越的富人的生活是什么样的，有多吸引人。我们还彻底进入了女人圈，随意进出女人的闺房，甚至在她们死后，墓碑上的题词都会提到我们，说我们忠诚不贰，和家里的每个人都很亲近，还能逗孩子们开心。公元 1 世纪初，就开始有人专门为我们作诗，例如小玛利亚，它的女主人的墓碑上就题了一首诗，来悼念它的死亡："我亲爱的洛克里德犬啊，你的速度无人能及，你的叫声震天响，但你却这样死在了盘根错节的灌木丛中，只怪那条花脖子蝰蛇，把那致命毒液注入你轻捷的大腿中。"公元 3 世纪，一块专门为狗所立的墓碑上有一段题词，居然以狗的口吻说起话来："我的名字叫菲洛涅戈斯（Philokynegos，意为业余猎手），因为……我手脚太快，竟惹上了可怕的野兽。"还有一些墓碑上的题词则惋惜那些被野猪开膛破肚而亡的猎犬，题词中讲述的故事就如狩猎史诗一般，例如希腊神话中卡吕冬野猪的故事：十几位神话英雄联合起来对抗这个如梦魇般的怪兽。许多诗人，尤其是伊索，早在让·德·拉封丹之前，就让自己作品中的动物开口说话了，这一做法也为墓志铭提供了文学灵感。

以狗为范的哲学神人

每个人都应该成为神，而只要能像狗一样生活，每个人也都可以成为神。这大概就是犬儒学派的核心思想。犬儒派哲学在古希腊、古罗马颇受追捧。这一学派最有名的两位代表人物，即创始人安提西尼及其弟子第欧根尼，与柏拉图是同一时代的人，却鄙视后者的学说，他们选"犬"字（希腊文 cyôn）为自己的标记，并将犬作为捍卫思想自由的象征：毫不留情地咬碎社会上最为根深蒂固的传统价值，其计划之反动，反映了他们骨子里的反动。① 安提西尼自视为"真正的狗"，第欧根尼选了一座位于雅典城郊的神殿色诺萨吉斯作为教学场地，这座神殿向非雅典公民开放，穷人和居住在雅典的外国人皆可进入，周围都是荒地和墓场。神殿中供奉着赫拉克勒斯，神殿的希腊文名为 Cynosarge，词源上意为"白犬"，或"快犬"，传说中，这只"快犬"偷走了供奉给神的祭品。此等行径，亦正是犬儒派所为：把露天供奉的祭品顺走充饥，茹毛饮血，吃生肉，只因一旦吃了熟肉，就成了文明人。今朝有酒今朝醉，明日无米明日忧，时时处处可交欢，腌臜陋室解千愁：所有这些行为，皆为撼动同时代人那些确信不疑的理念。第欧根尼总在人家举行宴会聚餐时前去搅和一番，把人惹毛了，人家就朝他扔骨头，他呢，直接提起长袍，尿人一身。像流浪狗一样生活，才是能从社会常规中解脱出来的不二之法。犬儒主义者如丧家犬一般，过一天算一天，他们在不如人意的日常现状中重新发现了唯一值得奉行的美德：自然之美德。犬儒主义哲学家像苦行僧一样生活，既不追名逐利，亦不贪图特权。一件披风，一个行囊，一路行乞万事足。在贫困中求生存，是哲学家的王

① Michel Onfray, *Cynismes. Portrait du philosophe en chien*, Paris, LGF/Livre de Poche, 2006.

道。这就是像狗一样满身疥疮的第欧根尼留给我们的基本教义。

公元 2 世纪末，医生兼怀疑论哲学家塞克斯特斯·恩披里柯在《驳独断论者》一书中驳斥了亚里士多德的论点，认为并非只有人类才有语言功能。他让读者听听各自的爱犬说话。只要认真听，就会发现，狗在追赶某人时会发出某种声音，不高兴时会发出另一种声音；你打它时，它发出某种声音，抚摸它时，它又发出另一种声音。狗在不同情况下叫声如此不同，说明它也具备语言功能。并非只有人类的语言才叫语言，凡是能表达某种思想和感受的能力都可称之为语言能力。这位怀疑论哲学家认为，我们狗有理性，有一套内在的话语系统，还有逻辑能力。他的论点，与比他早 5 个世纪的斯多葛派哲学家克利西波斯不谋而合。

然而，塞克斯特斯的成就不止于此，他关于动物行为学的论点同样引人注目。继柏拉图之后，他再一次提出，我们狗是最理想的守卫，因为没有别的动物能像牧羊犬那样擅长分清敌友。然而，人们却常常觉得狗不如人类，真是大错特错。他认为我们狗的认知能力和智力水平与人类不相上下，而我们的感官能力则比人类更强。"狗的嗅觉更敏锐，能依靠嗅觉在捕猎时寻找看不见的猎物；它的眼睛发现猎物的速度也比人类快；它的听觉同样灵敏。"①他还解释了为何我们狗能兼具正义感、勇气和谨慎之美德。

___

① Traduction de Jean-Louis Poirier, *Cave canem. Hommes et bêtes dans l'Antiquité*, Paris, Les Belles Lettres, 2016. 本章中年代较久远的引文均出自这本珍贵的著作。

他的结论是：狗无论如何都绝不会比它的主人差，或许比主人更高贵。

罗马七犬

然而，罗马人是出名的实用主义者。如果说塞克斯特斯·恩披里柯和普鲁塔克已然努力洞悉了狗狗行为学的秘密，那么瓦龙（公元前1世纪）和科吕迈勒（公元1世纪）则试图根据功能和实力对我们进行分类。于是，我们狗被分成7类。

第一类是清洁工犬，即最常见的流浪犬，其核心功能是在城市中清扫垃圾。在许多文学作品中，这种犬还会吃掉当地罪犯和敌人的尸体，荷马和索福克勒斯的作品中就有这种描述。

第二类是食用犬。普鲁塔克和老普林尼提到了这一类犬，老普林尼还特别指出，每逢祭祀和盛宴，小奶狗的肉就是一道美味佳肴。

第三类是战犬。在绘画作品中，这类犬通常都戴着有刺钉的项圈，它们是突击兵，攻击那些防护较差的兵种（如步兵、轻骑兵）时，效果尤其好。还有另一些战犬成为哨犬和通信犬。

第四类是看守犬。科吕迈勒在其作品《农书》中建议，要根据其所扮演的具体角色来挑选不同毛色的看守犬：好的看守犬，毛色应该是黑的，只有这样，才能让坏人在尽可能长的时间里发现不了它，然而，它一旦发起攻击，就能把坏人吓个半死；而牧羊犬呢，因为它很小的时候就开始混在羊群中间，毛色最好是白的，这样更容易与其他掠食的猛兽区别开来。无论是守护羊群，还是保卫家园，作为看守犬，最好不要是杂色皮毛，胖点的更好。

第五类是护羊犬。与牧羊犬不同，它还要负责保护羊群不受掠食者和小偷的侵害，所以它也必须像战犬一样全副武装：耳朵被剪掉，有时会穿上皮外套，戴上金属圈护体，特别的还配有护颈圈，圈上有刺钉，防人抓，防咬喉。瓦龙在《乡村经济》一书中提到，狼如果攻击这样一只全副武装的护羊犬，一旦咬上它的喉咙，就会吃到教训，下辈子也不会再攻击狗，哪怕那狗根本没有这样的防护。

第六类是猎犬。据说，西里西亚的奥比安（公元 2 世纪）写过一篇关于猎犬的文章，在其中，根据出产地，列举了 16 种不同的猎犬：皮奥尼亚犬、奥索尼亚犬、色雷斯犬、伊比利亚犬、高加索犬、阿卡迪亚犬、亚哥利斯犬、拉科尼斯犬、特吉亚犬、索罗马特犬、凯尔特犬、克里特犬、阿莫尔格斯犬、埃及犬、洛克里德犬和麦西尼亚犬。这些名字都源自罗马帝国行省，从高加索到西班牙，都在帝国版图之内。我们发现，根据其功能不同，这些猎犬可再细分出几种类别：通过气味发现猎物的指示猎犬，公元前 4 世纪，色诺芬在《狩猎术》一书中提到过它；追捕猎物的追猎犬，如猎兔犬，一般用于大型围猎，也叫犬猎，"犬猎"一词的法语 vénerie，来自拉丁文中表示"狩猎"的动词 venor；猎禽犬，它们追捕禽类，使其被迫飞到空中，便于射杀；阿朗特犬（据说这个名字是从阿兰犬演变而来的），用于捕猎野猪或熊；赶猎犬，负责将猎网中的猎物赶向猎人，无论这猎物是飞禽还是走兽；最后还有一种梗犬，负责将猎物（兔、狐等）从洞穴里赶出来，当时，似乎只在布列塔尼（即今天的英国）才有这种犬。

第七类是宠物犬，又叫"贵妇犬"，例如马耳他比熊犬，它在古希腊、古罗马时代就备受人们喜爱。我们在后面的故事中还会专门讲到比熊犬，现在我先给你们讲讲我这个可爱的小侄子的贵族血统吧。这种来自马耳他的小型犬，在希腊文中叫 kunivdia 或 kunavria Melitai，在拉丁文中叫 catuli Melitaei。它的名字首次出现在公元前 5 世纪初的一个双耳尖底瓮上。之后，陆续出现了许多它的画像。在古希腊-罗马的一个狗明星排行榜上，比熊犬名列第三。荣登榜首的，是区区在下，猎兔犬，你们人类的仆人。另一位仆人，看门犬，位居第二。比熊犬浑身上下的毛都很长，毛色通常是晶莹雪白的，这些迷你犬耳朵上竖，尾巴也往上翘。它们常常戴着项圈，陪主人们寻欢作乐，包括打猎：它们身材娇小，当人们需要将野兔从藏身的洞穴或矮树丛中赶出来时，它就成了及时雨、雪中炭。然而，就像伊索寓言里讲的那样，比熊犬首先是人类的密友。人们漂洋过海时，总习惯带几只马耳他比熊犬和猴子在身边解解闷。有时，它就像人一样多愁善感。

结尾处，我们在这份"罗马七犬"的名单上再加一种狗，即专门为人类耀武扬威而存在的狗。据普鲁塔克所述，雅典的花花公子阿尔西比亚德斯以重金买了一只"身材娇小、美丽绝伦"的狗，买到手之后，却断了人家的尾巴。他的朋友指责他不该如此肆意妄为，还一再告诉他，所有雅典人成天谈论的，就只剩下他这桩残害动物的恶行。阿尔西比亚德斯闻言哈哈大笑，反唇相讥："这就是我想要的效果啊。我就是要让所有雅典人都来八卦，有此事垫底,以后他们再怎么说我的坏话,都不会比今日更毒舌了。"

狗头人和其他怪物

希腊罗马神话中,有几只恐怖的巨犬。最有名的一只叫刻耳柏洛斯,地狱看门犬,它肩负平衡阴阳的重任:活人入不了冥府,死人也休想离开。传说它有很多个脑袋,能一直保持警醒。赫西俄德说它有50个脑袋,品达更夸张,说它有100个脑袋,托名阿波罗多洛斯的希腊神话合集《书库》中,刻耳柏洛斯则变成有三个狗头的怪物,头和脖子上还生有许多条蛇。脖子上长蛇,这一想象可能源自于现实中的某些狗,它们的背部长有鬃毛和肉冠。赫拉克勒斯的十二项功绩之一,就是驯服这头可怕的地狱看门犬。三头犬刻耳柏洛斯的哥哥奥尔特洛斯,是一只双头犬,负责守卫巨人革律翁的牛群,而赫拉克勒斯的十二项功绩中的另一项,便是杀死奥尔特洛斯,夺取牛群。故事嘛,这里一节,那里一段,再来点艺术的小秘方,讲着讲着就走样了,于是我们在陶制品的装饰图案上常常看到这样一个版本:赫拉克勒斯正在抓一只叫刻耳柏洛斯的狗,而这狗只有两个头。

另一位神祇,阿努比斯,亦是狗头人身,即希腊人所说的狗头人。神话传说中有很多混合了人和狗元素的怪物,且混合的方式无奇不有,有时甚至分不清那东西到底是人是狗。还有许多神话中,狗彻底代替了人。公元5世纪的波依提乌斯讲过这样一个故事,一只战犬统治了埃塞俄比亚,其叫声如同圣旨。中世纪时,许多地方都有狗国王的传说,例如匈牙利,或是斯堪的纳维亚。在北欧的一个传说中，一位人类君王厌倦了王位，因其臣民总不听号令。王位继承人，要么是他的狗，要么是他的奴隶，他让臣民们自己选。臣民们选了那只狗，结果却发现，那狗竟是一个货真价实的巫师，会说话，会思考，震骇群臣。幸好这位狗国王经常出去打猎，有一天，这狗被一群狼抓住，吃掉了。在另一个传说中，一位挪威的国王征服丹麦以后，为了羞辱自己的手下败将，强行让一只狗做了他们的国王。

　　许多亚洲和美洲的民族还自称是狗神的后代。在中国，流传着许多关于"盘瓠"的传说。中国古代神话中，盘瓠是帝喾之狗，相传，4 500年前，帝喾是华夏的天地共主，时逢一名将军作乱，盘瓠平叛，打败将军，取其首级献给帝喾，以证功劳。在这一类的传说故事中，皇帝通常都会许诺，无论是谁，只要能助他灭敌，便许之以公主为妻。盘瓠的故事也不例外。于是，盘瓠与公主完婚。婚后，夫妻俩去了南边安家立业，据说那里的许多民族都是他们的后代。在中国南方的许多少数民族，如瑶族、畲族、苗族、黎族之中，还有一些部落将盘瓠当做祖先供奉，禁止吃狗肉。盘瓠的故事还有一个版本，即狗头人盘瓠：为了和未婚妻成亲，盘瓠决定使用法术，变身成人。他告诉老丈人，他需要一口大钟罩住全身，在里面闭关280天，这期间绝不能敲响这口钟，唯有如此法术方能生效。但帝喾好奇，最后没忍住，在第279天敲响了大钟，想确定这一动不动的年轻人确实是盘瓠。盘瓠在变身为人的最后一刻被打断，功亏一篑，帝喾这位女婿从此便成了狗头人身。

西班牙灰狗的悲惨结局

我的哥哥，西班牙灰狗，也叫西班牙猎兔犬，是非常优秀的西班牙犬种，而它的名字源自拉丁文 Canis gallicus，意为高卢犬。公元 2 世纪的希腊历史学家阿利安效仿色诺芬的《狩猎术》，写了另外一个版本的《狩猎书》，并在其中提到了这些凯尔特猎兔犬。他描写了它们追捕野兔的情景。当时的伊比利亚人和高卢人，不分等级贵贱，都喜欢用猎兔犬打猎。此类猎犬皮毛坚硬，可以快速冲开多刺的荆棘丛，猎物还以为在荆棘灌木丛里穿行便能让这猎犬放弃追捕，真是太天真了。

15 世纪末西班牙收复失地运动结束之后，灰狗才重新出现在基督教文献中和教堂里的壁画上。收复了广阔领土，基督徒心花怒放，贵族更是优先购买大片土地以享围猎之乐。西班牙灰狗则成了精英的私人财产，安达卢西亚地区的贵族也用它们来打猎。那时候，政府还发布了法令，严惩偷盗和杀害西班牙灰狗的人，这也说明那时的市政官员有多重视这些狗臣民。17 世纪初，当米盖尔·德·塞万提斯向读者介绍唐·吉诃德时，再现了贵族和猎兔犬之间亘古不变的联系："在拉曼查的一个小镇上，小镇的名字我就不说了，不久前住着一位贵族，他这类的贵族，栅格架上有矛，家中有一面旧盾，一匹瘦马，还有一只用来追野兔的猎兔犬。"[1]

我们在文艺复兴时期的文献中发现，当时同时存在着两种狩

---

[1] 转引自 Cervantès, *Don Quichotte*, traduit de l'espagnol par Louis Viardot, Paris, Éditions de la Seine, rééd. 2005。

猎活动：一种是传统的围猎，西班牙灰狗将野兔追得精疲力竭，骑士们再靠近猎物；另一种是猎兔犬自主捕猎，独自将兔子逼入绝境，一举击杀。人们最看重的，当然是第二种狩猎方式，据说只有最好的猎兔犬才能行此壮举。从那时起，西班牙灰狗的魅力就入了主人的法眼。先讲这段历史，是为了解释为何灰狗狩猎的传统一直延续至今：每年冬天，数以万计的西班牙灰狗参加狩猎赛，它们被分成不同的比赛小组，飞快地追着野兔、家兔疯跑。看它们比赛，也是主人很喜欢的娱乐活动。正规的西班牙狩猎公司负责挑选参赛猎犬，光是这些公司每年就能创下 6 000 万欧元的营业额，这还不包括那些半非法的狩猎赛，用的都是不受管控的西班牙灰狗。据一些动物保护组织透露，这些半地下狩猎赛的数量大大超过了正规比赛。

而那些带着猎犬参加狩猎赛的猎人却说，要是没有这项传统，恐怕西班牙灰狗早就灭绝了。19 世纪下半叶和 20 世纪上半叶，人们将西班牙灰狗和英国灵缇犬进行杂交，后者短跑速度更快。但猎犬嘛，关键还是要一直追着猎物跑，要有很好的耐力。耐力和速度，哪个更重要呢？西班牙灰狗犬种标准的制定，已然上升到国家荣誉的高度。最终，西班牙人在确定灰狗犬种标准时，还是更看重耐力，因此新标准之下的西班牙灰狗更粗野，更具乡土气息，据说也更接近该犬种最初的样子。然而，任何硬币都有两面：在西班牙，灰狗虽然名气大，却沦为工具，没办法像其他普通宠物那样受到法律的保护，虐待灰狗是不会被起诉的。与此同时，它又能带来经济利益。每年 2 月，狩猎季接近尾声，好几万只灰狗就会白白牺牲：有被毒死的，有被淹死的，或者直接被遗弃，只因它们年纪太大，无法追捕野兔——猎人常说，超过三岁的猎犬就毫无用处了，或者，仅仅是因为它们输掉了一场比赛。一部分灰狗被动物保护组织统一收留，再托付给个人照顾。

不光是西班牙，别处的比赛猎犬也有着相同的命运，因为在这样的比赛中下注，一旦赢了，就能赚很多钱。在澳洲或美国，跑狗场的猎犬比赛受到越来越严格的监管，渐渐失了热度，再加上动物保护组织坚持斗争，披露其残忍虐待猎犬的暴行，这类比赛就被禁止了。在法国，猎犬赛跑之类的活动一直受到爱狗人士俱乐部的监管，加之盈利本就不多，也就保留下来，未被取缔。

最后，让我们用维吉尔的一段话来结束这个故事吧。两千年前，他在《农事诗》里倡导大家友好地对待狗，如此才配得上我们狗的服务：

多关心关心狗吧。用甘美的乳汁喂养迅捷的斯巴达猎犬和威猛的大看门犬。有了它们的守卫，再也不必害怕小偷在暗夜中偷袭羊舍，也不必害怕灰狼入侵，更不必害怕野蛮难驯的伊比利亚人在背后捅刀子。

第十章
巴吉度猎犬：动物机器

烤肉机器上的苦力巴吉度猎犬

囚笼之中，巴吉度猎犬转动着烤肉铁杆。是的，它的奔跑让那叉着烤肉的铁杆一直旋转，这样才能烤熟小母鸡。看官们，何妨一试，试着沉入狗之地狱，试着如它们那般只靠劳动养活自己。再来聆听笛卡尔大师的教诲：动物啊，你只是一个机器。在人类掌控那些古早能量之前，你只是一个行走的发动机。

篝火之上

旋风犬：我跑了一生，像击鼓传花一样转着圈，不能擅自停下。我的皮毛通常呈灰、黑色，或者灰黑相间。毛质坚硬可防火，身形修长耐力好，腿短跑步有匀速。我是无产者之前的无产者，亦是流水生产线上被奴役的发动机。我是狗界的坦塔罗斯①。烤肉的香味让我垂涎三尺，火炉的热气让我窒息，而主人对我并无太多怜惜。我用鼻子可劲儿地闻着，眼巴巴地望着，那块烤肉，滋着热油，全是我跑步烤出来的，却没我的份；偶尔有剩，最多扔给我几块骨头。还好，一般来说，我是轮班工作，任何一间厨房，要想配得上"厨房"这个名号，好歹得有两只劳力狗，定时定点换班。换班是必需的，否则我们很可能会过劳死。

---

① 希腊神话中的人物，他偷窃神界酒食，还将自己的儿子剁成碎块宴请诸神，因此堕入地狱遭到神罚：他身处没过脖颈的水池，每当口渴想喝水时，水便退去；他头上便是果树，一旦饿了想摘果子，果树便远去；他头顶上还悬着一块巨石，随时可能落下将他砸死。就这样，他永远遭受着饥渴与恐惧之苦。——译者注

对于我，你们人类知之甚少，史书中没有关于我的记载。人们只知道，我到中世纪晚期方才出现，而到了17、18世纪，任一个富人家的厨房里都少不了我们。自然主义者卡尔·林奈叫我"转圈犬"，意为旋转的狗。一生都在转圈，死后墓碑上除了这个词，还能写什么呢。

人们在发明蒸汽发动机和汽油发动机之前，曾苦寻机动动力源。水车、风车曾被用来提供能量，但其缺点是不能移动，且不能持续发动。于是，人们的目光转向了马匹、奴隶，还有狗。全世界几乎都一样，在很久以前我们狗就被选育、训练，用来背东西，我们背上的包，是根据我们背部大小专门制作的。我们也在旱地上拉车，跟雪地里拉雪橇是一回事。

在欧洲，自中世纪起，人类就已想到将我们狗变成机械装置发动机的一环。人类领着我们来到厨房，朝着壁炉走去。我们被关在轮形笼子里。这笼子，就是今天你们让小仓鼠在里面转圈跑的那种跑轮的放大版。从那以后，我们的体力就经受了严峻的考验。我们的目标是烤肉，烤熟大块又在铁杆上的肉，还要保证烤肉受热均匀。我们在跑轮笼子里不停地跑，一步一节地，整个跑轮就转动起来，带着烤肉铁杆也转动起来，因为铁杆的一端嵌入了跑轮的轮芯轱辘里。只要我们一直跑，烤肉就会不停地转动。这可真是个苦差，但丁笔下的地狱也不过如此：在地狱般的炙烤中煎熬，鼻子被美味肉香撩得发痒。你们喜欢用小而强壮、短毛短腿、身形修长的狗来干这活，唯有这样的狗，才能踩动圆轮，转动铁杆烤肉。我们太实用了，人类又把我们引进到牲畜棚里，发动搅乳器,提制黄油;在谷仓中,我们转动磨盘;在水道旁,我们发动水泵;在工厂里,我们揉压纸浆;车间内,我们踩缝纫机……直到19世纪末,人们发现一些自动装置和发动机比我们更有效率,也开始有了同情心,禁止用狗做苦力,我们的苦难才结束。

在厨房里做粗使仆人,任劳任怨也就罢了,我们还因此承担了其他苦役。于是就有了下面这个故事:有一天,格洛斯特主教来到英国巴斯修道院,专门为有钱人传经布道。优雅美丽、出身高贵的富太太纷纷赶来,一睹这位著名演说家的风采。主教大人突然兴起,偏要选在那一天,用他那洪亮的声音谈论起埃策希尔。本来一切都好好的,但他突然喊了一嗓子:"埃策希尔这时候看见了那轮子!"还着重强调了最后一个词"轮子"。据一个在场的人讲述,那些来做弥撒的太太都带着狗,在冷冰冰的教堂里,狗狗可以用来暖脚。可是一听到"轮子"这个词,好多狗都被吓坏了,可能是害怕星期天还得加班,它们一齐涌向了出口。

不必为我的悲惨命运哭泣,人们说我们巴吉度猎犬在今天已然灭绝。其实,早在19世纪我们就已经消失了:活着的时候没有引人注目,逝去时也是悄无声息。人们觉得我们太普通了,没谁想着把我们这个品种保存下来,发展成一个正式认定的犬种。爱狗人士把我们归到西班牙种长毛垂耳猎犬、梗犬或者巴吉度猎犬之列。爱德华·杰西在1858年出版的《狗闻轶事》中这样描写我们以前的这些同类:"它们身形长,弓形腿,长得很丑,神色多疑,总是一副不开心的样子,像是被压给它的活儿累垮了,又像是时刻准备着继续工作。""可怜的家伙,被迫转动烤肉架,就像被铁链锁住的苦役犯一般。要是敢停下来，休息一下疲惫不堪的四肢，哪怕只有一小会儿，也会遭到打骂。"他还强调说，我们的眼睛异色，常常一个眼珠是白色的，另一个是黑色的。

另一些作家则对我们的时间观津津乐道。如果主人延迟了换班，那我们有些兄弟便会自行安排。它们会冲出笼子，冲向搭档，迫使它按时按点接自己的班。那个时代，人类还不知道可以用时间来管理和衡量自己的同类，不知道可以将时间表强加给他，量化其生产力，用劳动节奏的铁律来奴役他……我们像机器一样工作，似乎预示了某种可能出现的现代性，这种现代性，后来不再局限在厨房里，亦不再局限在狗身上，最终走向了人类。

笛卡尔先生的判决

随着时间的推移，人们越来越觉得可以肆无忌惮地奴役动物：我们狗，还有其他动物。17世纪，法国哲学家勒内·笛卡尔将这种观点推向极致。9世纪的爱尔兰神学家让·司各特·埃里金纳认为动物也有灵魂，而笛卡尔的观点恰恰相反，他认为动物是机器，精巧装配的机器，只对外界的物理刺激有反应，没有任何意识或智力层面的感受。他将生物分为两类：一类只有躯体，另一类除了躯体，还有灵魂；动物属于前者，人类属于后者。这种二元论得到教会的认可。其实，关于动物是否有灵魂的问题，教会方面一直很犹豫。否认动物有灵魂，证明动物只是机器，显然可以让人免受良心谴责：就算是屠夫，也不会下地狱。否认动物有灵魂，也是为新的观念世界铺路：人类是唯一有灵魂的生物，飞升于物质世界之上，可与上帝对话。笛卡尔迈出了现代性进程中决定性的一步。人类超越众生，完全遵从神的旨意①，成为大自然的主人。实验科学从此亦和灵魂概念有了纠葛，变得越来越复杂。

神学家、哲学家尼古拉·马勒伯朗士在《追寻真理》(1674—1675)一书中，变本加厉地强调笛卡尔的观点，认为人类无论怎样对待动物都无所谓。马尔布朗什疯狂信奉笛卡尔，说如果他养的母狗像人一样有情感，用脚踢它时，它应该会抱怨啊。然而，那母狗只会叫，叫声中没有痛苦。② 因为它只是上帝巧手打造的机器罢了，即便叫声中有痛苦，那也是装出来的，它无法真正感受到痛苦，它无欲无知，没有灵魂。灵魂，是只有人类才能享有的特权。这也证明了，狗本就是上帝造来为人服务的。

然而，也有不少人站出来反对笛卡尔的观点。1789 年，理性主义哲学先驱杰里米·本瑟姆向世人宣告："一匹成年马或一只成年狗，比刚出生一天、一周，甚至满月的孩童，不知道要明理多少，要健谈多少。然而，即便它们不比孩童聪明又如何？问题本就不在于'它们会不会思考'，也不在于'它们会不会说话'，而在于'它们是否感到痛苦'。"然而，直到 19 世纪，查尔斯·达尔文才

① "神说：'我们将根据自己的模子，依照自己的形象来造人。让人们统领海里的鱼、天上的鸟、地上的走兽和爬虫，以及整片大地' / 神根据自己的模子，根据神的模样创造了人，无论是男人和女人，都是神造出来的。/ 神为他们赐福。神对他们说：'多产出，多生养，让人类遍布大地，征服大地。去统领海里的鱼、天上的鸟，以及所有在地上爬行的生物'。"(《圣经·创世纪》1-26，1-27，1-28)

② 详见埃利斯·德索尔尼耶的博客，特别是文章«"ça crie mais ça ne sent pas" - Le conséquentialisme et la souffrance inutile ». 2010 - 07 - 07, http://penseravantdouvrirlabouche.com/2010/06/07/consequentialisme/(2018-05-24)。

建构起一套理论体系，与动物机器学说抗衡。达尔文和生物学家托马斯·亨利·赫胥黎并肩作战（后者是进化论的坚定拥趸，"死不松口"，因此得了个"斗牛犬"的绰号），他们坚信，包括人类在内的所有动物都源自一个共同的祖先，为了适应各自的生存环境，才慢慢分道扬镳。该理论冲击了上帝创世学说，也对灵魂论和二元论提出质疑。20世纪下半叶，DNA的科学发现，为进化论提供了更加强有力的证据。

　　尽管如此，老观念仍在负隅顽抗，特别是在法国。这也是为何一战期间法国军队的军犬战绩平平，而英国人更倾向于接受行为主义条件论，而非二元论，所以把军犬训练成出色的助手。当狗不好好工作时，法国人责打之，而英国人则想方设法变换各种训练方式。说到底，达尔文教给我们的是这样一个事实：痛苦，并非道德层面的特质，也并非只有那些拥有灵魂的幸运儿才能感觉到痛苦，而是一种进化的机制，正是痛苦让生物得以幸存。于是，笛卡尔所言"我思（痛）故我在"，到了达尔文这里便成了"我痛故我逃"。痛苦，在笛卡尔眼中是人类灵魂和思想之特质，而在达尔文看来，不过是适者生存的基本法则罢了。现当代所有关于动物权益的思考，都源自达尔文进化论的理论基石。[①]

　　知道吗，只要凝望狗的眼睛，就会发现，人性所有最深刻的痕迹都在其中。笛卡尔恰恰忘了这一点，忘了与我们四目相接，所以他才会说出那些不着调的话，带来灾难性的后果。一代又一代

[①] 此领域的入门读物，参见 Jean-Baptiste Jeangène-Wilmer, *L'Éthique animale*, Paris, PUF, rééd. 2015。

的人，就是因为相信动物和机器一样没有感情，才会白白让那些有感情的动物遭受那么多耻辱和痛苦。而这些虐待动物的人，本应该看见这显而易见的事实啊：搜救犬以身犯险，从惊涛骇浪中救出孩童，这样的行为可不是训练出来的，而是因为人类也曾对它的同类报以同样的恻隐之心，让它动容，让它不惜牺牲自己。当一只狗看懂了人类的肢体语言，听懂了人类的语音语调，并由此判断出该采取这样或那样的行动时，这就说明它们已然开始显露出道德意识了。正因有了道德意识，它们才会主动控制自己不用力咬人，当顽童扯它的胡须提弄它时，它才不会一口咬上去，而只是低叫着警告，或者做个表情吓吓对方，咧咧嘴，露出它闪亮的犬牙。显然，是复杂的人类社交让它学会了这种迂回之术。狗，是你们人类的镜子。

现如今，你们人类已然意识到这一切。越来越多的作品探讨动物的认知和情感。这是一种进步，然而这进步并非一帆风顺，其中充满了变革，充满了各种时隐时现的观念。在西方，人类与动物的关系变化不定，主要呈现出几个重要阶段：《圣经》时代，动物是人的奴仆；在中世纪之前的世俗社会中，动物通常还能保持自主；到了中世纪，动物往往被神圣化；文艺复兴时期，动物又成了人类的奴仆；笛卡尔先生的"现代性"观念，则彻底将动物物化。现在，让我们回到创世的起源，追寻人和动物的漫漫关系史。

拉撒路遗书

在希伯来人的《圣经》中，我们狗就是贱民的原型。杀了仇家,把尸体扔给我们,说话带"狗"字便是骂人,还怪我们,说我们舔血和吃呕吐物照样津津有味。亚历山大城的犹太哲学家菲洛,和耶稣是同时代人,他说我们残暴易怒,行事乖张。其观点与某些不信教的哲学家截然相反,例如克利西波斯,他就认为猎犬也会三段论,也会讲逻辑:如果它面前有三条路,凭嗅觉查探了前两条,确定野兔没往那两边走,就会直接走第三条路,不需要再确定这条路是否正确。而菲洛则认为,无论怎么说,都只有人类才会三段论这种逻辑推演。狗只能靠外界刺激行事,例如饿了会找吃的,例如主人用鞭子抽它,它觉得痛了,才会乖乖听话,按主人的心意行事。假如它既不用挨饿,也不用受苦,这懒家伙可能就只会睡觉了。

在《马太福音》中,耶稣最初谨遵"狗不可享用圣物"之原则,然而当他遇到那位迦南女人时,便违背了这一传统。这位不信教的女人请耶稣帮她女儿驱魔,耶稣回答说,上帝派他来,只是为了庇佑以色列的孩子们。女人坚持,耶稣再次拒绝,打了这样一个比方:"不应将孩子们的面包扔给狗吃。"绝望的母亲不得不再次哀求,并反驳道,小狗"尚且可以吃从主人桌上掉下来的残羹冷炙",耶稣这才被说服。此处关于狗的隐喻已然预示了圣保罗带给人们的启示:不是犹太人,也能有"福音"。

在《路加福音》中,狗也成了群演:富贵人家,珍馐美味,主人们大快朵颐,门口却躺着一个乞丐。乞丐名叫拉撒路,饥肠辘辘满身疮,于是便有几只狗来舔他的疮口。这一幕具有双重含义:从犹太文化视角看,这一幕印证了犹太人的夸张偏见,他们认为,不管什么垃圾秽物，狗都能吃；而脱离宗教的语境，这一幕便很有教育意义，它教导我们，贫弱者尚能相帮相扶，同舟共济。在异教徒的眼中，狗并非下贱之物，相反，它的口水能疗愈伤口。那么，这一则寓言故事到底倾向于哪种解释呢？也许是为了让大家都满意，路加并未给出答案，而是让读者自己阐释，见仁见智。

　　一位大天使，一个手捧大鱼的孩子，还有一只在孩子跟前蹦跶的小狗：《托比书》中描绘了这样一幕。这段描写只能在天主教的拉丁文版《圣经》中看到，它出自《旧约》，东正教徒和天主教徒才会读《旧约》，因此，希伯来文《圣经》里没有这段话，新教徒也不承认它。一个名叫托比的孩童，为了让父亲重见光明，四处寻医问药，而良药的主要成分是鱼胆汁。《托比书》讲的就是托比的故事，但其文本晦涩不明，其中提到一只小狗，它欢呼雀跃，仿佛在预示着一个"好消息"，而这福音的象征，便是那条鱼。在某种程度上，在基督徒们看来，托比的这只狗将古以色列和新以色列连接了起来。

　　上面的故事中提到了迦南女人、乞丐拉撒路和托比。在基督教绘画艺术中，只要涉及爱狗主题，他们总在最受青睐之列。这三个人物形象早在中世纪就已涌现，到了文艺复兴时期，其形象越来越丰富，关于他们的绘画表现也在不断发展。他们和其他狗狗一起，共同见证并勾勒出"天主之狗"的文学艺术史。① 这段历史告诉我们，基督教绝非一成不变，也告诉我们基督教如何不断

---

① 参见 Jean Bastaire, Hélène Bastaire, *Chiens du Seigneur. Histoire chrétienne du chien*, Paris, Cerf, 2001。本章的创作参考了这本优秀的故事集。

适应社会环境的变化。为了感化大众，《圣经》里还有许多使徒传记。其中有一个关于使徒皮埃尔的故事。有一天，圣皮埃尔遇到一个名叫西蒙的魔法师，他欺负老百姓愚昧无知、轻信他人，竟玩起了让狗唱歌的把戏。皮埃尔瞄准了魔法师的一只看门犬，让它说人话，将主人西蒙狠狠训斥了一番，告诉西蒙，他一定会下地狱，令西蒙颜面尽失。

"好牧羊人"

一直以来，基督教从未停止过用狗来作为象征。狗既能看家护院，又能帮"好牧羊人"放羊。公元5世纪，圣奥古斯丁将异教徒比作狼，而异教徒皈依了基督教，就好比狼被驯成狗，这些被驯化的异教徒有助于传播上帝之言。圣奥古斯丁的弟子奥罗斯将自己一生的宗教事业都归功于老师，说自己对老师的信任，就像狗对自己的主人一样。再后来，人们又把牧师比作牧羊犬，因为牧师像牧羊犬保护羊群一样，坚持不懈地保护自己的信徒，让他们不受恶狼侵害。"恶狼"一词，既指那些不信神的无信仰人士，又指信仰其他宗教的异教徒。由多米尼克·德·古斯曼于1216年创立的多明我会，其名字中也有一个与狗相关的谐音：拉丁文中，"多明我会修士"一词dominicaine，与另一个词组Domini Cane，即"上帝之狗"发音是一样的。多明我会的第一位编年史作者茹尔丹·德·萨克斯，同时也是多米尼克·德·古斯曼的继任，他通过讲述多米尼克母亲的一个梦境，将多明我会与狗之间的隐喻关系合法化："多米尼克的母亲让娜·阿萨在怀上这个孩子之前，曾在梦中见到一只小狗,嘴里衔着一支熊熊燃烧的火把,小狗带着这火把从她肚子里冲出来,像是要照亮整个宇宙。"多明我会很快成为所谓的基督教正统的护卫,成为宗教审查的主要执行者,迫害纯净派和伏多瓦派,将其赶尽杀绝。一个世纪前,关于激情洋溢的贝尔纳·德·克莱沃,也有一个类似的传说。他的母亲阿莱特·德·蒙巴尔在梦中看见他变成一只很凶的小狗。她就此事向神父咨询,神父断定,她将诞下一位"上帝之城的忠诚护卫,一生咆哮着叫骂那些伪教会圣师"。在哥特艺术中,狗总在那些大人物的卧榻之下,终于变成忠诚的象征。

尽管如此,狗也常被用来象征一个好教徒的反面。正是因为这样的传统,奥古斯丁同时代的圣杰罗姆才会将不信教的人比作嗜血食腐的疯狗。公元 6 世纪,本笃会修士安塞尔姆看待狗的方式是一分为二的,狗同时象征着黑暗和光明。他赞美狗的机警,赞美它保羊群平安,但他同时又认为狗是魔鬼的工具,所谓诱惑三阶的具体形象:"'暗示'是条肥狗,沉甸甸的;'乐趣'是只小狗,活泼欢闹;'赞同'是条猛狗,身高力壮。……要想抵制住诱惑,那么受到'暗示',置之不理即可,感到'乐趣',要马上打压,而一旦发现'赞同',则必须全力扼杀。"

在封建社会,修道士们常常出自精英阶层,与军人称兄道弟、有所勾连。然而,教会权力是精神层面的,看不见摸不着,军队权力虽然实在,却无法长久,代表这些权力的人出身相同的社会阶层,骑士和教士看似兄友弟恭,实则明争暗斗。历史上,教皇和帝皇的争斗、上帝与凯撒的争斗无休无止,矛盾重重。我们和圣徒猎手的狗一起,被牵扯进这场战斗。最典型的莫过圣于贝尔的故事,他本是贵族,虚荣得要命,有一天带着一群猎犬追捕一只雄鹿,突然上帝显灵,他深受触动,走上正路,成了教士。等我的故事讲完了,比格犬会为大家讲圣于贝尔的故事。我们在下一章再听它聒噪吧。

最后我想为大家介绍另外两位圣徒,他们和我们狗的关系尤为特殊。第一位是圣克里斯托弗,他是来自蛮荒之国的巨人,在东正教或科普特教会中,他的画像有时甚至成了狗头人,即狗头人身。这种反自然的身体组合,当然是为了强调其野蛮,和他来自东方这一事实。传说狗头人常常侵扰人类地盘的边界,即印度附近的某个地方。他们长成那样,肯定有着野兽般的习性,而他们最可怕的习性,就是吃人。克里斯托弗对自己的力量信心满满,因此答应了要背一个孩子过河,那孩子原来就是耶稣──克里斯托弗的名字 Christophoros,原意就是背耶稣的人。背上的耶稣实在太重了,巨人开始摇摇晃晃。然后,他在宗教信仰上也开始动摇了,心悦诚服地皈依了基督教,最终还殉教身亡,死时竟然还救了要杀他的国王。真是一个勇敢的狗头人! 在之后的古传说中,他便成了神奇术士。

圣罗克是 14 世纪蒙彼利埃的一位年轻小伙。在一次鼠疫大流行中他失去了父母。他身上有一块十字形的胎记,生来就是上帝的人,他把家财都分给了穷人,踏上了前往罗马的朝圣之路,一走就是三年。他一路救助了无数感染了鼠疫的人。而他如此奉献牺牲,治病救人,最终自己也染上鼠疫。他逃进深山老林,不想再传染任何人。要是上帝没来救他，他恐怕早就饿死了。上帝的旨意化作一只小狗，从当地一位老爷的餐桌上顺了一块面包给这位垂死的隐士。谦卑的罗克深感惊讶，便跟随小狗，最终发现了真相，被上帝的恩典感动，做了修士。病好之后，罗克面容尽毁，和小狗一起回到蒙彼利埃。他向大家讲述自己的经历，撩起长袍，露出大腿和最后一个尚未愈合的淋巴结肿块。他的同胞已经不认识他了，还把他当成间谍丢进了黑牢。5 年后，他死在了牢里。后世的人们为他造了各种雕像，他成了保佑人们战胜瘟疫的圣徒。如果某个教堂里有术士罗克的雕像，那雕像手指大腿，一只小巴儿狗（roquet，直接从罗克的名字 Roch 演变而来）深情地看着他，那么可以断定，这座教堂所在的教区从前受过鼠疫之苦，于是弄来罗克的雕像，向上帝祈祷，保一方平安。

圣徒猎兔犬，请为我们祈祷

多明我会与我们的一位兄弟发生了一点纠纷，他们控诉它不忠不义。那是一只名叫吉纳福尔的猎兔犬[①]，但人们私底下将其奉为圣徒。1250 年前后，多明我会修士艾蒂安·德·波旁专门追捕异教徒，主要在里昂一带活动，他猛烈抨击一个开始在法国东布地区流行起来的传说。故事是这样的：有一天，维拉尔的领主大人让猎犬吉纳福尔照看自己尚在襁褓中的继承人。他回家时，

---

① Jean-Claude Schmitt, *Le Saint Lévrier. Guinefort*, *guérisseur d'enfants depuis le XIIIe siècle*, Paris, Flammarion, 1979, rééd. «Champs», 2004.

发现吉纳福尔一反常态，很虚弱，嘴里还淌着血。多疑的人马上想到了最坏的事情：他的狗伙伴吃掉了自己的孩子。他怒不可遏，冲动之下杀死了吉纳福尔，最后却发现孩子安然无恙。猎犬之所以看起来那么痛苦，是因为它刚撕碎了一条蛇，蛇的尸体就在房间的一个角落里，其实忠诚的吉纳福尔是冒着生命危险，勇敢地和这条毒蛇斗争的，否则毒蛇恐怕会咬死那个小婴儿。[①] 主人悔恨万分，将牺牲的猎犬葬在一口井里，他家道中落后，这口井的周围也长满了树丛。而宗教审判者艾蒂安·德·波旁正因此事而担心：当地的农民已经养成向这只狗祈祷的习惯，女人甚至带着生病的孩子前来，回去后便到处宣扬奇迹发生：吉纳福尔治愈了孩子的病！这还得了？艾蒂安·德·波旁让人砍光了那片树丛，因为它太容易让人联想到异教徒祝圣祷告的密林，又让人挖出猎犬的骨头，将砍下来的树木和猎犬的残骸堆放在一起，一把火烧了。然而这并未能阻止人们信仰那只无辜的猎犬，这信仰一直持续到 20 世纪上半叶。

在《古兰经》中，有一只狗也获得了真主的恩典。《古兰经》中讲了一个洞穴人的故事，很有可能是从基督教《以弗所长眠七圣》的寓言故事中得到的灵感。公元 9 世纪，博学的塔巴里批注并完善了这个传说，塔巴里的故事版本是这样的：耶稣诞生 137

---

① 英国的威尔士地区也有十分类似的故事：一只猎狼犬被主人活生生打死，死时满身鲜血，而它死前刚刚与一匹狼大战了一场，救下了主人的继承人。详见 Stanley Coren, *The Pawprints of History. Dogs and the Course of Human Events*, p. 27 et suiv。学者施米特认为，故事"狗救婴儿反被诬"源自公元初期的印度故事集《五卷书》。

年后,有 6 个年轻人,他们因为宣扬信仰"唯一真神"而遭到迫害。他们逃离盛行多神论的家乡,躲进山里,偶遇一位牧羊人,还有他的狗和羊群。牧羊人最初心中有疑,但最后还是赞许他们的行为,并建议所有人都躲进一个巨大的地缝里。他将羊群交给朋友,随后,7 个年轻人走进了地下的深渊。然而,那只狗却一直跟着他们。6 位城市来的年轻人害怕了:他们担心狗一叫,就会暴露他们的行踪。这 6 个人要求新加入的牧羊人伙伴把狗赶走。牧羊人把那只小猎犬痛打了一顿,小狗还是没逃走。最后,神让小狗开口说话,小狗斥责打它的人:"你们为何要打我呢?我们信仰的是同一个神啊!"忠犬开口说话,这绝对是神迹,小狗从此成了 7 个人的保护神。这 7 个人似乎进入到某种深眠状态,一睡就是 309 年,醒来后走出地洞,重回人间,还以为自己是昨天才离开的,他们惊愕地发现,整个世界都已皈依了唯一的真神。

这样被神化的狗,在世界上其他一些国家也断断续续出现过。例如在日本,2012 年,有一座寺庙为了吸引朝圣者和游客,竟然让一只狗登上住持之位。这只狗名叫丸子,是一只白色纪州犬,正式将它认定为寺院住持的,是日本山口市附近的洞春寺。带着日本人特有的冷幽默,人类同事为丸子方丈立了一块警告牌:"方丈大人提问之前,必先咬人。"

狗,是保护上帝羊群的守护神,基督教盛行于欧洲,此文化背景使得牧羊犬、牧牛犬、导羊犬最早出现在中世纪的欧洲,岂是偶然?据格扎维埃·德·普朗霍尔的前沿研究,这些神奇动物放羊时的种种表现,居功甚伟,堪称奇迹,而关于它们的事迹,最早来自于北大西洋上的法罗群岛和冰岛。[①] 冰岛本地的神话作者斯诺里·斯特鲁森在 13 世纪初写道："人们会用一枚金戒指来换一只牧羊犬，这牧羊犬进入好几百只牛组成的庞大牛群中，仍然能找到它之前的主人做了标记的那些牛，并将它们与其他牛区分开来。"15 世纪时，导羊犬传到了苏格兰，随后传遍了大不列颠的其他各处，那时候导羊犬的样子，近似于如今设得兰群岛上的小型牧羊犬。

导羊犬和护羊犬可不是一回事，后者是用来击退猎食者的。经过人类的选育之后，导羊犬的样子和护羊犬很像，但前者比后者小很多。例如，作为导羊犬的莱布瑞特犬，即比利牛斯牧羊犬，看起来就像是护羊犬大白熊即比利牛斯山地犬的缩小版。只有在那些早已不受灰狼威胁的地方，才会有真正意义上只需"放羊"的牧羊犬。护羊犬成群守卫羊群时，面对狼群协调且有组织的攻击，也只能守护 100 ~ 200 只羊。导羊犬虽然可以有效引导拥有 2 000 ~ 3 000 只羊的庞大羊群，但它身形太小，很容易成为狼或猞猁的狩猎目标。因此，如果只会放羊的牧羊犬数量大增，那一定是因为灰狼的灭绝。也正因如此，直到 20 世纪初，导羊犬这种特殊犬类一直是地理学上很奇怪的存在：人们只能在西欧地区才能见到它。17 世纪，它从英国传到了西欧大陆，先后在法国北部和德国出现。接着，它到达比利牛斯山地区，随后经由瑞典北上，在

[①] Xavier de Planhol, « Le chien de berger; développement et signification géographique d'une technique pastorale », *Bulletin de l'Association de géographes français*, n° 370, 46ᵉ année, 1969 - 03.

19世纪到达北极地区。在那里,它学会了帮助萨米人放牧巨大的驯鹿群,在拉普兰地区彻底变换了一种生活方式。

在芬兰,导羊犬主要用于引导驯鹿,被叫做拉普兰导羊犬。近几十年来,因私人财产分界的要求,进山放牧鹿群的人越来越少,甚至消失。人们开着雪地车放牧,行动可比导羊犬快多了,再加上全球定位系统能更有效地定位鹿群,这也是导羊犬比不了的。简言之,拉普兰导羊犬没了用武之地,被人遗忘,差点灭绝。直到有一天,一个萨米人牵着狗散步。那狗正是一只导羊犬,但早已赋闲多年,它所在的导羊犬家族,自它起往上有三四代压根没见过驯鹿。然而,它一看见驯鹿尾巴便一路小跑,尾随其后,急不可耐地叫唤着。一眨眼工夫,鹿群便聚拢起来,这只拉普兰导羊犬也停了下来,静待指令:"我该把鹿群带到哪儿去呢?"①此次偶然事件告诉我们:第一,人类所期待的狗拥有的各种能力,包括引导羊群的能力,都深刻在其基因中,与生俱来;第二,导羊犬引导羊群的能力经久不衰,决定此能力的基因是显性基因;第三,导羊犬引导羊群的能力从无到有,很快便能形成。实际上,拉普兰导羊犬仅从19世纪中期起才开始能较好地引导鹿群,这一能力直到20世纪60年代才消失。从表观遗传学的角度来看,一个世纪的时间,足以为一只导羊犬打上"导航能手"的标签。为了当好人类的助手,我们可真是从最好的模子里刻出来的呀。

---

① 参见«Le berger des neiges» in collecif, *Des chiens et des hommes. Les plus beaux reportages du magazine* Dogs *à travers le monde*, p. 38。

迎击酷寒

1925 年 1 月，诺姆城中，白喉肆虐，包括周围营地在内，上万居民皆被感染。传染病创下了惨重的伤亡纪录，让无数孩童在短短几日内窒息而亡。当时已有白喉血清疗法，但诺姆地处偏僻，深入阿拉斯加腹地，又逢百年不遇之寒冬，需穿越 1 800 千米的冰天雪地，去到安克雷奇，方能获得血清。然而天实在太冷了，飞机停航，人们只能发电报传递诺姆的险情。火车开到安克雷奇，满载着一车厢 30 万瓶的血清，又勉强开了 800 千米到达尼纳纳。接下来，便是一群工作犬，更确切地说，是一群雪橇犬，冒着生命危险，救人类于危难之中。

1 月 27 日，这场后来被人们叫做"慈悲长跑"的长途迁徙开始了。那时候，雪橇犬拉着雪橇从尼纳纳到诺姆的最快纪录是 9 天，还是在天气好的时候。而当时是零下 65 摄氏度至零下 45 摄氏度的酷寒，最乐观的估计，雪橇犬也需要两周才能跑到，可血清有效期只有 6 天。出乎所有人意料的是，20 位雪橇夫和 160 只雪橇犬只用了 5 天半的时间便跑完了 1 085 千米，暴风雪一直没有停过，他们在漫长的冬日极夜中将药品送到了诺姆。一路上，他们接力前行，每一站都有一位雪橇夫志愿者接着走下一程。这些雪橇夫通常是熟知路线的邮递员，为了血清每天多走十几千米，狂飙如地狱列车，翻过一座雪堆，再翻过一座雪堆，随时准备牺牲自己和自家的雪橇犬。运送途中，30 万瓶血清没有一瓶被打破，却有好几只狗被累死或冻死。诺姆的孩子们得救了。最后一程的头犬巴尔托成了那个时代的明星狗，它的风头甚至盖过了好莱坞狗狗巨星任丁丁。为了纪念此次事件，从 1973 年开始，人们开始举行雪橇犬长跑比赛，即著名的艾迪塔罗德狗拉雪橇比赛。在比赛中，狗狗要拉着雪橇，从安克雷奇到诺姆，横穿阿拉斯加。

　　故事讲完了，有两个问题值得我们深思。天知道人类在多久以前就已经发明了狗拉雪橇，如今所知最早的雪橇，是约 8 000 年前在西伯利亚佐霍夫岛上发现的。然而，有多少类似这样狗为人服务的故事在历史中接连上演，又纷纷被遗忘？无论是巴吉度猎犬转动铁叉烤肉，还是雪橇犬拉着雪橇运送血清救人，你们人类啊，让狗创造出这般吃苦耐劳的奇迹，却只是为了逃离你们自己造出来的人间炼狱？生物学家雷蒙德·科平杰热衷于研究狗的身体构造，他告诉我们，在 2014 年的艾迪塔罗德狗拉雪橇比赛中，获胜队伍花了 8 天 14 小时 9 分钟才跑完从安克雷奇到诺姆的 1 770 千米赛程。也就是说，参赛的雪橇犬拉着雪橇，每天要跑 205 千米，这就意味着，它们连续跑了 8 天多，且每天都要跑 5 个马拉松的距离。要完成这样一段赛程，每只狗每天要燃烧 10 800 卡路里，吃东西却要精打细算，如履薄冰。从数学的角度来计算，只有像雪橇犬这样的中型犬才能做到这一点：大一点的狗，无法及时疏散运动产生的多余热量；小一点的狗呢，又容易冻死，更别说小狗可能根本拉不动雪橇和雪橇夫，胃也不够大，消化不了那么多提供能量的食物。这又是一个生物工程的奇迹啊！

为科学献身

　　人类曾认为我们狗是机器，于是，整个 20 世纪，用狗做实验的行为都被合法化（至少是以间接的方式合法化）。显然，这一系列实验的先锋，便是著名的伊万·彼得洛维奇·巴甫洛夫。19世纪90年代，这位俄罗斯生理学家研究了生物的消化机制。他在研究中用狗做实验（实验犬）。他在狗嘴上切开一个小口，将一根导管从切口插入狗嘴，测量狗分泌出来的唾液量。接着，他把肉末放进狗嘴里，记录唾液的增加数据。连续几天重复同样的实验，他偶然发现了一个现象——现在科学家所谓的"意外发现"，看似深奥的科学术语，其实就是想说，许多事都是偶然所得，意外之喜——每当有信号让狗相信自己有东西吃时，狗嘴里就会分泌出更多的唾液。比如说看到实验室技术员来了，或闻到肉香，或听到某种声音，让它觉得有东西吃……紧跟信号来的，一定是好吃的。狗越是习惯这个模式，就越容易在看到食物之前一边期待，一边分泌唾液：如此，它便可将当下某一现象与未来某个事件联系在一起，甚至没肉也能让狗分泌唾液。把喂食行为和某种生理刺激绑定在一起，比如每次喂食之前吹一声哨子，经数次反复，只要一听见哨子，狗就会乖乖流口水，哪怕没有吃的……不过，这种反应会渐渐弱化。一段时间以后，之前的条件反射会消退，人必须再次重复同样的程序，强化其效果。

1904年，巴甫洛夫凭借其对消化机制的研究获得诺贝尔奖，接下来，他把自己这项研究发现，即他所说的"条件反射"，作为其整套理论的基石。1927年，他的一系列相关论文被翻译成英语，为创立行为主义心理学学派奠定了基础。就在其理论被译成英语的前些年间，另外的科学家也完成了两项开创性的实验。

1911 年，爱德华·李·桑代克第一次就"动物智慧"的问题发表文章。其实他在阐述自己观点时使用"智慧"一词并不恰当，因为这位心理学家坚信动物只能偶然地解决问题，不会思考和推理。他发明了"谜笼实验"，实验所用的笼子都需要用特定的方法才能打开。他将狗或猫关进笼子，在笼子外用一块肉诱惑它们。笼子里的狗或猫郁闷了，一定会想办法出去吃肉，一次次尝试，一次次失败，直到最后找到打开谜笼的关窍。而桑代克认为，这纯属偶然。慢慢地，狗或猫打开笼子所需时间越来越短，也能越来越快地找到逃出生天的法门：例如按一按某个地方。然而桑代克并未因此得出结论说狗也有智力，记得如何解决问题。相反，他认为，有些动物偶然做出一些行为，得到了满意的效果，它们便会重复这些行为，从中获利，这是物竞天择，生存必需。桑代克称之为效果律。

1920 年，约翰·布罗德斯·华生投入到了小艾伯特的实验中。小艾伯特是一个仅 9 个月大的人类宝宝，拿这么小的孩子做实验，说明某些人类研究者的同情心真是少得不能再少了，哪怕是对自己的同类。这位美国心理学家先拿了一只小白鼠给宝宝看，宝宝很喜欢小动物的陪伴。但紧接着，华生又在小婴儿敏感的耳膜旁边用力敲击两块金属条，巨大的噪音让艾伯特哭泣不止。就这样，他在老鼠和让人难受的声音这二者之间建立起因果联系。结果：和巴甫洛夫的狗一样，艾伯特认为只要一见到老鼠就会听到那恐怖的声音。从那以后，他便十分害怕白老鼠。华生首创了人为让人患上某种恐惧症的实验案例。他发誓会消除对小艾伯特的这种心理影响，但没来得及：艾伯特的母亲终止了实验，要回了自己的孩子。华生则创立了行为主义心理学理论：这一心理学流派认为"行为"并非简单的生理反射，而是对于外界环境做出的一系列反应，因此"行为"是可以被操控和设定的。行为主义心理学学派的两位奠基人，华生和桑代克，也奠定了心理学研究中的两大趋势：一是在心理学实验中用动物充当试验品；二是假定那些对动物有用的条件反射，对教育孩子也同样有用。

　　这样的心理学研究，随着马丁·塞利格曼和史蒂夫·梅尔的一系列实验，在1976年达到顶峰。两人的研究源自这样一个问题：对教育来说，体罚是不是有利的？为了回答这个问题，两位美国心理学家用30多只狗进行了电击实验。实验狗被分成两组，每只狗都被一副电击用具固定着，无法动弹。其中一组的狗只要用嘴巴按一按操纵杆，就能中断电击，而另一组的狗只能承受，别无选择。

　　第一组的狗狗在被电击的过程中学会了如何中断电流。随后，它们被转移到笼子里。本来嘴巴一碰操作杆，电击就会停止，但到了笼子里，这招却没用了……笼子中的狗强撑着僵直的身体，最后终于找到新方法：笼子的栅栏很矮，一跳就能跑出去，它就这样逃了出去，成为命运的主人。而第二组的狗狗却束手无策，早已习惯了恐惧与痛苦。就算被转移到笼子里，它们也只是趴在地上，绝望地呻吟，不去想别的办法，甚至都没发现自己是可以逃出去的。之前的条件反射让它们变成了逆来顺受的牺牲品。塞利格曼将这种现象称作"习得性无助"。结论是：习惯了不公之后,就会丧失一切改变现状的能力。

　　苏联这边呢,倒是没有对狗的心理进行剖析,却对狗-机器的身体进行了解剖。1939 年,谢尔盖·谢尔盖耶维奇·布鲁科年科医生将一只狗杀死之后又让它复活了。你们以为这是开玩笑?该实验留下了视频资料。① 这种做法虽说有争议,但至少证明实验的某些细节很可能是真的。当时,布鲁科年科医生刚发明了一台心肺机,那是世界上第一台通过血流泵辅助心肺系统的机器。布鲁科年科医生也是医学界输血治疗的先驱之一。他确实解剖了一只狗,将其器官从活体中分离出来,且分离后的器官还在运作:我们在视频中看到了连接在导管上的肌肉,还在跳动的心脏,还在呼吸的肺。这一切,完全是可能的。然而,在旁边的桌子上,摆放着刚被切下的狗头,狗耳朵听到敲锤子的声音还会竖起来,狗舌头还在努力舔舐着嘴唇,人们刚在它的嘴唇上涂了某种腐蚀性物质。当人们在视频中看到这一切时,作何感想呢? 还有另一只狗,被抽干了血,昏迷不醒 10 分钟后,人们把它自己的血给它输了回去,借助心肺机,将它复活了。看到这一幕,你们又作何感想呢? 这个视频的解说员(多面手空想家约翰·伯登·桑德森)告诉我们,这只狗在实验之后又活了好些年,还成家生子了。

　　在同一时代的苏联,还有许多类似的视频。在一个视频中,一只幼犬的头被移植到一只成年狗的身体上。在另一个视频里有一架自动机,据说,操控这台自动机的,是一只被活体解剖的狗

---

① 《Experiments in the revival of organisms》, https://archive. org/details/0226 _ Experiments_in_the_Revival_of_Organisms_20_36_46_00# (2018 - 05 - 27).

的大脑。20世纪50年代，弗拉基米尔·德米霍夫博士因创造了一只双头犬而举世闻名。据苏联自己的宣传，德米霍夫博士还将一只狗的后半身和另一只狗的前半身嫁接到了一起。你们觉得这是天方夜谭吗？那时的外科手术领域中，官方证实的"世界第一"有十几项：世界上第一颗人造心脏（1937年），第一例心脏移植（1946年），第一例肺移植（1947年），第一例肝移植（1948年）……以及第一例大脑移植（1954年），移植手术的对象在大量的医疗辅助下活了好几周。其实早在1908年，法国人亚力克西·卡雷尔在美国外科医生查尔斯·克劳德·格思里的协助下，就已经尝试过大脑移植，但接受移植的对象在手术后只活了几小时。所有这些第一次，都是在狗身上实验的。

往事如流水。2014年，据法国科研部的统计，法国的大小实验室里有3 000只狗，其中大部分是比格犬，还有许多其他动物，如老鼠、猪、鱼……它们都是实验对象，用来测试药物、疫苗或化妆品。动物权利保护者认为在动物身上做实验是野蛮的行为，而研究界则提出不同意见，说动物实验较之以往已然温和许多，他们从今往后也会尽可能善待这些动物试验品。他们还说，为了帮人类找到某些重大疾病的治疗方法，只能用动物做实验，别无他法。

在《人类起源》（1871年）中，达尔文提出了这样一个问题，他的狗是否也能感受到某种近似于泛神信仰的东西？信仰泛神论的人们会将某些无法解释的东西归因于某种超自然现象。一些人类学家猜想，泛神论正是人类宗教情感的起源：

　　我的狗虽然上了年纪，但脑子却很清醒。有一天，天气很热，四下很安静。它在一片草坪上睡觉。不远处，一阵微风时不时吹起一把撑开的太阳伞。如果伞旁边有人，狗是不会注意此事的。可是伞旁边没有任何人，伞却时不时移动，每次只要伞轻轻一动，狗就像受惊似的发出低沉的叫声，进而大叫。我想，它可能凭直觉很快得出结论，认为这件事的背后有某种神秘力量在起作用。

第十一章

比格犬：万无一失的猎手

缩小版寻血猎犬比格犬

在被猎犬追赶时，让我们一起来思考一下狩猎活动是如何将人和狗联系起来，又是如何为二者都带来好处的。在此过程中，人和狗的生理和行为都得到超乎寻常的改造，一只寻回犬甚至会为了调戏鸭子而扮滑稽相，一个民族居然砍下了国王的头颅。

比格犬：我能闻到他的味道，听见他的声音。他跑得太费劲了，呼吸急促，心跳如雷，双腿哆嗦。他的肾上腺高速运转，分泌出紧张时特有的激素，肾上腺素。他渐渐失去判断力，肾上腺素狂飙，双腿不停地抽筋。他很快就会感受到剧痛来袭。对他来说，这场逃亡已然结束，而对我来说，追了那么久，不过是散散步罢了，还挺惬意的。我的猎物却很气恼。他本以为，我一路跟着他，总会叫两声。而我只是不动声色地跟在他后面，让他出尽洋相。他回头看我，四目相接之际，他惊恐万状。这个像鹿一样飞奔的人类猎物终于倒下了。我完成了任务，心满意足地闭上眼睛。

查尔斯·福斯特是一位喜欢设身处地感受动物生存状态的生物学家。[①] 他曾经努力地像獾、狐狸、水獭一样生活，甚至全程分享雨燕的生活经历。这位生物学家酷爱运动，能在一天之内跑完两场马拉松。他最为引人注目的经历之一，便是将自己想象成

---

① Charles Foster, *Dans la peau d'une bête. Quand un homme tente l'extraordinaire expérience de la vie animale*, 2016, traduit de l'anglais par Thierry Piélat, Paris, JC Lattès, 2017.

一头鹿，体验其生死存亡：体验被一只或好几只猎犬追捕是什么感觉。在回忆这段经历时，他说自己"想吐，心都跳到嗓子眼了，上气不接下气，缺氧"。他恶心想吐，想象自己是一头被追捕的鹿，绞尽脑汁，徒劳地想甩掉身后的猎犬：他走进灯芯草丛，想着锋利的灯芯草叶或许会割破猎犬柔嫩的肉掌；他逆流而上，希望将猎犬敏锐的嗅觉消磨殆尽，其实这根本没用，风一吹，他一路留下的味道便散了几里地，整片河岸都能闻到……

2005年，英国禁止围猎狐狸。而一大群猎犬还在呀，围猎这项珍贵技艺也濒临失传。长跑爱好者火速赶来驰援犬猎爱好者。他们以查尔斯为榜样，自告奋勇地代替狐狸和鹿走上猎场。一篇富于教育意义的报道描述了这场游戏①游戏开场，人先跑45分钟，每位选手都要提供一件贴身衣物，让嗅觉猎犬识别其味道。接着，30只寻血猎犬（在法国也叫圣于贝尔犬）便开始追击三位自愿充当猎物的志愿者。毫无疑问，它们一定会追上这三个人的。长跑爱好者有福了，猎犬们为他们带来一次长跑盛宴。这些猎犬体格高大，但脾气很好，身上的肌肉都有60公斤重，一对长耳朵耷拉着，嘴巴很皱，额头上也有几道很深的皱纹，这些皱纹太深了，看起来就像戴了一副喜剧面具。它们的祖先是古代贵族精英的突击队员，训练有素，能使骑兵跌落马下，扰乱敌军行动；它们是屠夫，围猎时，将筋疲力尽的野猪团团围住，尔后朝猎人大叫示意；它们还是杀害阿兹特克人的刽子手和抓捕逃奴的追踪高手。

---

① Anonyme, «Un flair infaillible», in collectif. *Des chiens et des hommes. Les plus beaux reportages du magazine Dogs à travers le monde.*

但这些都是过去的事了，现在它们之所以被人类选中，反倒是因为天性温和。

查尔斯说这是返祖现象，是关于他人类祖先的记忆。300万年前，他的人类祖先也在非洲热带草原上追逐猎物，而他们自己可能是其他猎食者的猎物，比如鬣狗或巨大的狮子。他还指出，鹿科动物之所以存续下来，是大自然选择的结果：在英国，为从狼嘴下逃生，一代又一代的鹿学会了奔跑。当一群野狗朝着一只鹿逼近时，鹿有好几种选择。其中之一便是立刻逃跑，避开等待它的伏击，全速甩掉追捕者：鹿和猎食者的交锋对峙大多以此告终。如果是一头雄鹿，那它也可以留下来正面对抗，且逃生的机会很大。狼不喜欢正面战斗：一来，自己可能会受伤；二来，面对太顽强的猎物，它通常不会恋战。只有那些最弱小的动物和反刍类动物（牛、羊、骆驼等）中最不聪明的那些，才会死在狼爪之下。

而面对猎犬，任何一只鹿都没有一丁点逃生的机会，因为猎犬从不放弃。灰狼如果跑上几百米还抓不到猎物，就会停下来，保存体力，另寻机会。鹿的基因决定了它天生就比狼跑得稍快一些，时间稍长一点。而猎犬则是人类后天选育出来的，可以让奔跑的猎物精疲力竭，需要的话，还可以追着猎物一气跑上几十千米不停歇。48小时以内的踪迹，哪怕是被雨水冲刷过，它的鼻子都可以辨别出来。它的大脑可以滤掉任何分散注意力、让主人不高兴的东西，它不会跑去岔道上追刚刚在路上偶遇的一只冒失的兔崽子。它无论吃什么，都能吃得很饱，不管消耗多少能量都没关系。它是终极猎食者，四足动物界的尼姆罗德。

嗅觉高手

在谈到狗的嗅觉时，为了生动地描绘狗鼻子的生理构造和功能，亚历山德拉·霍罗威茨以我为例，给出了一个解释。[1] 我是一只比格犬，缩小版寻血猎犬，毛色比寻血猎犬更丰富。我的秘密？想成为一名嗅觉高手，首先嘴巴要够长，口鼻周围的骨节要够突出。每一种味道，都是由飘浮在空中的分子构成的，而这些分子带有某种难以察觉的芳香，只有我们才能识别。我们口鼻部的皮肤很特别，满是褶皱，这些褶皱像无尽的迷宫一样延展开来，构成无数个嗅觉信息接收器：一根毛和几个细胞就能构成这样一个接收器，毛负责接收味道，细胞则对味道进行分析。人的鼻子容纳了 500~600 万这样的嗅觉信息接收器。而我们比格犬的鼻子里则有 3 亿之多，比牧羊犬的平均水平还多出三分之一。当然，我们的鼻子还配备有处理嗅觉信息的特殊基因密码、嗅觉神经元和感应气味微小区别的细胞……我们的器官构造生来就是为了更好地收集气味分子的。特别是我们的鼻孔是可移动的，能对气味来源方位进行三角测量。还可以连续数次（3~7 次）吸气，始终与气味保持紧密接触，也不会产生嗅觉疲劳。气味一股一股地传到我们的鼻子里，一点一点地积聚起来，积聚到一定程度，我们的鼻子便可过滤和破解出气味中的精华信息。你们人类闻到

---

[1] Alexandra Horowitz, *Dans la peau d'un chien*, 2009, traduit de l'anglais (États-Unis) par Christophe Rosson, Paris, Flammarion, 2009, rééd. 2011. 详见 Stanley Coren, *Comment parler chien. Maîtriser l'art de la communication eutre les chiens et les hommes*。

不好的霉味会避而远之，对吧？我们比格犬闻到任何一种味道，都会立即更新气味数据库。我们会时时更新数据库，对其中的味道，谈不上喜欢，也谈不上不喜欢。除了那些可能会同某些特殊意义和回忆联系起来的味道：啊！发情母狗尿尿的味道，可真上头啊！

在本章最开头的故事中，我正是通过这样的方式识别出跑步人留下的微不可察的气味的，尽管他的鞋底是橡胶做的，有橡胶味。亚历山德拉总结道：

面对一个门把手，我们人类很有可能什么都闻不出来。而比格犬呢，却可以闻出蛛丝马迹：科学家认为它的嗅觉比人类的嗅觉要敏锐几百万倍。跟狗比起来，人类就像是丧失或削弱了嗅觉的动物。人类也许可以感觉到一杯黑咖啡里混了一勺加糖咖啡；而狗，即使将这一勺加糖咖啡稀释到两个奥运会泳池的水量中，也能精准辨别其中的糖量。

还没看到世界之前，我们就先闻到它了。我们最先闻到的，是妈妈热乎乎的身上那股特别的气味，那时候我们看不见，闻着那股气味，摸索着寻找妈妈的乳房。从一生下来，我们就开始通过嗅觉感知世界。你们可以说，我们感知的世界是四维的。要理解我们的心灵世界，不妨先想想，作为你们人类信息的主要来源，视觉是如何在你们的世界运作的：你们的眼睛，是在三维空间中按时间先后看见物体的。看到我向你们跑来，还有 200 米的时候，你们的大脑就会自动分析我的速度是多少，几秒后能跑到你们脚下。而我呢，却是用嗅觉感知你们的，我能记住每一种味道存在的瞬间，时光流逝，而你们的味道一直都存在我的鼻孔里。我们不依靠视觉感知世界，于我们而言，万物不会随着时间先来后到，渐行渐远，我们能感受万物飘浮的分子，它们走遍了我们口鼻处那座感觉的迷宫。于我而言，只要闻到你们的气味，便知你们在哪儿。哪怕你们不辞劳苦想摆脱我，跑得离我有 20 千米远，对我来说，跟上你们的踪迹也跟玩儿似的。一路上，我的鼻子里都是你们的气息，那个明显哟，就像一条沥青大路摆在你们眼前那样，一清二楚。看见那朵玫瑰了吗？你们要摘下它才能一亲芳泽？而我，在你们折断花茎的那一刻，已然深深感受到植物被折断时爆发出来的化学物质，已然感受到这株受伤的植物从伤口蔓延出的腐坏味道，已然闻到悄然开始的分解过程，玫瑰缓慢的衰败过程，这一切统统逃不过我的鼻子。如果你们将摘下的花朵扔到地上，三天后我再经过此地，依然能回忆起摘花时你们手上分子的气息，一切都留在凋谢的花朵上呢。

这就是为什么人类战士离不开我们。美国军队曾做过测试，看哪种动物嗅觉最好，我们包揽了冠军。在所有被测试的动物中，只有我们胜过电子鼻，在任何情况下都能检测出塑料地雷，哪怕它埋在地下数月之久，或在地面上浇汽油，所在之处被焚烧，或是人们在其中放入其他弹药类的易爆物品。

"大狩猎"

不敢肯定，我们的祖先，即第一批被驯化的狗，是否直接参加了初民的狩猎活动，但有一点可以肯定：正是人与狗这两位超级猎手的高度合作，让我们狗一步步被驯化。因此，狗帮助人类追捕各种动物，至少有一万年的历史了。就像西班牙和阿拉伯的岩画描绘的那样，猎人手持弓箭和投枪，和狗一起追捕着鹿和山羊，那时的狗已经能将猎物赶向猎人了。某些研究原始人（如卡拉哈里的桑族人）的人类学家甚至断言，和狗一起打猎的猎人，收获的猎物是其他猎人的三倍。我们十八般武艺样样精通，无一不有助于人类提高打猎效率：嗅、看、听，锁定猎物；将猎物赶到猎人手中；追捕猎物（把它追得筋疲力尽，走投无路，你们只需要最后给它致命一击）；捕杀猎物（这一步我们也代劳了）；指示猎物（一只爪子悬空，默默指出猎物藏身之所）；让飞禽升空；钻洞猎兔、猎狐等；寻回猎物（找到被你们击中的禽类并带回来）……我们的作用实在太大了，少了我们，有些特殊的狩猎活动可能根本无法进行。

在前面的故事中，看门犬和猎兔犬在它们的讲述中已然提到一些古代作家。如色诺芬，24 个世纪前，他创作了两部专论，一部是关于战争的，另一部是关于政府的，其间，他还写了《狩猎术》，或曰《和狗一起打猎的艺术》。自色诺芬起，你们人类最优秀的作家便开始书写我们狗的狩猎才能，佳作频出，蔚为大观：瓦龙、普鲁塔克、西里西亚的奥比安、老普林尼……

他们为何对猎犬如此痴迷？那些更为实用的狗，如看守犬或护羊犬，文人墨客写得很少；流浪犬清理垃圾，他们只字未提；獒犬骁勇善战，他们居然也没写出个什么名堂，许是因为獒犬更像雇佣兵，不受贵族骑士待见。再有，那些著书立说之人多属上层人士，其所写皆为贵族与上层读者关心之物，在他们的世界里，狩猎、战争和政府都是精英才能触碰的话题。正因如此，中世纪时，最受肯定的狗是猎兔犬、嗅觉猎犬和寻回犬。在战争年代，参军是精英人士的特权；在和平时期，这种特权则变成打猎。把猎物打回来，倒不一定是为了享用，虽然食用猎物经常有着很重要的象征意义。除了单纯的娱乐，贵族行猎也是为战争做准备。人们会直接用陷阱、毒药杀死他们真正想消灭的动物，例如灰狼。但他们不会直接杀死鹿、野猪等，这可是贵族的猎物，要将其团团围住，吹响号角，享受围猎的过程：召集一群猎犬，必要时发动村民，搜寻猎物，如侦察战场一般，随后将猎物逼到某处，最好是有水的地方。就位之后，亮兵器吧，单打独斗。贵族就是这样体验战场上的决战时刻的，只不过他们在猎场上面对的是动物，要么已然受伤，要么还很危险，猎场如战场，撕敌之际，刀剑无眼，可能伤到敌人，也可能被敌人所伤。

很久之后，中世纪时，教会开始限制狩猎活动。许多圣徒也开始被塑造成反狩猎的斗士，例如著名的圣普拉西德。在 12 世纪的英国，戈德里克·德·达勒姆从拉莫夫主教的猎犬嘴下救下一头鹿。早在一个世纪前，坎特伯雷的圣安塞姆，就是那个提倡大家一致限制大型犬的圣安塞姆，已然将一群寻血猎犬驯成了沙龙里的宠物狗，它们专心舔着圣安塞姆的脚，兔子从眼皮底下跑过也不知道。无论是圣马丁，还是圣布伦丹，一旦有圣徒出场，再好的猎犬也会奇迹般地迷失自我。晚近时候，大约从 15 世纪开始，就流传着类似的故事，其中一个故事的主角，便是骄傲的圣于贝尔。在故事中,这个傲慢的年轻人居然在圣周礼拜五(耶稣受难日)行猎,结果遇到一头鹿,鹿角上有一个带耶稣圣像的十字架。鹿威胁他,说他会下地狱,重生后会成为主教和圣徒,于贝尔被吓得魂飞魄散。其实这个故事属于伪经。圣徒于贝尔确有其人,但他是7世纪的法兰克贵族,这个故事的主人公最初也不是他,而是一个名叫厄斯塔什的圣徒,此人早在罗马皇帝图拉真统治时代便已殉教牺牲。到了15世纪,圣于贝尔城出产优质猎犬,其才能连法王路易十一都赞许不已。圣于贝尔也许就是从那时开始被赋予庇佑猎人的角色。圣徒于贝尔的传说就像广告一样,确保圣于贝尔城的猎犬养殖事业长盛不衰。据说圣徒于贝尔还能保护人和狗不受狂犬病侵害,并因此颇具盛名。

与圣于贝尔的传说相似的,还有"大狩猎"①传说。其实无非是老套的破戒渎神的故事。例如某位庄园主做弥撒时听到狩猎号角响起,为了享受杀戮之乐,便舍弃了上帝的事业,结果他的整个庄园被一场超自然风暴洗掠一空。从那以后,这位庄园主,以及他的狗、马、仆人们便阴魂不散,每每成群出没,化作一股阴恻恻的旋风,所到之处,叫人胆战心惊。这个神话所营造的恐怖氛围带有迷信色彩,既象征着农民对庄园主的惧怕,又象征着教会人士对异教传说的反感,即便是已然被基督教改造过的传说。这个故事原本的核心内涵是日耳曼古老的泛神论思想,"大狩猎"也

---

① "大狩猎"(La Mesnie Hellequin)此概念在中欧和北欧地区流传甚广,原指地狱之妖魔鬼怪集结起来侵扰人间的活动。法文的 Hellequin 源自德语 Höllenkönig,意指德国神话故事中的地狱之王。——译者注

一度和北欧神话中的众神之王沃坦神紧密相连。

苏亚尔后裔

文艺复兴时期，在欧洲大部分地区，狩猎属贵族特权，这不言而喻。平民偷猎被抓，要交大笔罚金，甚至有可能被处死，其猎犬则要被砍去四肢。在法国，这一传统甚至被法制化，自 1396 年起，法王查理六世颁布了一道重要法令，禁止平民到有着丰富猎物的森林中狩猎，哪怕这林子是自家的也不行。贵族企图将有着丰富猎物的森林据为己有，这与传统风俗发生了激烈冲突，因为一直以来，每个自由人，无论是不是贵族，都享有开发利用山林资源的权利。自该法令颁布后，与之相关的争端诉讼从未间断。

人文主义愈是发达，人们就愈是钟爱古风。因此，在文艺复兴时期的城堡里，常能见到这样一幅壁画，一个取自公元一世纪古罗马诗人奥维德的经典作品《变形记》的神话传说：阿克泰翁是一位冥顽不灵的猎人，某天狩猎时惊扰了在林中沐浴的狄安娜。狩猎女神羞愤交加，将这冒失鬼变成了一头鹿。你们瞧，画上的这头鹿正是阿克泰翁，他翻山越岭亡命逃生，身后追赶他的，却是那群他自己带来打猎的狗，一群突然被仇恨蒙蔽了眼睛的狗。在奥维德的故事原文中，这群猎犬中有好几只都有名字、有特性："嗅觉灵敏的墨兰普斯和伊奇诺贝茨"，它们发出叫声告诉同伴，鹿在前方；"快如闪电的普特雷拉斯和莱西斯"，以及"一路追逐、不知疲倦的阿约洛"；潘帕戈斯、多尔切斯、奥里巴苏斯、阿卡迪亚斯，人们猜想它们是獒犬；阿格里"因嗅觉灵敏而备受珍爱"；埃梅尼斯"曾是牧羊犬"；看门犬阿布索鲁斯浑身黑毛。猎犬角色分工各不相同，应有尽有。它们身上还体现出犬种改良的技术，例如纳普，它是狼的后裔，而拉布罗斯和阿格里多斯则是杂交犬。无论是古罗马时代，还是文艺复兴时代，这些犬种改良技术都是有意义的。当然，也有一些纯种犬，它们拥有某些特殊的狩猎技能。中世纪晚期，一些关于狩猎的文论中也有与之相关的描述，如亨利·德·费里埃于1354—1377年写就的《娱乐宝典》，以及加斯东·菲布斯于1389年出版的《猎之书》①。再例如，猎血犬，也叫布拉可犬，它的任务是找到被箭射伤的猎物。还有赶山犬（将猎物从洞穴中驱赶出来），即人们常说的西班牙种猎犬，它们能将猎隼扑落的鸟类寻回交给猎人。

据说历史上有不少国王喜爱狩猎，法王弗朗索瓦一世更是痴迷此道。他执政之初就立法，让自己享有某些森林的狩猎权。他大兴土木，在偏远处修建小城堡，名曰狩猎别院。为了狩猎，他可以带着猎犬群迢迢跋涉，消失数月不见踪迹。他的猎犬可都是精挑细选的。在晚些时候出现的狩猎专论里，如1561年雅克·迪富尤的《犬猎》和1665年罗贝尔·德·萨尔诺夫的《皇家犬猎》，人们确定了最常见的四种猎犬，它们以捕猎时嗅觉灵敏而闻名：白色猎犬、黑色猎犬、灰色猎犬和浅黄色猎犬。和猎犬界那几只

---

① 参见 Sandrine Pagenot, «La représentation des chiens dans les premiers manuscrits enluminés de deux traités de chasse français du Moyen Âge (fin du XIVe siècle)», in Fabrice Guizard, Corinne Beck (dir.), *Une bête parmi les hommes: le chien. De la domestication à l'anthropomorphisme*, Amiens, Encrage Éditions, 2014。

赫赫有名的大猎犬一样，这几种猎犬的家世也十分清楚。白色这一脉，是大猎犬苏亚尔的后裔，苏亚尔是被送给路易十一的礼物，它和布列塔尼的一只浅黄色雌性猎犬波德交配，它们的一个孩子又同意大利的一只白色和浅黄色短毛垂耳猎犬杂交，生出了格雷菲耶，这是一只白色猎犬，肩部有浅黄色斑纹，"特别擅长捕鹿"①。格雷菲耶的后代都是无与伦比的猎手，弗朗索瓦一世曾下令将这一脉与另一只浅黄色猎犬杂交。法王亨利二世治下，为了改良犬种，这一脉又和苏格兰的一只白色猎犬杂交，之后的法王查理九世对这一脉猎犬亦赞赏不已。欧洲王室的狗，和它们的主人一样，都是近亲繁殖。

猎犬革命

随着皇权的集中和中央集权的巩固，从 17 世纪开始，欧洲涌现出一批民族国家。这是西欧的现代化之路。伴随这条道路的，还有其他一些大事件，如资本主义的诞生、殖民化进程、工业化进程，这一切让整个西方在 19 世纪称霸世界。而我们猎犬，则陪伴世界霸主经历了整个现代化进程。接下来，我将为你们讲述发生在英国的故事。要知道，英国是第一个实现现代化的国家，英国人最先根除灰狼，比其他欧洲国家都早，同样也是在英国，君王们首度为狩猎之欢而大肆砍伐森林。

---

① 参见 Philippe Salvadori, *La Chasse sous l'Ancien Régime*, Paris, Fayard, 1996; Joan Pieragnoli, *La Cour de France et ses animaux（XVIᵉ-XVIIᵉ siècles）*, Paris, PUF, 2016。

故事①正好发生在英国资产阶级革命（1642—1651年）三次内战爆发前夕（前面提到过的恶魔博伊、英国骑兵的贵宾犬，就参加了这三次内战）。英王查理一世的父亲，英王雅克一世，和弗朗索瓦一世有许多相似之处，其中之一，便是二人都毫无节制地痴迷于狩猎，且都坚信自己是天选之君，治理国家自可随心所欲。在雅克一世之前，贵族狩猎无伤大雅，无非是为爵爷们的宴席上添几道佳肴。而在当时的法国，王贵狩猎，团队浩大已成标配，英王雅克受此影响，狩猎亦大行奢华炫耀之能事。在他之前，贵族只在皇家猎苑或自家林地中打猎，有猎物出没其中，方才挽弓搭箭、瞄准射击，击中后，由仆人或家犬将猎物取回。雅克一世继位后，便下令开始围猎，每每出动几百名骑兵、猎犬。在雅克一世看来，打猎嘛，就是要四处围捕，猎物跑到哪里就追到哪里：无论是自家的林子，还是公家的牧场，但凡有必要，践踏农人的庄稼地也没什么大不了的。

雅克一世疯狂模仿法国的狩猎模式，让人给自己进贡猎犬、长矛，甚至让人从法国送来鹿供狩猎之用。他还为自己建造了一座养犬场，这座养犬场后来家喻户晓，里面豢养着各种猎犬，有身形巨大的爱尔兰猎兔犬或称猎狼犬和身手敏捷的苏格兰猎兔犬或称猎鹿犬，有擅长猎兔的哈利犬（一种英国追猎犬，样子很像比格犬），也有皮毛防水的猎獭犬（也叫奥德犬），以及塞特猎犬和西

---

① 参见 Stanley Coren, *The Pawprints of History. Dogs and the Course of Human Events*。

班牙种长毛垂耳猎犬,后者能将猎隼咬死的鸟类取回,还有一些水犬和梗犬。以上这些还只是你们知道的猎犬品种,那个时代的人还提到许多其他品种,它们现在已经灭绝了,灭绝的这几种,有点像法国的阿兰犬、獒犬和猎猪犬,它们在英文中对应的名字分别是 lianhound、sleuthhound 和 boarhound,都是"力量型犬种",可与鹿和野猪搏斗。

强力推行法式狩猎,却不提前强化相关法律法规,事实证明,这是一个错误。雅克一世总喜欢骑在马上,这个癖好可能是为了遮丑,他腿上有残疾,走起路来样子有些滑稽。他打猎毁掉了农民的耕地,还常常发动农民帮他把猎物从林子里赶出来,农民对他心怀不满;他征用贵族的宅子,每每追捕猎物群,长途跋涉之后,习惯就近在贵族家过夜,碰见谁家就该谁家倒霉,贵族也是怨声载道。某日,他最钟爱的猎犬之一乔勒被绑架了。翌日,乔勒又自己回来了,还捎来一封信:"亲爱的乔勒大人啊,陛下天天听您说话,却从不听我们讲,请您转告陛下,必须马上回伦敦,否则国家就要灭亡了。所有的军需物资都给了他,军队这边已经坚持不下去了。"雅克一世读完信哈哈大笑,只当是个玩笑。

这般境况,别说人了,就是狗也饱受折磨。只要国王看上哪只狗,就一定会将其据为己有,因为他早已强制颁布一系列法令,让自己能"合法"控制猎兔犬和獒犬的所有权。只要国王喜欢,任何一位猎犬主人都有可能失去自己的狗伙伴。国王甚至任命了两位重要官员,专门为他搜罗天下好狗:亨利·迈纳斯跑遍全国,不放过任何一只有可能讨国王欢心的狗,而爱德华·艾莱恩则负责搜刮大小农庄，搜罗大看门犬，以便王公贵族在狩猎途中，兴之所至，随时能观看他们最喜爱的表演：斗牛、熊与大看门犬对打。这些狗都是每天从各家各户征用来的，只为上演相互残杀的戏码。征用私人猎犬时，士兵常常被打，争端不断。百姓的不满情绪愈演愈烈。国会议员中的清教徒徒劳地提醒着，狩猎是一种原罪。查理一世继位之后走上父亲的老路。他一继位就干了几件事，其中一件便是把奥利弗·克伦威尔父亲的猎犬群抢了过来。当时，克伦威尔的老父亲身份卑微，虽心有愤懑，但他的猎犬还是被全副武装的巡逻队给没收了。查理一世还强占了一些森林，并颁布法令，说所有生活在其猎苑附近的大型犬都可能对其造成威胁。自此，国王的护林官还得惩处所有不小心跑到皇家森林附近的猛犬，而大大小小的皇家森林何其多，这些狗都要被斩去足趾，挑断脚筋，这样一来，狗不能再跑，也不能追逐猎物了。这种残暴的统治氛围，也是后来战争爆发的导火索，导致了英国的第一次资产阶级革命：1649 年，查理一世被送上断头台。

英国从 18 世纪开始成为海上霸主。随着英国的海外扩张，越来越多的水犬走向世界。纽芬兰犬和包括拉布拉多犬在内的寻回犬（现如今，官方认证的寻回犬共有 6 种）被送上船，扬帆远航。[1] 船上的狗要灭鼠，供水手消遣，最重要的是，还必须不怕水。这些狗多是经过杂交的，来自北美东海岸的殖民地，皮毛防水，它们很快就出现在全世界航海人的旅途中。然而，它们之所以能获

---

[1] 此处提到的这些犬种是怎样被创造出来的，详见 Philippe de Wailly, Christel Rollinat, *Labrador, golden et autres retrievers*, Paris, Solar, 1998。

得大家的一致认同，最重要的原因是它们钟爱跳水和游泳。无论水多冷，浪多高，这些大型犬都很乐意下海抓鱼（有些狗一天可以抓十几条鱼，抓了又不喜欢吃），它们最喜欢的，就是将所有漂浮在海上的东西捡回来，包括遭遇海难的落水人。所以啊，拿破仑虽然很少出海，但这少有的几次总能偶遇一只纽芬兰犬，救他于危难之中。

游泳健将纽芬兰犬

寻回犬亲水，不管水里有啥，它都会捡回来，因此得了个"寻回"的名字。与此同时，寻回犬也见证了枪猎的发展历程：水禽猎物被枪击中后，落在沼泽地中，怎么才能取回来呢？人们将纽芬兰犬和西班牙种长毛垂耳猎犬杂交，后者最擅长"标记"，即精准定位猎物掉落之处。一直到拿破仑时代，枪猎法都未出现，猎人都用训练有素的猛禽来猎杀空中飞翔的禽鸟，并让其自由坠落,寻回犬则会本能地衔回猎物,哪怕需要跳进刺骨的冰水里,它也一往无前,只为将那血淋淋的、还在抽动的水鸟带回来交给主人。寻回犬嘴里叼着猎物,饥肠辘辘,五脏六腑的每个细胞都在叫嚣着,鼓励它吃掉这从天而降的礼物,它却能规规矩矩,把猎物完好无损地衔回来!官方认证的6种寻回犬中,有一种与众不同,脾气特别好,那便是新斯科舍猎鸭寻回犬,它是家庭开心果。据说,猎人曾观察狐狸捕鸭子的过程,为了将湖心的鸭子引到岸上来,狐狸真是使出了浑身解数:在陡峭的湖岸上来回跑,追着自己尾巴转圈,一次次摔倒引人发笑,做个空翻的动作吧,还不成功,总之就是装傻、卖萌、扮丑。而这一套居然挺管用,猎人便训练狗来如法炮制。因此,新斯科舍猎鸭寻回犬是唯一在猎人放枪之前就要开始工作的寻回犬,它得像小丑一样取笑逗乐,把鸭子引上岸来。一番折腾之后,它也还得像其他寻回犬一样把猎物叼回来,只要猎人的枪法稍微准一些。

　　故事讲到最后,总结一下吧。借用一句菲利普·萨尔瓦多里用过的话,这句话也是他从古希腊作家那里借用过来的。对于狗仅凭一己之力就能助他发现、赶出、追踪、抓捕、猎杀、取回其他任何猎物,他不禁感叹:"狩猎之术,即御犬之术。"

第三部分

人类如何塑造我们

第十二章

比熊犬：犬种的创造

人造版卖萌公主比熊犬

当"旋风犬"在壁炉台上累死累活时，雌性小比熊正品尝着主人的菜肴，它在烤肉叉的另一端：毛发丝滑，洁白如雪，像漫画中的公主一样，小鼻子，大眼睛。人类准备好了要改造世界，而这一切从控制他们的狗的身体开始。

王牌撒手锏：可爱

比熊犬：今天真把我累坏了。穿上外套，急匆匆就出了门，平日里，我每天早上也出门散步、如厕，但都没这么急。公园里逛逛就得了，怎么还继续走，还走那么远。我不乐意了，绷直身子，四条腿用力趴在地上，都打弯了，就是不往前走，反向扯着牵狗绳，勒得自个儿脖子疼。停滞不前，自然少不了挨训。我抬起头，睁大眼睛望着主人，用眼神撩一下她，随后我便放心了。我敢肯定，我的主人老太太还是对我言听计从的。好吧，去就去吧，不就是洗个澡吗，反正怎么去，走多快，都是我说了算。没过多久，我就率先闻到一股斗牛犬的味道，这味道来自街的另一头。又过了一会儿，我的女主人才闻到这味儿，牵着我换了一条人行道，免得碰上它们。其实这些斗牛犬也被狗绳拴着呢，它们的主人都是年轻人，在楼底或街角抽烟。它们也不会伤害我。我们也许还能玩到一块儿，佯装打闹，但还是指望下辈子吧。

避开斗牛犬之后，我们重新穿过马路，进了一家味道很难闻的店。接着，我被折磨了好久，又是沐浴液，又是烘干，又是刷毛的,还要剪指甲和洁牙。还有人在我身上到处乱摸。摸就摸吧,谁叫几千年前我的祖先就和人类签了契约呢。无论发生什么事,只要我们逆来顺受,便可衣食无忧。

文艺复兴时代,每逢宴席,人们便会清楚地发现三种狗。最低等的一种狗,是在高墙大院之外可怜乞食的流浪狗。如果桌上有剩菜,而主人家的下属——比如男仆、女佣和其他一些穷苦大众——已经吃饱了,就会将残羹冷炙丢给臭水沟里的流浪狗,让它们自己去抢。第二种狗自食其力,以劳动换取食物,比如关在狗舍里的猎兔犬,或前面提到的转动烤肉铁叉的"旋风犬"巴吉度猎犬。而我,比熊犬,都不拿正眼瞧这些平民的。我在主人的桌子上,居高临下,地位尊贵,睥睨众生,和贵族一起共享佳肴。三种狗里面,我的地位无疑是最高的。在这个世界里,我是所有权贵的心头好,与他们亲密无间。

我们这个犬种家族有很多成员,但无论是骑士查理士王小猎犬还是中国斗牛犬,博美犬还是蝴蝶犬,吉娃娃还是约克夏犬,无论它是一身长卷毛还是短毛(头部有长毛装饰,如中国狮子犬),我们都一直是倾倒众生的小爱犬。天啊!拜托,可别拿那些加了香精的炸丸子来糊弄我,那是三文鱼边角料做的呀!你们说这东西营养均衡,动物蛋白超多,但你们怎么不说那里面是啥?三文鱼最好的部分都被剔走了,清理肉案时,把剩下的残渣收集起来,回收利用做这炸丸子:边角料捣碎,高温杀菌,化学防腐剂沉淀原料,加入面粉和油脂,掺些精纯谷物粉末,口感更细滑,再掺些香味添加剂,越吃越上瘾……这东西给狗吃正合适。可我,我是比熊啊！人类最早的长毛绒玩具,宠物犬祖师爷啊！我向来都值得拥有最好的。

"卡哇伊"约克夏犬

我能看出你们眼睛里的疑惑,我都不记得人们问过我多少遍这个问题：为何我能俘获你们的芳心,为何你们总是为我倾倒？其实日本人早已给出了最好的答案。日语中有一个词,人们总把它当成'可爱'的同义词,等闲用之,使其原本丰富的词义变得贫乏：卡哇伊(Kawaii),发音时一定要将尾音拖长,余音袅袅,笑逐颜开大眼萌。深吸一口气,保持住这个表情,慢慢转向镜子,你就能看到一张如婴儿般满足幸福的脸。答案就在其中,造物主赋予我们的秘诀。在所有犬种中,我们比熊犬是最像小婴儿的,也是幼态保持最久的。这也是我们如此讨人喜欢的原因,能让你们的情感系统沦陷啊！人类在进化过程中，早已设定好自己的情感系统，一定会照顾、养育幼童。让我们回到史前时代。早在那时，人类很有可能就已运用其拔群的天分，发明出一套合作互惠、集体养育幼童的方法。人类幼童弱小可欺，且幼年期比较长，如果没有这种集体抚育机制，在那个危险的世界中，孩子们可能根本活不到成年。一个人类幼童至少需要 12 年的时间才能完全自立。而我们狗，还有大部分的哺乳动物，只需要 2 个月时间便可独立生活。所以人类想要存续，就必须保证你们的孩子能受到集体中每个成员的保护。这就是为何人类的情感系统在收到与孩童相关的信号时尤其脆弱。孩子们胖乎乎的脸蛋，会激发人脑中的某种东西，就像触发了某个开关，促使你们去照顾这些孩子，哪怕这不是自己的孩子。

　　你们还记得狐狸的教训吧。你们曾用同样的方式驯化我们狗，并让我们一直处于少年状态。绝大部分犬种的创造，都是在驯化过程中让狗被迫保持青少年状态的结果，如此，人类才能享有对它们的权威。而我们比熊犬则干脆保持了幼儿状态，也是因为你们想让我们这样，我们可爱，才被你们选中的。正因如此，我和我的同胞们，只需要一个眼神，就能让人类爱上我们稚气的容貌：鼻子短而小巧，眼睛大而充满信赖，耳朵精致可爱，小牙齿像珍珠一样，四条小短腿，毛发丝滑，永远一副无忧无虑的样子。长成这样有什么不好吗？和其他狗在一起时，可能不怎么好吧。大家知道，在某种程度上，狼，其实就是未经驯服、顺利进化到成年的狗，它能读懂更多信号。一般来讲，越接近狼的狗，和同类的交流方式就越丰富；相反，越是处于幼态的狗，就越难和同类好好交流。[1] 就好比一个孩子一直处在 5 岁的状态，你却要他去从政，可能吗？这也是为何，我们比熊犬有时搞不清楚状况，在比我们更强的狗面前也止不住大叫。

奥地利和美国研究者的一项调查显示，我们可能是史上最磨人的狗。[2] 保罗·麦格里维和他的同事在研究中列举了一个"讨嫌"行为清单，当然"讨嫌"的标准完全是站在人类的立场上制定的：喜欢跳到人腿上，独处时随地小便，缠着人要吃的，让它消停一会儿，它绝不会听，行事反应让人始料不及，生活不能自理，连自己捕食充饥的天性都丧失了……研究者随后建立了一些数据，揭示了狗的这些行为出现的频率与其身形大小和头部形状之间的关联。简而言之：狗的身形越小，头部越宽，口鼻部越短，就越接近那典型的小瘟神、幼稚鬼，超级好动，不听话，一旦被抛弃就没办法养活自己。但越是这样的狗，就越能察言观色、善解人意：实际上，正因为我们是短圆宽头型动物，两只眼睛才能处于同一水平线上，就像人类一样，虽然侧翼视力没有口鼻修长的狼那么好，但我们的面相与人相仿。你们的手指指向哪儿，我们就去哪儿，也更能读懂主人的眼神，在这方面，我们比狼强多了。

---

[1] 参见 Deborah Goodwin, John Brad-shaw et Stephen Wickens, synthétisés par Stanley Coren, *Comment parler chien. Maîtriser l'art de la communication eutre les chiens et les hommes*, p. 340 et suiv。

[2] Paul D. McGreevy *et al.*, «Dog behavior co-varies with height, bodyweight and skull shape», *Plos One*, 2013 - 12 - 16, http://journals.plos.org/plosone/article?id = 10.137/journal.pone.0080529（2018 - 06 - 02）.

人们总相信眼睛不会说谎，但人眼很特殊。在所有动物中，人的眼球的巩膜，也就是你们所说的眼白部分，是最大的。这层白色膜状物处于眼球壁外层，眼球壁中层则是虹膜，这层有色环状膜的中央，便是瞳孔。人的眼白部分之所以异乎寻常地大，是因为你们通过瞳孔的放大或缩小，能适应移动的视觉目标。与此相反，大部分其他哺乳动物却只能转动头部，才能用目光追踪移动中的物体。因此，我们狗理解人类的主要手段之一，便利用了人眼这一生理特征：只要观察人类的眼睛，便能知道你们目光所涉的方向。有一些魔术师也发现了这一点，对其加以利用，吹牛说自己的狗学识渊博，能听懂人话。他们让狗上台表演：去，从那一堆乱糟糟的东西里，把红色茶杯找出来。可是一只狗，最多只能区分一个茶杯和一个球的不同，却无法辨认红色与黄色或者栗色的区别！它只能靠观察主人的眼睛，仔细辨认这个江湖骗子的眼光往哪儿瞄，它便能在观众的掌声中朝着正确目标走去。

瞳孔，是人类交际的重要工具。瞳孔放大，说明人的情感强烈，兴趣浓厚：这是一个男人最喜欢在女人眼里看到的。这也是为何，从文艺复兴一直到 19 世纪，都有些女士喜欢在身上抹一层淡淡的颠茄汁液，让自己变得更有诱惑力。颠茄是一种有毒的植物，能让人瞳孔放大，其名来自意大利语 belladona，意为美丽的女人。我们宠物犬呢，在同一时期已经很流行了，例如比熊犬、中国斗牛犬、日本池英犬、骑士查理士王小猎犬以及中国狮子犬。我们都经历了一个犬种选育的过程，此番改造后，相对于我们的头骨大小而言,我们的眼睛太大了,活脱脱漫画中的主人公,那大大的眼珠仿佛盛满了爱意,都要溢出来了。只有我们这些可爱的比熊犬才能与猫媲美,迷死人不偿命。人类的认知力已经发展到一个全新阶段,表达情感,必须在网上传照片,狂"点赞",而在照片获赞这一点上,只有我们比熊犬能与猫一较高下。

弗兰肯斯坦的孩子

然而,"卡哇伊"并不是万能的。就以机器狗为例吧,据说它有可能代替我,成为人类的宠物犬。首台在市面上发售的机器狗,名叫"爱宝",由日本电子产业巨头索尼公司制造。自 2000 年首次发售以来,"爱宝"一直在不断升级,获得新生。它形似一只小狗,行为举止也似一只小狗,喜欢被爱抚,一声令下,它就摇尾巴,扔个玩具,马上去追,又圆又大的眼睛里,满满都是人工合成的"情感"。另外,人们还确定它不会咬人,不会随地大小便,要是累了,自己就知道回充电器去充电。然而,它距离真正的宠物狗还有一步之遥,这也是让人类担心的一步。当人类面对一个根本无法确认到底是人还是机器的机器人时,该怎么办? 人形机器人和真正的人类如此相像,以假乱真,该怎么办? 面对一只和真正的小狗难辨难分的机器狗时,又该怎么办? 日本机器人专家森政弘早在 1970 年就做出预测,人们在制造未来的类人机器人时,会进入到一个"恐惑谷"中,当人类无法确定眼前这个类人实体应归入哪个类别时,当你不知道眼前这东西到底是人工合成的还是纯天然的,到底是机器还是人的时候,就会感到神经上的晕眩,晕头转向地跌入"恐惑谷"。[1]森政弘还预测说，人类只有两个选择，要么就全力以赴制造出不会引起任何恐惑的机器人，要么就必须接受，在技术水平达到一定程度，制造出各方面都和真正的人类难辨难分的机器人之前，总有某个时刻，类人机器人会让你感到不适。

也许你们折腾折腾，也能制造出足以乱真的机器狗，但在此之前，我们比熊犬，作为长久以来权贵的心腹密友，必须郑重地为你们敲一敲警钟。人类啊，你们像巫师的学徒一般乱施法术，却要我们来承担恶果。为了不断放大狗身上的某些特质，你们从19世纪便开始对狗进行人工选育，这样培育出来的狗往往是些怪胎。例如微型化的吉娃娃，可怜的玩具犬，它们的头骨太小，大脑空间不足，无法孕育出所有脑功能区域使其正常运作。[2]再比如说巨型追猎犬爱尔兰猎狼犬，据说它是同类犬中最粗壮的一种，却因近亲繁殖而患有多种心脏疾病。法国斗牛犬，鼻子太塌，打起呼噜来像火车头一样，分娩时只能剖腹产，身体不好，寿命减半。所有这一切，都只为了拥有一张更像人类的脸，为了得到买家的一致认可。德国牧羊犬髋部下沉，也是因为人类决定重塑其外形。

---

[1] Mori Masahiro, «La vallée de l'étrange», 2005, traduit du japonais par Isabel Yaya, Dossier «Robots étrangement humains» coordonné et présenté par Denis Vidal et Emmanuel Grimaud, *Gradhiva. Revue d'anthropologie et d'histoire des arts*, n° 15, 2012−05, https://journals.openedition.org/gradhiva/2311(2018−06−02).

[2] Laura Hobgood-Oster, *A Dog's History of the World. Canines and the Domestication of Humans*, Waco, Baylor University Press, 2014.

如此这般地改造生命，到底意味着什么？大家只要想想弗兰肯斯坦博士，想想这位于 1818 年诞生在科幻故事中的魔鬼般的人物，就什么都明白了。玛丽·雪莱妙笔生花，虚构了弗兰肯斯坦这个人物，勾勒出近两个世纪以来整个西方世界想要取代上帝成为造物主的野心：用科学创造生命，发现所造之物不值得拥有生命时，又弃之毁之，却忘了这所造之物亦有感情，遂哄骗之，承诺为其造出异性伴侣，最终作罢，末了，将其赶尽杀绝，不惜与其同归于尽。这正是人与狗关系的一种绝妙隐喻。我们曾助人类征服世界，四千年来，只有一种动物被所有人类种族驯服，并出现在所有人类文明中，无一例外：这便是我们狗。当人类千方百计地将我们塑造成各种不同犬种时，我们就成了你们的附庸，随着环境的变化而不断锤炼自己的身体：猎兔犬生于西亚大草原，靠视觉捕猎；追猎犬生活在欧洲森林里，靠嗅觉捕猎；欧洲的比熊犬、中国的狮子犬、墨西哥的吉娃娃，则都是为了取悦富人而生。然而，有了笛卡尔先生"动物机器"的理论支撑，你们才能开启下一轮谈判：任意篡改生命，像操控机器一般操控大自然，可以拆卸，也可以重新设计。我们狗，只不过是你们在此过程中的一个实验品罢了。

狗界的弗兰肯斯坦于 19 世纪开始泛滥，显示出极强的可塑性。我想和你们说的，正是这种可塑性。19 世纪是属于英国维多利亚女王的时代，也是各种名犬、名犬谱系、名犬竞赛诞生的时代。19 世纪 50 年代，大部分狗都是宫廷名犬之后，身负重任。而一个世纪之后，无论在欧美，还是在土耳其或日本，我们狗都成了奢侈品。最后那些死在猎犬追捕之下的游魂，在天之灵，是否也料到我们狗也有今天：换了人间啊！娱乐文明甚嚣尘上，我们从此便成了大众消费品。我们长成这副模样，如若不是在今时今日，你们定会觉得我们丑陋不堪。像中国斗牛犬、波士顿犬那样，随着基因的不断改造，眼睛越来越大，眼眶却无法深嵌入扁平的头骨之中，感觉眼珠子很容易就会从眼眶里蹦出来，这还不叫丑陋啊？不过没关系，反正现在的你们看到这样一张脸，只会固执地欢呼："好可爱呀！"

宠臣生涯

　　早在几千年前，我们宠物犬就已诞生，彼时，这世上的大人物都需要一个能完全信任的心腹，这也解释了为何我们自古埃及开始便频频登上历史舞台，因为权力总是会以一种病态的方式将拥有权力的人变成孤家寡人。人类的帝王之家，总爱疑神疑鬼。多少皇室兄弟因争夺皇位而互相残杀？多少天之骄女因皇室联姻而远嫁他乡？多少风流君王被迫娶了敌国女，流连花丛展雄风？多少皇子自小受锤打，只为早日上战场？权力用各种方式，让人变得不像人。我们宠物犬眼中有爱，无声默契，重情重义却不求回报，成了这世上所有君王的知心密友，还常常成为他们唯一的精神支柱。[1] 我们是他们唯一能完全信任的对象，也是他们深陷

---

[1] 参见 Katharine MacDonogh, *Histoire des animaux de cour*, 1999, traduit de l'anglais par Danièle Momont, Paris, Payot, 2008（sous le titre *Truffes royales. Histoire des animaux de cour*）, rééd. 2011。书中有十分详尽的总结，也为后来打造王室肖像画廊提供了素材。

逆境之时忠贞不二，陪他们到最后的伴侣。

到了近代和现代，我们的地位才发生了变化。从那以后，欧洲的宠物犬都有文献记载。我讲故事时也能援引一些档案，构建起我们微型犬的历史。在这段历史中，每个世纪都有一位代表人物，从法王亨利三世到英国维多利亚女王，我要在故事里把这些关键人物都凸显出来，如此才能吸引你们的注意力，才能讲清楚我们宠物犬和这些大人物的关系在历史上是如何变化发展的。要想理解现实，就必须理解这段历史，因为资产阶级以及后来的中产阶级都是因为模仿贵族生活，才慢慢改变了我们狗的地位、身体，甚至心理。

我，马耳他比熊犬，体重三公斤，身轻体柔，白毛软和，今日这模样，与当年文艺复兴时期的我相差无几。意大利是当时欧洲最为富裕、最有活力的国家，我也因此在那里出现。或者应该说，重现？那时的人文主义者意图重现古希腊、古罗马时代的繁华。人们在古代作品中发现了关于养矮脚狗的描述，这种矮脚狗的养育技术最早是由中国人存留下来的，此基因选育术全凭经验，缺乏科学依据，说是巫术也不过分：确保交配的两只狗都是矮脚狗，雌犬怀孕后，使其饮入白酒，据说这样一来，其后代的身形就会变小。幼犬出生后，用大拇指不断按压它的鼻子，好让它长大以后鼻子更扁平。在雌犬狗窝的周围挂上羊皮，雌犬受到卷羊毛的渗透影响，便也会生出卷毛小狗。同样是在这些古罗马的作品中，人们还发现了一种马耳他小狗，其外形特征与我相符。从那以后，人们就叫我马耳他比熊犬了。

萌哒哒的小卷毛马耳他比熊犬

　　紧接着，法国人很快征服了意大利，将我们比熊犬装在行李箱里带回法国，一些意大利商人也将我们安置到里昂，进行系统养殖。卡特琳·德·美第奇成为比熊犬的忠实客户。不过，里昂的比熊犬遭遇了来自博洛尼亚比熊犬的竞争。不久之后，人们将我和巴贝特犬进行杂交，以培育出卷毛比熊犬，也叫特内利夫比熊犬。而西班牙人从意大利出发，经由大西洋扬帆回国时，也带上了我，因此在西班牙还有另一种比熊犬，即哈瓦那比熊犬。从16世纪到18世纪，没有一位欧洲国王不曾收到过作为礼物进献的比熊犬，无论是哪种比熊，反正总有一天会收到。人们还会在我的外貌上大做文章，就像你们在画里看到的那样：一只小小狮子犬，常在国王身边，身体后半部分的毛被剃掉了，好让前半身的毛发看起来像是百兽之王的鬃毛。人们常把我和宫廷逗乐的小矮人，还有那身穿黑衣的青年贵族侍从联系起来，我们都是王府侯门中最常见的附庸陪衬,用以彰显主人家有异国情调,特立独行,出手阔绰。我就像那提味的糖一样,不过是用来提高贵族声望的添加剂罢了。

最开始,在法王亨利二世和亨利三世统治时期,我吃面包,大麦或燕麦磨成的面粉制作的面包,只有猎犬和看门犬才能吃肉。这种饮食习惯是有象征意义的：吃面包让尔柔顺,吃肉让尔雄壮。亨利二世和亨利三世太迷恋我们比熊犬了,他俩都专门雇了一个面包师,负责我们的饮食。直到20世纪上半叶,人们还是习惯用淀粉质食物来喂养比熊犬,用蔬菜和布丁来喂养骑士查理士王小猎犬,甚至用大米和鱼肉来喂养中国狮子犬和日本的西班牙种小猎犬(即池英犬),仿佛它们是来自远东的稀客一般。

中国斗牛犬和西班牙种长毛垂耳猎犬的战争

很快,我便价值不菲,尽享世间好物。人们为我戴上镶满宝石的项圈。为了盈利,不止一家修道院被改造成比熊犬养殖场,或者蝴蝶犬养殖场(蝴蝶犬于16世纪中期出现在博洛尼亚,受欢迎程度和比熊犬有得一拼)。为了我,人们还行巧取豪夺之事。巴黎坊间相传,法王亨利三世是出了名地喜欢抢别人家的小狗,只要他喜欢,不管是谁家的狗,都要抢过来。19世纪,英国富人纷纷到意大利旅行,这波"旅行潮"下,一些有组织的团伙却掀起了"绑架潮",专门绑架海峡彼岸的小宠物狗。

萨利公爵讲过一个关于亨利三世如何喜爱狗的小故事：这位法国国王在某次接待外国使团时,正襟危坐,纹丝不动,只怕惊扰了他大腿上睡着的那几只比熊犬，而这些小家伙的安乐窝，那个铺着深红绸缎的篮子，则用一根缎带系着，直接挂在国王脖子上。亨利三世爱狗，所费甚巨，举国为其埋单——编年史学家皮埃尔·德·莱斯图瓦勒忧心忡忡地写道：这些宠物犬每年要耗费10万个圈形面包——其实这应该是所有皇家豢养动物的消耗总量，除了国王养的300只小宠物犬，还有鸟、马、猎犬，以及专门养来和獒犬对打的熊和公牛。1589年，法国因宗教冲突陷入内战。亨利三世给自己配了一个45人的侍卫团，除此之外，还有四名寸步不离的贴身护卫，而晚上陪他睡觉、离他最近的护卫，则是三只小狗，莉莉娜、缇缇和咪咪，稍有风吹草动，它们就会大叫。然而，1589年8月1日，亨利三世被雅克·克莱芒刺杀，这个杀手扮作教士，打消了国王的戒心，当杀手靠近时，小狗莉莉娜狂叫示警，也于事无补。

亨利三世去世以后，三朝皇位更替，路易十四继位时，更是变本加厉地想要彰显其无上荣光，连他的宠物也要讲排场：宠物犬的窝，是找全国最好的高级细木工定制的，贵得离谱；凡尔赛宫中，国王主卧套间内专门辟出一间来给他的宠物犬使用，这波操作很快风靡全欧。路易十四也乐得成为众人焦点，照样成天喂狗，不拘礼节，亲手将一块块饼干喂给他最喜欢的小狗，这饼干可是专门为它们烹制的。

英国国王们至少从12世纪起就开始迷恋西班牙种长毛垂耳猎犬了，据说这种狗源自西班牙，集宠物犬的小巧、玲珑与水犬的耐力、善猎等多种优点于一身。但到了16世纪，它却成了乖顺的代表。荷兰人呢，则选择中国斗牛犬作为王室象征，那会儿这种小斗牛犬刚从海上由中国传到荷兰。之所以选中国斗牛犬作为王室象征，是因为一只名叫庞贝的中国斗牛犬在 1571 年至 1573 年间救了荷兰国父"沉默者"威廉一世的性命，当时正逢西班牙敌军在特雷米尼发动夜袭，小狗庞贝大叫示警，救了主人一命。1689 年，奥兰治-拿骚家族的威廉三世，即"沉默者"威廉一世的曾孙，成为英格兰国王。从此，国王的画像上，是出现中国斗牛犬，还是出现西班牙种猎犬（特别是支持斯图亚特王朝的保皇派们钟爱的骑士查理士王小猎犬），就成了一种象征，意味着国王在政治上到底是更倾向于议会派还是保皇派，更支持议会摄政还是王室复辟。1738 年，罗马天主教皇克莱芒十二世下令禁止天主教徒加入共济会，从这一年开始，若哪个天主教徒的鼻烟壶上画有中国斗牛犬图案，就说明他已然加入新建共济会。至于奥兰治-拿骚王室在尼德兰的敌手便选择银狐犬——一种放大版的博美犬——作为其象征。

直到 18 世纪，人类艺术史上才有了一次决定性的飞跃：此前，我们狗都是作为人类的附庸入画的，不是乖乖坐在伟大君主的腿上，就是追着猎物咆哮。让-巴蒂斯特·乌德里在 1730 年开创了一个很长的绘画系列：为路易十五的狗——绘制独立肖像。另一位爱狗的画家，大不列颠的威廉·霍加思画了一只小斗牛犬为自己发声，表达了对那些诋毁他画作的艺术批评家的看法，什么看法呢，只要看看画上那只正朝着一本艺术批评著作撒尿的小斗牛犬就明白了。不久后，英国维多利亚女王委托当时所有的大画家(以埃德温·兰西尔为首)为她庇护下的全部宠物犬作画,让它们在画里永生,她将最后所有的精力和荣光都寄托在了这项绘画事业中。18世纪中期,普鲁士国王腓特烈大帝命人为他的狗狗好友建造了奢华陵墓。夏多布里昂在参观这些陵墓时饱受刺激,因为他深受笛卡尔影响,认为只有人才能享有永恒不灭的灵魂。而那些与宠物朝夕相伴的大贵族,才不在乎哲学家和宗教人士们怎么说呢。没有啥好东西是他们的狗伙伴不能拥有的,他们毫不犹豫地赞助画家和作家,只为让他们的宠物犬像人一样,出现在绘画和文学作品里。

亚当·斯密很早以前就知道如何利用我们狗来讲故事。此人在其著作《国富论》(1776年)中普及了自由经济学的许多基本概念,重塑了人类生活。例如,他认为自由市场能自然而然地让所有人幸福。亚当是一位道德家,同时也是一位天生的寓言家。为了传达自己的思想,他借用了早在福音书里就已广泛运用的一种叙事技巧:寓言。他在严谨论证经济学原理的同时,特别运用大量寓言故事来辅助论证。你们猜猜,为了让他的小故事更加生动,让这些故事尽可能地耳熟能详,他选谁作为主人公呢? 当然是可爱的小狗啦! 我们来看看下面这个最有名的例子:这位现代经济学之父一番旁征博引后,遂断言,"人性"总是"求动、逐变、爱交易,喜欢用一个东西去换另一个东西,这是人之共性,其他任何动物都没有这种特性"。作为一位早已习惯唇枪舌剑的哲学家,亚当知道同僚们可能不同意这一观点。为了更好地证明此论点,他为读者展示出一幅生动的场景,他让读者想象两只小狗:"从未有人见过一只小狗有意拿一根骨头跟另一只小狗换。"如果两只比熊犬为了一块蛋糕讨价还价这般楚楚可怜的画面还不足以打动所有人,没关系,亚当继续不遗余力地运用大量细节来消除所有反对意见:"也从未有人见过哪种动物一边比划一边叫嚷着告诉同伴,说这是我的,那是你的,我想用我的东西跟你换!"亚当·斯密经济学思想的成功,完美地证明了,讲好一个故事,胜过百种推理论证。[1]

维多利亚女王与身体控制

维多利亚女王的母亲怀着她8个月的时候,有一天乘敞篷马车出行,随身带了数十只袖珍犬(因常被贵族太太揣在袖笼里取暖而得名),而这位未来的英国女王,就差点在马车上,在一群小狗的包围中出生。和所有皇室子弟一样,她从两三岁开始就必须学习骑术,而小维多利亚骑的却是一只大纽芬兰犬。她很早便开始迷恋各种小狗,儿时玩伴西班牙种长毛垂耳猎犬达什,皇宫灭鼠大战中兢兢业业的猎獾犬瓦尔迪那和达克尔,以及一只名叫卢提的中国狮子犬(Looty,在英文中有战利品之意,因为它是当年英军从北京颐和园抢来的),还有许多其他活的毛绒玩具,这些小狗都是世界各地送来的礼物……临终时,她还在弥留的病床上召见了当时的最爱,一只名叫蒂里的博美犬。女王在位时间很长,一

---

[1] 参见 Roland Boer, «How cute dogs help us understand Adam Smith's ' invisible hand'», *The Conversation*, 2015 - 03 - 03, https://theconversation.com/how-cute-dogs-help-us-understand-adam-smiths-invisible-hand-35673(2018 - 06 - 15)。

直坚持每天写2 500字的日记，所记内容前后连贯，整整一卷书。"每当女王失去一只爱犬，就会写日记以寄哀思"[1]，这些爱犬无一例外地都会在女王私人订制的皇家陵寝中占有一席之地。维多利亚女王成功培育出英国一脉的哈巴狗和巴吉度猎犬，也是她在位期间，第一次有爱狗人士为建立纯正犬种标准而呼吁呐喊、上街游行，并得到英国皇室的庇护。

19世纪70年代，沙皇亚历山大二世送了几只经典的俄罗斯种长毛猎犬给维多利亚女王。此举为俄国猎兔犬保住了一支血脉。当俄国皇帝的狗可真是个危险差事。亚历山大二世的一只贴身护卫獒犬在一次无政府主义者引发的爆炸袭击中丧命，沙皇本人则幸免于难。亚历山大三世的忠犬，一只名叫勘察加的大牧羊犬，也有着同样的命运。1917年，皇室命数已尽，布尔什维克掌权。1918年7月16日，所有皇室成员被处决，唯一的幸存者是一条名叫乔伊的西班牙种长毛垂耳猎犬，它是沙皇之子阿历克谢的爱犬，阿历克谢当时身患血友病。后来，乔伊被一名苏联红军收养，可能是因为经常挨饿，也可能是因为精神上受到巨大冲击，乔伊双目失明。在白军进入叶卡捷琳堡时，它被人遗弃，一路流亡，几年后死在英国，一位有俄国血统的英国军官认出了它。在当时的俄国，其他俄国种长毛猎犬没有半点生机：长毛猎犬是贵族的象征，革命者对它们进行了系统的屠杀。

还有一个关于我在西藏的表亲拉萨犬的故事，我这位表亲由

---

[1]　Katharine MacDonogh, *Histoire des aninaux de cour*.

此拥有了一个"拉萨狮子犬"的外号，以彰其勇武。17世纪，五世达赖喇嘛阿旺罗桑嘉措成为藏传佛教格鲁派的精神领袖。他与蒙古在军事和宗教上结盟，成为首位集政治权力和宗教权力于一身的达赖喇嘛。五世达赖喇嘛衷心钦佩赫赫战功，对善战的看门犬亦是赞不绝口。看门犬因尾巴上竖飞扬而常被比作护旗兵，护旗兵在亚洲军队里的地位很高。阿旺罗桑嘉措认为，只有强壮的大狗才配拥有尾巴。他还说，那些在寺庙里混吃等死的小矮狗，比如拉萨犬，20厘米高，6公斤重，皮相羸弱，早该灭绝了。然而，有一夜有刺客潜入他的房间，一只拉萨犬狂叫示警，救了他一命。从此五世达赖喇嘛便改口说拉萨犬仪表堂堂，像狮子一般，就应该把尾巴高高竖起。

20世纪上半叶，英国殖民下的印度，贵族不遗余力地效仿西方模式。王公大君和土邦君主比排场，不惜花费重金，只为攀比谁办的英式聚会更漂亮，场面更大。他们还开始效仿另一项英式传统，不过都是玛丽·德·美第奇玩剩下的：狗狗的包办婚姻。玛丽·德·美第奇是法王亨利四世的王后，她一心想给她的爱犬，一只名叫"小可爱"的西班牙种母猎犬找个同犬种的配偶，好让它们的后代也继承她爱犬的美貌。随着时间的推移，狗狗的婚配竟成了奢华盛会。20世纪20年代，这种疯狂的传统在印度登峰造极。默罕默德·马哈巴特·卡哈吉三世，这位朱纳格特土邦邦主花了22 000英镑庆祝他最爱的母狗罗莎娜拉和它的新郎，金毛寻回犬波比的婚礼。上层社会名流都应邀来参加这场婚礼："在邦主的安排下，未来的新郎高高地骑在一头披甲大象上，大象周围有 250 只狗侍卫，皆身着镶有宝石的锦缎。迎亲队伍到了火车站，红毯铺地，旁边还站着一位人类伴郎。军乐队奏响婚礼进行曲。罗莎娜拉呢，精心装扮，芳香四溢，一顶银轿将她直接抬进了会客室。波比手戴银镯，脖子上套着金项圈，腰间还裹着一条刺绣的丝绸腰带。"[1]参加婚礼的宾客都是有头有脸的乌里玛[2]，他们大概没有勇气拒绝朱纳格特土邦邦主，虽然这个人情送得实在太奇怪了。

人工选育

亚里士多德在《动物史》一书中，将狗分成 7 类。我们在其他一些古书中也能看到，富有的古希腊、古罗马人也将他们认为十分重要的狗分成了几大类，即宠物犬、护羊犬、猎犬和战犬，战犬又根据具体分工细分为哨犬、攻击或通信犬，所有这些犬都经过了人工选育。然而，选育标准可能随时变化，人的实际需要往往起决定性的作用。如果人类不希望出现近亲繁殖的犬种，也就不会想着去加强某一犬种的某一特性。现如今的猎人更喜欢杂交犬，因为杂交后的猎犬更擅长将猎物赶向猎人，也更擅长跟踪猎物，比纯种犬强多了。长期的实践经验证明，人工选育的杂交犬，其某些特性就是比纯种犬强，从某种程度上讲，猎人偏爱杂交犬，也是遵照了人工选育的传统习俗。

---

[1] Katharine MacDonogh, *Histoire des aninaux de cour*, p. 77 - 78.
[2] 阿拉伯世界的一个特殊社会阶层，该阶层人士多担任宗教职务，介于贵族和平民之间，国家以土地和年金供养他们。——译者注

中世纪时，越来越多的犬种被确定下来，这一时期的犬种多是猎犬：无声追踪猎物的嗅觉猎犬和短毛垂耳猎犬，追得野兔筋疲力尽的追猎犬，将禽类猎物赶出巢穴的枪猎犬，追赶鹿和野猪并用叫声指明猎物所在的叫声指示犬，能进入獾和狐狸洞穴捕猎的巴吉度猎犬等。这也解释了为何许多历史学家认为，规定某一犬种必须具有某些特征的做法是在中世纪晚期才开始出现的。到了文艺复兴时期，这一做法已经十分普遍了。我们甚至可以说，最早的现代意义上的"犬种"，在文艺复兴时期已初具雏形。另外，首次使用"犬种"一词的例证，也是在文艺复兴时期。

皇家医生约翰内斯·凯厄斯是划分犬种的先驱者，他于1570年出版《大不列颠犬种大全》一书。在书中他首次以形态特征而非功能为标准对狗进行分类。他描绘了袖珍犬，称其为"可爱的西班牙种小猎犬或强心剂"。若阿内尔·盖尤斯将英国的狗分成了五大组，袖笼犬属于其中的第三组，猎犬则毫无悬念地登上了地位最高的第一组。这五大组分类如下：第一组是水犬，这一组又细分成指示犬和西班牙种长毛垂耳猎犬；第二组是各种猎犬：哈利犬、梗犬、猎血犬（这本书后来从拉丁文被翻译成英文时，"猎血犬"一词被译成 bloodhound，故也叫寻血猎犬）、视觉猎犬，以及各种猎兔、猎狐犬；第三组是宠物犬；第四组大致包括看门犬、牧羊犬、獒犬；第五组都是些微不足道的狗：街头卖艺的杂耍狗、干粗活的劳役狗以及流浪狗，关于这三种狗，若阿内尔一个字都没多说。不过，对我们这些深受上流社会喜爱的宠物犬，他也没什么好话，说我们"主要是供太太们取乐的，狗越小，太太们越喜欢，把它们揣在衣服里，或者带上床。这些宠物犬真是一无是处，只能用来缓解肚子疼——人们肚子疼时，就不把它们揣衣服里了，而是敷在肚子上——它们的体温适中，能有效缓解疼痛。除此之外，因为宠物犬经常生病，而且很容易病死，人们就认为这些病肯定是从人身上转移过去的，就好像人只要把宠物犬带在身边，人和狗的体温互相混合、渗透，病痛也就从人体内传到宠物犬体内了。"

由上可见，狗的分"类"标准其实并不严格，长相不一样的狗也经常被视作同"类"。但"犬种"不同于"分类"，每个犬种都有其严格的认定标准，这些标准规定了该犬种的外形，并确立一系列专属于该犬种的特征，只有让同种外形的狗长时间、系统化地进行交配，才能形成这样的"犬种"特征。历史学家认为，最早的犬种标准是针对猎犬而确立起来的，容我说一句，他们完全弄错了。猎犬生来就是打猎用的，对培育猎犬的人而言，猎犬的狩猎能力永远比外形的延续更重要。因此，猎犬的外形一直在变，人们也十分认同杂交猎犬的传统。而只有我们宠物犬的犬种标准是确定不变的，人们按照严格的犬种标准，精雕细琢地培育出在外形上符合要求的漂亮的小宠物犬。

18世纪，科学发展迎来了生物学和遗传分类学的曙光，自然主义者布封在1770年至1780年间首次建立起狗的家族谱系。他根据耳朵的形状将狗分成三大组30个种类。这三大组分别是：耳朵直立的（如牧羊犬），耳朵半耷的（如大猎犬）以及耳朵完全向下耷拉的（如西班牙种长毛垂耳猎犬）。又过了一代人，乔治·居维叶也将狗分成三大组，即大猎犬、矮胖看门犬、西班牙种长毛垂耳猎犬,不过他的划分标准是头骨形状。

最早的几次犬展,即1859年的纽卡斯尔犬展,1861年的伦敦犬展以及1863年的巴黎犬展,确立了一系列犬种标准,也使得爱狗潮愈演愈烈。在确定犬种标准的过程中,发生了许多事情,它们之间息息相关。当时英国是世界上最发达的国家,几十年来,英国人一直有斗犬和狗灭鼠比赛的传统,也在这些传统中确立起犬种分类,以此为基础,培育冠军犬后代的服务应运而生。从1559年开始,因众多犬展吸引了大量远道而来的参赛者和观众,英国的铁路遍布全国。同年,查尔斯·达尔文出版了《物种起源》,物竞天择的观念深入人心。1859年真是个奇怪的组合,在这一年,人们接受了主张自然选育的进化论,但也是在这一年,首届全国性犬展在英国举行。1866年,犬种选育更为流行。奥地利教士和植物学家若阿纳·格雷戈尔·芒代尔发表了一系列奠基性作品,他在其中展示了基因遗传机制。人们从此拥有了芒代尔之法,一份活学活用的使用说明书,用以在培育植物或动物后代时延续,甚至加强某种理想的特质。有了芒代尔的说明书,基因选育效果真是前所未有。

宠物犬象征着主人的社会地位,爱狗人士又忙不迭地介入新兴的犬种谱系产业。很快人们便规定,只有参加过著名犬展的狗所生的后代,才有资格被纳入相关犬种谱系中。英国皇室也介入了。1863年,英国皇室首次参加了英国国际犬展沙龙。这次沙龙在伦敦举行,曼彻斯特公爵夫人获胜,她的一只俄罗斯种长毛猎犬夺魁。接下去的几届犬展竞赛都是在当时的王位继承人加勒亲王的支持和赞助下举行的,也正是加勒亲王在不久之后提携了大名鼎鼎的查尔斯·克拉夫特,让他成为犬展沙龙的组织者。皇室成员也会让自己的狗参赛,有些评委阿谀逢迎,自然会让皇室狗得奖。英国皇室这么做,也是为了确立他们心中的高品位:只有国王喜欢的品种,如博美犬、巴吉度猎犬、猎獾犬、柯利牧羊犬、俄罗斯种长毛猎犬,才能主导犬展竞赛的世界。

19世纪下半叶,整个欧洲都热衷于构建"种族"概念:打造爱国史,将不同种族的人分成三六九等,打着文明的旗号侵占非洲……1885年,非洲吞并运动达到顶峰,同年,《法国纯种狗登记簿》(LOF)第一版出版,此书效仿1871年在英国出版的《犬舍俱乐部犬种手册》,专门负责登记法国纯种狗的出生种来源。《法国纯种狗登记簿》最初将法国的纯种狗分成29个小类,从1950年开始,重新分为10个大组:(1)狼犬牧羊犬;(2)大猛犬牧羊犬;(3)梗犬;(4)猎獾犬;(5)狐狸犬(原始犬);(6)追猎犬和猎血犬;(7)指示猎犬,如短毛垂耳猎犬和西班牙种长毛垂耳猎犬等;(8)赶山犬、寻回犬、水犬;(9)宠物娱乐犬;(10)猎兔犬。

1898年,法国兽医让-皮埃尔·梅尼安又提出一种基于外形特征的分类法,将法国的狗分成四类:(1)圆头犬,如看门犬、獒犬、中国斗牛犬等,口鼻部短,头部呈圆形;(2)类狼犬,如德国牧羊犬、柯利牧羊犬、哈士奇等,头部呈三角形,耳朵上竖;(3)垂耳犬,如短毛垂耳猎犬、拉布拉多犬、比格犬等,口鼻部修长,耳朵下垂;(4)长形犬,如猎兔犬,头长,身子也长。随后,世界犬业联盟又将此分类细化,提出了按体形分类和按头形分类的两大标准,在每一标准之下又细分出三个亚类：按体形不同，可分为四肢短的矮胖型（身体矮壮，如斗牛犬）、适中型（身材比例匀称，如塞特猎犬）和修长型（身材苗条细长，如猎兔犬）；按头形不同，可分为直线型（如塞特猎犬）、凸线型（如斗牛梗）和凹线型（如德国种短毛斗拳犬）。

1881 年，法国国家犬类协会在巴黎成立。世界犬业联盟成立于 1911 年，创始会员有比利时、法国、德国、荷兰和奥地利的组织。两次世界大战期间，世界犬业联盟一度沉寂，如今拥有 94 个国家和地区的会员组织。盎格鲁-撒克逊世界则有自己的爱犬组织，即"犬舍俱乐部"。每个犬种都有自己专属的"犬种俱乐部"（现如今，仅法国国家犬类协会就认定了 350 个犬种），各国爱犬组织之间也会组建联盟。每个犬种俱乐部都有自己的历史，其创始日十分重要：俱乐部创始日往往是"第一届"犬展日，旨在将某些类别的犬认定为固定犬种。创始犬展的组织国从此便拥有制定该犬种标准的权力，只有该国的爱犬机构才能改变这一犬种标准。[1]

基因强化

为了将一般意义上某种"类别"的狗（如猎兔犬就是一个类别，而非犬种）认定为一个特殊犬种，需要确立一系列标准，这些标准必须相对固定，一旦确定就很难再变。从 19 世纪末开始，人们制定出许多基于外形特征的犬种标准。犬种标准的制定，并非

---

[1] 关于犬种的信息，参见 Dominique Grandjean et Franck Haymann（dir.），*Encyclopédie du chien*，Aimargues，Royal Canin，2015。

自然而然、水到渠成的。世界上的爱犬协会大多由一些大人物（如维多利亚女王、拿破仑三世等）的亲信创立和运营，这些协会经常抱怨，说普通百姓对纯种犬概念毫无兴趣，而这正是他们致力于宣传的。富有的犬主人却创造出许多新犬种，最初通过杂交造出新犬种，随后又故意收紧其基因选育标准，从而达到限制该犬种数量的目的。以广受欢迎的金毛寻回犬为例：该犬种由苏格兰商人达德利·马乔里班克斯所创，此人是特威德茅斯的第一任男爵，他将一只雄性黄色无毛寻回犬（这一类狗大多是纽芬兰犬的后裔，人们从 17 世纪开始用船只将纽芬兰犬运往英国）和一只粗花呢色雌性西班牙种水犬（现已灭绝，样子很像近现代的金毛犬）杂交。所有的纯种金毛寻回犬都是这对狗祖先的后裔。对此犬种的认定展览会于 1909 年举行，"金毛寻回犬"这一犬种也于 1913 年被英国犬舍俱乐部收录。

　　强化犬种标准，只有一个办法，那就是基因强化。养狗人希望一窝窝的小狗崽毛色都一样，希望一代代的狗身形大小差不多，口鼻部的形状越典型越好，狗的样子越接近那个完美的犬种模型，他们就越能哄抬价格，杂交出来的狗也才能变成现银。动物生来就是会随着外界变化而变化的。金毛犬的祖先毛色也不一样啊，也是经过基因选育的猎犬，为的是它能从水里捞起猎物来。然而，金毛犬种要想功成名就，就必须拥有一种具有代表性的形象：浑身金毛，就是优秀寻回犬的象征。一窝一窝的小狗崽不断出生，特威德茅斯爵爷杀死了黑色、白色、杂色的幼犬，直到最终雌犬们诞下的只有金色小毛球，直到它们的基因组被彻底净化,再也生不出别的颜色幼崽。金色小毛球们准备好了,可以开启它们的明星之路了。

仔细想一想,人类从未停止过塑造我们狗的身体,而至少两千年来,我们成功地扮演着精英宠物犬的角色。这,才是最令人惊叹的。混吃等死,无所事事? 也许正因如此,我们袖珍犬才成为最幸福的狗。我们一直处在幼儿状态,除了让人喂食和让人打扮,不需要干别的,不能追兔撵鸭,也不能和邻家小狗打闹,这都没什么大不了。弗朗斯·卡夫卡在《一只狗的研究》①里,化身一只充满哲思的狗。他在书里提到一些很奇特的"飞狗",它们来去空中,很少下地。这些小毛球似乎无法独自传宗接代吧。它们还能算是狗吗? 化身为狗的作者在书中这样问自己。

我们狗总是担负着最让人惊叹、最难以置信的使命,虽然我们没有十分可靠的证据来证实这一点。说起卡夫卡笔下的"飞狗",我还是忍不住幻想一番。第一次听到"飞狗"一词时,我哈哈大笑,我才不信呢。怎么可能? 真有这样的狗? 那么小一只,跟我的头差不多大,无论年龄多大,身体都长不大了,这样的狗一看就是人工制造的,发育不全,身子羸弱,虽然发型精致,却连一小步都跳不起来。据说,飞狗一辈子都悬空而过,在高处来去自如,不费吹灰之力,永远都在休息! 绝对不可能! 我觉得这故事是专门编来哄我这样年少天真的小狗的! 但不久之后,我又听到了卡夫卡书中的"飞狗",莫不是他们串通好了一齐来骗我的吧?

———————————

① Franz Kafka,《Recherches d'un chien》,*La Muraille de Chine. Et autres récits*, p. 244.

第十三章

圣伯纳犬：专业救生员

暴风雪中遇难旅人的救星圣伯纳犬

圣伯纳犬巴里啊，高山救援的教父，给我们讲讲你
的传奇经历吧，讲讲你无数次救助盲人、有听力障碍的
人、瘫痪者和自闭症患者的经历……

哥只是个传说

圣伯纳犬：哥只是一个传说。我的雕像赫然矗立在巴黎郊区
的阿尼埃尔狗公墓入口处，而我的出生地却在遥远的高山险峰。
我的这尊雕像背上驮着一个孩子，项圈上挂着一个水壶。雕像后
面，远远地有一座修道院。我转过头，坚定地望向进入墓园的行
人，你们一进来就能看见我，不可能错过。我的墓志铭写道："它
在一生中救过 40 条人命……却被它所救援的第 41 个人杀死。"

我叫巴里。我帮助人们寻找雪中迷路的旅人。大圣伯纳山
口的大圣伯纳修道院建于 11 世纪中期。自建立之初，它的使命
便是救助那些在海拔 2 500 米的恶劣环境中遇险的旅人。人们很
晚才证实修道院中狗的存在。但和所有高山建筑一样，这座修道
院中的修士也许养过大看门犬，来保护羊群和其他财物。有证可
查的第一份提及修道院中有狗的文献，得追溯到 18 世纪初，所提
及的狗是一只转动铁叉的烤肉犬，厨房里常用到，我们之前也提
到过。虽然没有文字记载，但我们还是不由得猜想，那时修士或
许已经开始利用狗来进行日常巡查，当天气变坏，人们完全不辨
方向时，只能让狗帮忙搜寻迷路的旅人，保证他们顺利回家。修
士选出来帮忙的，应该是结实的大狗，身子够大够结实，才挡得住

刺骨寒风，在纷飞的粉状雪中为众人开路。修士应该从那时起就发现了哪些狗有寻找遇难旅人的天分，暴风雪来袭时，将它们派出去寻人。它们两三只一组，身上背着救援物资。现如今，一只训练有素的圣伯纳犬，和其他嗅觉灵敏的犬（如德国牧羊犬、马林诺斯犬等）一样，能找到埋在雪底下 6 米深的遇难者。

可我呢，并不是专业的雪崩救援犬，只是一只寻人犬，负责在修道院周围大步巡逻，找到迷路的人们，为他们引路，把他们带回可以栖身的修道院。谁也不知道我到底救了多少人。若是哪天要我驮个孩子回来，我可做不到，身体条件不允许，我的脖子上也不可能挂着酒桶和水壶：这一切都是 19 世纪的英国游客杜撰的，埃德温·兰西尔的一幅极富戏剧色彩的绘画作品进而让这个杜撰的形象家喻户晓。传说中，我在 1814 年被拿破仑军中一名战士所杀，风雪中我正要跑去救他，可他却误以为我是一只狼，错杀了我。然而这只是传说，事实并非如此。拿破仑的军队是 1800 年经过大圣伯纳山口的，那一年我才出生呢。我于 1812 年退休，因为我在那一年受伤了，原因不明。我确实是 1814 年死的，但那时我的年龄已经很大了，算是寿终正寝，走得很安详。人们养狗往往遵循一条无情铁律：那些没用的、太老不能继续工作的狗，统统杀掉。而修道院的修士为了他们忠诚的狗仆从，则似乎打破了这条铁律，将我们送给了收养家庭。本该谢谢修士们的，但是呢……我们最后得到的消息是，我死之前，这些修士好像曾利用我来牟利，他们拖着我去不同的城市展览，向众人展示一个充满象征意义的救援者。谁知道这是真是假呢，和人在一起，一切都说不准。

我的苦难还没结束呢。我的身体被塞满稻草制作成标本。今天你们可以在瑞士伯尔尼自然历史博物馆看到这个标本。当然标本上还挂着一个带有瑞士十字勋章标记的酒桶，谁让那张纪念照片上的我就是这个样子的呢。但其实我和你们想象中的圣伯纳犬真的没什么相同之处：我的毛发很短，而今天人们造出来的这个巨大标本毛发却如此浓密，相差太远了。我的尾巴小巧，而标本却有一条硕大的尾巴。我的身形适中，体重约40公斤，而你们幻想出来的这个标本身形巨大，体重是我的两倍。我的头和短毛垂耳猎犬的头很像，与我的身形正相称，而这个标本的头又凶又大，我才不凶呢，我看起来垂头丧气的，活像一只胆小狗。

事实上，19世纪初，我和我的同类实在是不像"真正"的圣伯纳犬，人们都叫我们"阿尔卑斯山上的西班牙种长毛垂耳猎犬"：我们那时的样子，更像是变种的布里牧羊犬。修道士只关注狗儿的工作效率，对他们而言，这些狗助手长啥模样根本不重要。然而，世事变幻。19世纪30年代，修道士嗅到了时代气息，派出一只巨大的圣伯纳犬在欧洲做了一次巡回筹款之旅。虽然它超乎寻常的巨大身形引起了轰动，并让人们深信圣伯纳犬一定是巨犬中的巨犬，但其实这只圣伯纳犬仍然不是长毛犬。它名叫"老伙计"，样子更像是斗牛獒，管它呢，反正它有幸博得了英国人的欢心。修士们也因此明白了，必须让他们的狗拥有一个与众不同的特征，那只能是巨大的身形了。

一个世纪以后，1923年，我的故事又开始流行起来。游客们蜂拥而至，但看到我的遗骸标本后，他们比你们还要失望！也是从那时起，人们就对我的标本进行了合法的"升级改造"，根据 19 世纪末规定的真正的圣伯纳犬犬种的大小尺寸，来打造我的标本。于是，我的腿被增高了 10 厘米。是啊，和大多数狗一样，我的身材矮胖结实，身高只有 55 厘米（现在的标本却有 80 厘米高），可能我本来的身高配不上这么一个英雄犬种吧。头骨也被加厚了，还给我装上了下垂而外突的脸颊，我原本才不是这样的呢，不过倒是让我把头给抬起来了——虽然我看上去还是一副垂头丧气的样子，可比原来好多了。要知道，1814 年，我的第一个标本制做师将我做成低眉顺眼的样子，看上去就是一只善良的小狗，深知自己在这宇宙中的位置，鼻子可怜兮兮地垂向大地。

还有更绝的呢：就连我的名字都是后来编的！我死的时候都还没有名字。"巴里"这个名字从 19 世纪才开始出现在大不列颠游客的游记中，他们一度迷失在大圣伯纳山口。可能是因为理论上我脖子上应该挂着一个大酒桶，"酒桶"一词的英文发音和"巴里"很像，所以他们给我取了这个名字吧。

无论如何，和人类历史上无数其他的小狗一样，我经常冒着生命危险救你们于危难之中。我的这尊雕像见证了人类对我的感激，我当之无愧。

我是如何帮助你们的？

大家会问了，救援犬说了这么一大堆话，难道都是瞎吹？当然不是。我们真的是无所不能：引导盲人，帮助有听力障碍的人，帮助瘫痪者，与患有自闭症的儿童沟通……人类驯狗的方法和塑造狗基因的技术都取得了巨大进步，能培育出非比寻常的狗助手，它们的聪明才智可不是两个世纪之前的狗能比的。说到这里，我就想起了恩达，它是一条淡茶色的拉布拉多犬，1995年出生在英国。恩达天赋异禀，但很不幸，它的后腿染上了软骨病，饱受肌肉疼痛的折磨。这种隔代遗传病在纯种犬中很常见。要想成为服务犬，必须通过无比严峻的选拔考试。恩达身有残疾，本该马上被淘汰，然而它解决问题的能力实在太强了，一家慈善机构主动提出负担它的培训费用。英国皇家海军军官艾伦·帕顿在一次车祸事故后颅内发生病变，导致一系列神经系统障碍：永久性失忆（他回家时甚至不认识自己的妻子和两个孩子），行动困难，不得不坐轮椅，手不能写，嘴不能说，跟人打交道时无法判断对方的情感，无法判断距离，眼不见便想不起。他的妻子努力学习，成了一名驯狗师，在她的担保下，艾伦·帕顿最终在恩达那里得到了很好的照料。

恩达能应对100多种命令，无论是口头命令还是手势，艾伦最终成功地记住了最基本的一些手势。恩达和其他同伴一样，协助主人购物。主人想买啥，它就能在超市对应的柜台里找到主人想要的商品。它会按电梯，还能完成无数其他任务，其中不乏一系列复杂的行动。它学会了开洗衣机门，把脏衣服放进去，关门，按开关键进行洗涤、烘干，取出衣物放进抽屉里。它也学会了从自动提款机里取钱：插银行卡，等主人输入密码，取出卡、收据和现金，最后把这些都塞进艾伦的衣袋里……恩达从1999年开始名声大噪，一位记者见证了它取钱这一幕，发表了一篇文章，让"第一只会使用自动提款机的狗"出了名。①

2001 年，恩达再创佳绩。那天，夜幕降临，停车场光线不好，艾伦被一辆车撞倒，陷入昏迷。人们后来从监控录像里看到，恩达当时也受伤了，但它立刻将艾伦拖到路边安全的地方，而之前它并未接受过这种训练。随后，它在一辆车底下找到一个掉落的手机，把它放在艾伦的手边。艾伦仍然昏迷不醒。于是，恩达一边叫一边跑，来到附近的一家旅馆求助，成功地找到人回来救助受伤的主人。

恩达被授予了许多奖章，还被任命为服务犬形象大使。它为各种慈善事业代言，宣传推广动物保护协会的各种活动。它和它的主人成了许多组织的代言人：恩达在四肢瘫痪者身边，为参加培训的服务犬演示如何照顾病人（同是狗狗，同胞专家的演示极具激励作用）；为了促使大家使用治疗犬，恩达和自闭症儿童交流。这只淡茶色的拉布拉多犬因意外事故脑血管受伤死于 2009 年。两年后，艾伦创建了"英雄专属犬"慈善协会，致力于帮受伤的战士找到像恩达一样的服务犬。培训这样的服务犬花费不菲，大部分服务犬是由志愿者培训的。

驯狗师必须花费一定的时间，才能确保救援犬对自己完全信任，学到相关技能，控制自己不紧张，特别是当它所救助的人陷入

---

① Allen et Sandra Parton, Gil Paul, *L'Histoire d'Endal ou Comment bien vivre grâce à l'amour d'un chien*, 2009, traduit de l'anglais par Christine Auché, Paris, Oh ! Éditions, 2010.

十项全能服务犬拉布拉多犬

恐惧时,它自己是不能受影响的。经过这样的培训,一只救援犬到底能干什么? 这要看它的特长是什么。水上救生犬? 那可能是一只纽芬兰犬,皮毛防水,体格健壮,耐力持久又亲水,在任何情况下都能跳进水中将遇险的游泳者或小艇带回来。[1] 雪崩救援犬? 哦,这可不能再指望圣伯纳犬了,现如今的圣伯纳犬太重,不能从直升机上用牵引设备送下去,只能是德国牧羊犬或马林诺斯犬。它们第一时间前往灾难现场,用灵敏的嗅觉定位遇难者,大叫或者用爪子刨雪地,告诉人们遇难者的位置,人们便会马上赶来进行下一步救援工作。地震或爆炸事故之后,寻找埋在废墟之下的人,程序是一样的。救援犬要学会勘察最不安全的土地,学会爬楼梯,还要学会在跳伞时保持冷静。

---

[1] 详见 Noèmie Cranon, «Le chien de travail à l'eau», École nationale vétérinaire d'Alfort, 2009, http://theses.vet-alfort.fr/telecharger.php?id=997(2018-06-12)。

服务犬又能干什么呢？最有名的服务犬莫过于导盲犬。它们完全就是主人的眼睛，熟记路线，会搭公交，会像行人一样等红灯，会提示主人小心台阶，引导他们避开障碍物。导盲犬大多是拉布拉多犬，也有金毛寻回犬，偶尔还有德国牧羊犬。大多数导盲犬是雌性，雌犬不太容易和路上遇到的狗打起来。导盲犬都会被绝育。和它们的代表恩达一样，这些导盲犬帮助那些部分或完全丧失行动能力的人，完成他们自己无法胜任的工作，并始终如一地在精神上支持他们，改变了他们的生活。此外，北美还有导聋犬。经过培训，导聋犬一听到某些声音就会有反应，并将相关信息传递给主人，就像内线电话的接线员一样。如果没有它们，人们可能会把铃声换成明亮的信号灯，但失聪的人并不喜欢信号灯，它们让人紧张，而且如果人正在睡觉或者在另一间房，这信号灯就没用了。狗却能一直保持机警；只要主人有需要，一吹超声波哨，它就会回到主人身边。

在盎格鲁-撒克逊世界，还存在一些具有唤醒记忆功能的治疗犬，它们帮助那些智力发育不全的人和因为上了年纪而智力衰退的人。这些治疗犬总是创造奇迹，它们与病人互动，不会对他们妄加评判，让他们保持和外界的接触，唤醒他们的记忆，带给他们温情，这往往正是他们所缺失的。一位维也纳的医生似乎早就猜到了狗的这种疗愈潜能。

长沙发旁的小狗

西格蒙德·弗洛伊德举世闻名，无论你是否赞同他的理论，他都算得上 20 世纪改变了世界的伟人之一。但很少有人知道，这位精神分析之父在他最后十年的行医实践中曾求助于狗，引入"家养宠物疗法"这一概念。

这与弗洛伊德的儿时回忆有关？他 13 岁时，和爱德华·西尔伯斯坦成了好朋友。这两个少年以为仅靠阅读图书就能自学西班牙语，便选择了米盖尔·德·塞万提斯的短篇小说《双狗对话录》作为学习材料，两人还建了一个名叫"卡斯蒂利亚学院"的秘密写作俱乐部。他俩的通信，用的是一种想象出来的语言，混合了西班牙语和德语，只有他们自己才能破解其中的言外之意。他俩还如法炮制，西尔伯斯坦扮演书中疲惫不堪的仆人，即看门狗贝尔甘萨，弗洛伊德则扮演另一只狗西皮翁，它仿佛一位痛苦的哲学家，两人自创了一段新的"双狗对话"，以此来批判父权，也批判成人的种种行为。弗洛伊德信件的署名是"西皮翁"，其收信人是"亲爱的贝尔甘萨"。

不久以后，弗洛伊德在构建精神分析理论的过程中遇到另一只狗。它出现在精神分析治疗史上一个里程碑式的经典病例中，即安娜·奥病例。这位女病人身患歇斯底里症，约瑟夫·布洛伊尔试图用催眠疗法来医治她，后来又委托弗洛伊德研究该病例。两位医生最后得出结论，安娜的病症有所缓解，原因之一便是她回忆起了一段往事，这段往事恰恰与一只小狗有关。安娜来自一个正统的犹太家庭，她同时患有洁癖症和恐水症，看见水就害怕。通过催眠疗法，她回忆起曾经看见她的一个女伴（安娜本就讨厌这个女伴，嫌她脏兮兮的）用给人喝水的杯子去喂她自己的小宠物犬喝水,那只小狗和它的主人一样脏。重拾这段回忆,有助于安娜克服自己的恐惧症,至少弗洛伊德是这么认为的,而那些诽谤他的人则揭露说"安娜病例"是弗洛伊德捏造的。

弗洛伊德家里养的第一只宠物犬,是巨大的德国牧羊犬,名叫沃尔夫。[①] 这是弗洛伊德送给女儿安娜的礼物,给她当保镖。安娜那时 30 岁,喜欢在维也纳的大街小巷闲逛,其实她应该改掉这个习惯。20 世纪 20 年代,反犹暴力事件屡屡发生。沃尔夫这个保镖很尽责,居然还咬过欧内斯特·琼斯,就是这个英国人将精神分析疗法引荐到英国,并为弗洛伊德大师写了一本传记。历史上有许多可以自己搭乘出租车的狗,沃尔夫便是其中之一! 有一天,它正陪女主人散步,附近兵营里传出一阵爆炸声。和许多狗一样,沃尔夫很怕爆炸声,拔腿就逃,恨不能第一个跑回家。像往常一样,它跳上一辆出租车,但这次是它自己主动跳上去的,女主人都没跟上来。还好司机智商在线,看到了沃尔夫项圈上挂着的名牌,找到了弗洛伊德医生家的地址,把沃尔夫送回了家。弗洛伊德说,沃尔夫是一个忠诚的伙伴。弗洛伊德的一个孙子没了,是沃尔夫给了他莫大的安慰,精神分析之父痛失爱孙海涅尔,他躲在卧房里,反复咀嚼悲哀,是沃尔夫不知疲倦地陪伴左右。弗洛伊德快到 70 岁时,越来越依赖沃尔夫,他的女儿安娜都吃醋了。安娜后来写道:"爸爸过七十大寿,我没给他买礼物,这样的

① Stanley Coren, *The Pawprints of History. Dogs and the Course of Human Events.*

场合,我也买不到合适的礼物。我只送给他一幅沃尔夫的画像,我找人画的。这当然是打趣他了,因为我常跟他说,他把曾经放在我身上的注意力全部转移到这只狗身上了。他特别喜欢这份礼物。"

沃尔夫是 1925 年进入弗洛伊德家的,几乎与此同时,弗洛伊德遇到了玛丽·波拿巴,吕西安·波拿巴的后代,希腊王室成员中一位很有影响力的公主。她最初是弗洛伊德的学生,后来也渐渐成了精神分析史上的一位重要人物,促进了精神分析在法国的传播。她特别喜欢松狮犬。这种犬身体结实,是个体重 25 公斤左右的毛球,尾巴像根鸡毛掸子,因其独特的蓝色舌头而闻名。弗洛伊德的另一位女病人,也是安娜的密友,多萝西·伯林厄姆,送给弗洛伊德一只名叫伦宇的松狮犬,①之所以叫这个名字,是因为这种犬源自中国。但伦宇没活多久,它逃了出去,被火车轧死了。弗洛伊德为它哀悼了整整一年零三个月,然后才接受了它的替代品,伦宇的妹妹,一只名叫乔菲的松狮犬。7 年之后,同一家族的另一只小松狮吕恩,和乔菲一样,来到弗洛伊德家里。弗洛伊德不喜欢听人祝他生日快乐,他的家人只能向狗求助,让它们端坐在椅子上,戴着帽子,给他送去生日祝福。沃尔夫就曾经给弗洛伊德献上一首诗歌,这诗是安娜歌颂爸爸的,她把献诗的景都布好了,把诗歌系在沃尔夫的项圈上,委托它庆祝老爸又老了一岁。而弗洛伊德也很开心,像演戏一样地大声朗诵沃尔夫献上

---

① 参见 Edie Jarolim,«Will my dog hate me?»,https://willmydoghateme.com/pet-cetera/dogs-psychoanalysis-part-1-sigmund-freuds-case-of-puppy-love(2018-06-11)。

的颂歌，做戏要做全套，诗歌的署名还是沃尔夫呢，当然，肯定是安娜帮它写的啦。

　　弗洛伊德是个老烟民，于1923年得了口腔癌。他做了34次手术，还是没能痊愈，于1939年去世。而玛丽·波拿巴的小宝贝松狮犬多普西也得了口腔癌。它经历了同样的放射性疗法，但死得更快。女主人为它写了一部传记①，并让曾经的老师弗洛伊德帮她校稿。作者在书中对于所爱之人、所爱之物的痛苦、垂危、死亡进行思考，深深打动了弗洛伊德。在生命的最后一年中，尽管他流亡伦敦，深受病魔折磨，还是致力于将这部法语著作翻译成德语。同年，维也纳的纳粹分子烧毁了他的著作，叫嚣着精神分析是犹太人的阴谋，是为了削弱德国人的精神。1938年，弗洛伊德一家15口人和一只母狗，即年轻的吕恩（乔菲于1937年死于卵巢癌）在最后一刻逃离了维也纳。玛丽·波拿巴利用自己的财富和影响力拯救了他们。吕恩在进入英国国境时被非法囚禁，隔离了6个月，因为要去见病危的主人最后一面，才被放出来。在弗洛伊德本人的要求下，一位同事兼好友为他注射大量吗啡，实施了安乐死。

狗狗治疗师的共情

　　弗洛伊德不止让狗进入他的私人生活里，还将它变成治病的助手。从1930年年初开始，乔菲就一直在办公室陪伴他，他对病

---

① Marie Bonaparte, *Topsy. Chow-chow au poil d'or*, Paris, Denoël et Steele, 1937.

人进行心理治疗的时候也不例外。弗洛伊德认为，狗的行为其实是对病人精神状态发出的信号。如果病人焦虑、紧张，乔菲就会离他躺着的那张长沙发远远的；如果病人很绝望，乔菲则会靠近沙发，双眼充满悲悯，并把头伸过去，让那绝望的人能摸到。据欧内斯特·琼斯说，乔菲还有一个优势：她能代替时钟报时。按照惯例，每次心理治疗的时间是一小时，而每次只要满一小时，乔菲便马上站起来，打呵欠，伸懒腰，从未出过差错。对弗洛伊德来说，要想保证疗效，就必须严格遵守时间安排，所以乔菲这个狗狗闹钟就显得很珍贵。并且，欧内斯特强调说，乔菲几乎从不出错，除了偶尔几次，它早了一分钟，让几个病人少向弗洛伊德倾诉了一分钟，就只有一分钟。

弗洛伊德很快发现狗不仅是有趣的辅助工具，还能在治疗中起到中介调节作用。治疗时有狗在场，儿童和青少年更容易敞开心扉，成年人似乎也更放松。当病人处于心理治疗过程中的"抵抗"阶段时，会努力压抑自己，不去想那些痛苦的回忆，往往还会否认事实，或对治疗师怀有敌意。弗洛伊德认为，有了狗的帮助，病人能更轻松地渡过这一难关。他在最后的一些作品中，主张将狗系统地用于心理治疗。但他的弟子门生认为心理治疗只能在人和人之间进行，没有采纳老师给出的最后建议。

最终，是一位儿童心理医生发明了动物疗法，即动物协助之下的心理疗法。这一学科最早的代表便是借助狗进行心理治疗的。这也是一个偶然发生的故事，无心插柳柳成荫。鲍里斯·莱文森从 20 世纪 60 年代开始在纽约的家中进行心理治疗。一天，他的病人约翰尼，一个自闭症儿童，在父母的陪同下来进行心理治疗，他是出了名的难对付。我们这位儿童心理医生平时都提前把他的拉布拉多犬金格尔关起来，可这天约翰尼来得太早了，医生来不及关狗。这只拉布拉多犬跳到孩子身上，舔他的脸。奇迹发生了。小男孩不但没有生气，还开始哄金格尔玩。从那以后，小男孩每次治疗，金格尔都会参加，或许正是这非比寻常的心理治疗让约翰尼逃脱了自闭的命运。1962 年，莱文森发表了一篇题为《动物接触心理疗法》的科研文章。①

莱文森的同事都笑话他，问他怎么不把荣誉分一部分给他的狗助手，莱文森毫不理睬这些嘲笑，坚持自己的治疗实践。渐渐地，一些医生开始同意他的观点。他们都认为，让自闭症儿童与动物互动，让有心理障碍的罪犯照顾动物，有很多积极作用：治疗对象的暴力倾向减弱了，更合群，更有自信心……在此之前，动物被完全被排除在医疗场所之外，现在可以不动声色地登堂入室了：如今，在医院、养老院、劳改农场都能见到狗，它们和主人一起，都是志愿者治疗师。据记者迪亚娜·加博的报道，"动物接触心理疗法旨在改善认知—行为心理治疗模式之下治疗师与病人之间的关系……拥护者认为，这种疗法能提高病人的积极性，促进病人与外界接触，有助于病人集中注意力，让病人通过一种感官上可触知的互动，更好地学会尊重与自立。此疗法能帮助

① 详见 Diane Galbaud, «Les animaux peuvent-ils nous soigner?», *Sciences Humaines*, n° 273, 2015 - 07。

那些抑郁症患者或阿兹海默患者进行社会交际，提升他们的幸福感，能减轻精神分裂患者的情绪障碍和自闭症儿童的精神压力，甚至能缓解住院病人的焦虑。此疗法是对其他治疗手段的有效补充"[1]。

　　动物疗法在盎格鲁-撒克逊国家中已经发展起来，但在法国才刚起步。2010 年，法国有三分之一的养老院长期收养能给人带来慰藉的小动物，通常是猫，只为了给养老院的老人找点乐子。那时候，每十家养老院中只有一家养狗。但这种做法与动物疗法有本质区别，动物疗法中的动物是作为有从业资格的治疗师与病人互动的。在动物疗法领域，2017 年年末的法国，只有亚眠的菲利普-皮内尔医疗中心有一位护士借助狗进行心理治疗，他只有 4 只雌犬，而同一时间段，美国的医院里却有成千上万只治疗犬。法国的这位护士名叫威廉·朗比奥特，他曾经是联合国维和部队一名警犬扫雷兵，7 年前成了心理咨询师。他提倡用狗进行心理治疗：给狗洗澡，照顾狗，和狗玩游戏，和狗一起去公园或乡村散步……威廉介绍道："佐伊是一只 7 岁大的雌性金毛寻回犬，病人们最喜欢它了。它喜欢走路，更喜欢把你扔出去的球捡回来。有些病人几乎忘掉了它的存在，因为它实在太听话了。艾维，我的两只雌性骑士查理士王小猎犬中的一只，会参加我们在治疗室的活动，例如小组谈话。法图是自由工作者，它并不是一直都乖乖的，它需要人关注，因此能将病人拉回现实。至于德国牧羊犬露

---

[1] Diane Galbaud, «Les animaux peuvent-ils nous soigner?», *Sciences Humaines*, n° 273, 2015-07.

娜，它性格坚强，非常适合照顾精神病患者。"[1]

和威廉·朗比奥特最亲近的同事都同意他的观点，认可这种用狗和病人进行互动的疗法。这种心理疗法有很多作用，狗可以帮助病人重新开口说话，缓解其交际障碍，减轻其行为障碍。许多研究表明，与动物接触，特别是与狗接触，对促进和确保病人与外界交流有着重大作用，无论是患自闭症的年轻人，还是患阿兹海默症的老年人。动物并非真正意义上的"治疗师"，但它能起到调节作用，人类治疗师会一直监控它的行动。然而，因为这种疗法缺乏坚实的实验基础，许多治疗师压根不相信动物辅助下的心理治疗。

我们对人类健康做出的最后一个贡献，就是用嗅觉探测癌症和肿瘤，在这个领域中，我们似乎相当出色，利用我们检查癌症的做法很快就普及开来。人们还利用我们的嗅觉去探查葡萄园或森林中染病的植物，或者检查房间里是否有白蚁。

我们总会用某种方式帮助你们，虽没有救命之恩那么夸张吧，但至少让你们的生活更加轻松。这也正常，人类创造我们狗，目的不就是这个嘛。

1816 年，法国的《埃尔彭罗森》日报刊载了一段给我的颂词：

12 年中，它（巴里）兢兢业业、忠贞不二，致力于帮助那些不幸的人。……它表现出非凡的勤勉，工作极其主动，人们根本不

---

[1] Nathalie Picard, «Des chiens guérisseurs à l'hôpital psychiatrique», *Le Monde*, 2017-12-04.

需要采取什么激励措施。只要它感觉有人遇险,便立刻赶去救
援。要是它无能为力,便会跑回修道院,用叫声和各种动作
求助。①

　　随时为你们效劳……

① André Demontoy, «Barry 1, secouriste légendaire», *Dictionnaire des chiens illustres à l'usage des maîtres cultivés*, T. I: *Chiens réels*, Paris, Honoré Champion, 2012.

第十四章
斗牛犬：身不由己的小混混

后天养成的攻击犬斗牛犬

它的嘴巴让人望而生畏，它狂奔着穿过公园，无拘无束。年轻的主人知道自己的狗并不危险。然而，这是一只斗牛犬啊。等我们剖析完关于攻击性和阿尔法的传说故事后，大家便会明白，你们看待狗的目光，决定了它的命运。

血与偏见

斗牛犬：今天去公园散步，大家都看到我了。他们好担心，赶紧吹口哨唤回自家的狗。大家都在我背后窃窃私语。一只斑点犬摇了摇尾巴，正准备过来和我聊聊，却被人从后面拽了一下，它的主人惊恐万状，拼命把它往回拉，都勒到它的脖子了。看吧，我就长了这么一张骇人的嘴，没人敢靠近我。大家都怕这个低声咆哮还不戴嘴套的家伙。而我的主人却很淡定地松开了我的拴狗绳。我兴奋得一颤，全身肌肉绷紧，以 40 千米的时速从垃圾桶上面跳过去，绕着公园跑了一圈又一圈。一只有点疯疯癫癫的大金毛过来和我一起玩，我们刚认识不久，但彼此信任，在一起玩得很好。待会儿回去，主人还会把他们最近出生的宝宝丢给我照看呢，小家伙只有 6 个月大，肉乎乎的，很可爱。

这一幕发生在 20 年前的布达佩斯。但后来人们很少看到斗牛犬在城市里自由嬉戏的场景了。一整套法律武器开始针对这些矮墩墩、嘴巴前凸的狗，特别是斯塔福德郡斗牛梗，也叫美式斯塔福德郡犬（二者统称斗牛犬），这般打压的触角还伸向了看门犬、罗威纳犬和獒犬。法律规定，这些狗出门必须用"变态安保三件套"，即项圈、狗绳加嘴套，严加管束。出台这样的规定，是有历史原因的。今天的斗牛犬最初是一群斗士杂交而来的。几个世纪前，英国人将英国最古老的擅斗公牛的斗牛犬和梗犬进行杂交，后者最擅灭鼠，那时候，旅人喜欢聚在小旅馆打赌，以此为乐，就赌梗犬冠军在规定时间内最多能杀死多少只老鼠。斗牛犬一方面有强壮的肌肉，铁钳一般的下颌，意志坚定，锲而不舍，它可是杰克·伦敦的小说《白牙》里击败了狼狗的冠军呀；另一方面，它精力旺盛，上能跳高，下能钻地，这得益于它身上梗犬的血统，梗犬可是能去地下猎獾的。两方面天赋异禀，让斗牛犬很能吃苦。总的来说，这家伙很棒，能干不少事。它们嗅觉灵敏、耐受力强、意志坚定，身体素质堪比健美运动员，能拖动体积巨大的重物。

最开始时斗牛犬就是用来与其他动物对打的。19世纪末，英国立法禁止此类打斗，这些杂交犬斗士便成了家养宠物。一直到20世纪下半叶，斗牛犬的名声都挺好的。除了我在前面的故事中提到的被授予中士头衔的斗牛犬斯塔比，我们还有许多同伴成了宣传大使，是爱国战士的化身。一些社会名流也喜欢养斗牛犬，人们经常拍摄斗牛犬与孩童玩耍的温馨画面。人们知道我们身强力壮，以前他们觉得这是好事，不强壮怎么保家卫国啊。但后来，种族隔离政策侵蚀了美国各大城市，帮派林立，斗犬活动又十分隐秘地死灰复燃了。年轻人渴望暴力，斗牛犬成了他们被压抑的攻击性的隐喻，也成了身体力量的象征，象征着他们想要成为的那种战争野兽。

　　这股血腥味让许多人兴奋不已，而在洛杉矶，这味道最容易闻到，那里有嗜血传统。我们先从美丽的好莱坞郊区讲起吧。20世纪60年代，一位名为罗曼·加里的法国小说家，即女星让·塞贝格的丈夫，养了一只体形巨大的德国牧羊犬。这只傲慢的大狗名叫巴特卡，俄语名字，意为"胖子"。它无论和谁在一起都很可爱，别的狗啊，猫啊，孩子啊，访客啊，只要是白人，或白人家的。可一旦有黑人靠近，巴特卡立马变身狂躁杀手。恰逢种族平权斗争之时，经过调查，罗曼发现有不少训练有素的警犬只攻击黑人，它们是奴隶制种植园中寻血猎犬的后代。这种驯狗方式一直都很流行，直到今天一些白人至上论者还在鼓吹他们能训练攻击犬，让它们根据肤色确定攻击目标。狗没有道德标准，只要不涉及同类，很容易成为人的帮凶。只有邪恶的主人才会养出邪恶的狗。这一旧俗仍在帮派里流传，黑帮老大喜欢养一只最大、最凶恶的斗牛犬，让自己也显得更强大、更凶恶。

　　罗曼·加里在一部小说中(可能是自传性的?)讲述了如何想办法让自己养的"白狗"改掉一见黑人就想扑上去撕碎的怪癖。[1] 以罗曼为榜样，另一个人也因救赎而闻名。此人便是塞萨尔·米扬，他从墨西哥移民到美国，定居洛杉矶。最开始他以帮人遛狗为生，他经常被拍照，照片中的他被一群杂色狗包围着。渐渐地，他和明星们越走越近，比如说唱歌手里德曼，此人是混帮派的，养了一只小斗牛犬，叫"爹地"。那时候的塞萨尔真的是刚出来混，

<hr>

[1]　Romain Gary, *Chien Blanc*, Paris, Gallimard, 1970, réédée. «Folio», 1994.

三天两头地被卷入帮派火拼，还时不时进局子。出专辑以后就好多了，因为他必须让更多的人喜欢他，不能只满足于少数人的尊敬。

狗老大的野心

和塞萨尔在一起，斗牛犬再也不好"斗"了。塞萨尔帮年轻的斗牛犬"爹地"消除了它身上积压已久的紧张情绪，它跟着里德曼混帮派，压力很大呀。塞萨尔将"爹地"变成自己的左膀右臂，是身强力壮却又心平气和的典范，狗群中其他狗学习的榜样。不久后，塞萨尔上了美国《人物》杂志，从此成为社会名流的专属遛狗人，并投入到人道主义事业中。1990—2000 年的洛杉矶，警察局待领场里一半以上的狗是被年轻人抛弃的斗牛犬。它们大多是赛场上的失败者，攻击力不够，没法赢得比赛。然而，它们是在拳打脚踢和棒球棒子下长大的，有暴力倾向，不合群，是潜在的危险分子。不断有新的弃狗进入待领场，为了把位置空出来给新来的狗，之前这些斗牛犬必须被人收养，否则就会被执行安乐死。一针毙命，很快：大部分斗牛犬的生命历程就是这么结束的。塞萨尔对这些充满力量的斗牛犬着迷不已，不忍心看着每年有一百万只斗牛犬就这么被杀掉，便创立了一个救助斗牛犬的基金会，为它们提供庇护，能救多少是多少吧。塞萨尔自学成才，算得上狗狗行为学专家，亦熟知这些大家伙到底是在怎样的街头环境中身不由己地成为全民头号公敌的，他发明了一套以自己的名字命名的驯狗方法，还专门补充了如何训练攻击性强的猛犬的特殊技巧，塞萨尔就是用这套方法改变了一些斗牛犬的行为。塞萨尔出名了，也更容易为他庇护之下的斗牛犬找到收养家庭。

塞萨尔的故事证明了，人类既可以让狗变得很暴力，也可以清除狗身上这种人为注入的暴力。狗是坚韧不拔、忠贞信任的典范。它可能曾经被某个主人打得半死，但只要换个人，某个时刻对它稍有关爱，它便又可以对新主人报以一腔愚忠。塞萨尔取得了巨大成功，从此成为"狗语者"，"对狗说悄悄话的人"，一上电视节目，便吸引大量听众，他的驯狗法也被写成书出版，大卖特卖……这一切，让某些人不爽了。这些人诋毁、贬低塞萨尔，猛烈攻击他的理论。塞萨尔的理论，一言以蔽之，即主导。狗需要感知到你就是狗群首领，狗社会的老大。狗一旦认准你是老大，就会乐此不疲地听从你的话。塞萨尔曾说，狗就是狗，它必须乖乖待在自己的位置上，狗主人必须冷静而自信，教会狗如何尊重人，让狗做足够的运动保持健康，有条件的话，可以给它多一点爱。但如果狗表现出攻击性，如果它以为可以在人面前为所欲为，那就……

其实塞萨尔说得没错，都是常理。然而媒体更喜欢血腥刺激，唯有这样才能占据广播电视的黄金时段。媒体想要什么，塞萨尔就得给啊。他登台表演如何驯化这些四条腿的小混混，这些养在他收容所里的斗牛犬。初次相逢，斗牛犬便露出尖牙，咆哮着，一副要咬人的样子。而狗老大塞萨尔马上会让它知道谁是主子。塞萨尔绷紧手指，击打狗的腹部，以示警告。如果斗牛犬准备继续攻击，就勒住它的项圈。塞萨尔坚持说，对狗只需小惩大诫，但如果碰到攻击性很强的狗，则别无选择。从 2006 年开始，动物保护组织纷纷批评塞萨尔驯狗法过时了，让他的日子很不好过。我们来简单解释一下这个问题。现如今有两大派驯狗理论。第一大驯狗流派，即行为学派，认为狗是群居动物，需要通过相关礼仪规范来建立等级关系，例如主人吃完饭你才能吃。第二大驯狗流派，动物生态学派，则认为狗被驯化得太久了，已经完全失去了狼祖先的群居基因，就算回到野生状态，狗也不会变成狼。它们不会成群生活，更不会听从头犬夫妇的指挥。它们的狼祖先一年只产两窝小狼崽，狗的性欲比狼大得多，也几乎没有对伴侣的忠诚。另外，狗始终喜欢和人在一起。总而言之，狗就是狗，不可能变回狼了。动物生态学派认为，完全没有必要在自家的贵宾犬面前扮演狗老大的角色，更没有必要抓着它的颈毛把它提溜起来，或是把它推翻在地，逆着毛发摸它的肚子，这种行为密码在它们身上已经不管用了，表面上的驯服毫无意义。

狗界即人界？

　　事实上，"狼老大"或"狗老大"的概念，揭示了人看待狗的一种特殊方式。这一概念源自一段异常野蛮的历史时期，即两次世界大战期间。20世纪30年代的欧洲，瑞士生物学家鲁道夫·申克尔主持了一项大型研究，对犬科动物的社会行为进行比较时至今日，该研究仍然是规模最大的研究之一。① 他观察瑞士动物园里那些被囚禁的狼、澳洲野狗、豺和狐狸，却不研究自然状态中的

---

① Bradley Smith（dir.），*The Dingo Debate. Origins, Behaviour and Conservation*, p. 38.

野生动物,也从不理会护林员和捕狼队队员这些前辈的意见。这些人可是 19 世纪最好的动物生态学家,可惜他们的研究做得太成功了,成功地消灭了自己的研究对象。

正是鲁道夫发明了"阿尔法"的概念,用来指狼群或狗群里的最高统治者,凭武力当老大。当时的欧洲,鼓吹绝对统治者的意识形态渐渐占据主导,德国有希特勒,意大利有墨索里尼,西班牙有弗朗哥……要再过很久,通过观察野狼,人们才会明白,"头狼"其实就是一个狼家族里的狼爸或狼妈,在大狼崽们的辅助下,努力养育最幼弱的一窝小狼崽。包括大卫·梅什在内的许多当代生物学家都认为,"头狼"是人类借用的一个概念,主要起教育后代的作用:头狼先生和头狼太太禁止它们的孩子做某些事,而鼓励它们做另一些事。但在意识到这一点之前,人类在许多方面都深受"头狼"理念的影响。例如,人们以为狗既然是狼的后代,那么也会遵循同样的"头犬"规则,狗也需要一个不容置疑的绝对领袖才能循规蹈矩。绝大部分人类其实还在靠这样的理念生活,这种理念让人永远只需要从一只狗的角度来思考问题:主人希望我做这个? 好,我得让他高兴。人类之所以能总结出这种认知模式,并非基于对狗的行为的观察,而是基于对人类社会的认识。最新一代的动物生态学家认为,人类是不可能成为狗群或狼群首领的,因为人永远无法学会观察别的物种的主导行为。①

---

① 关于物种内部和物种之间领导力理论的最新报告,参见 Èmilie Delmar, «Leadership et relations homme-chien», École nationale vétérinaire d'Alfort, 2014, http://theses.vet-alfort.fr/telecharger.php? id = 1731(2018 - 06 - 19)。

鲁道夫厥功至伟，他制作出一张犬科动物交流互动的行为清单，并指出狼或狗的行为和态度反映出其在群体中的地位。在狼群或狗群里，也有老大和小喽啰的两极之分，一只狼或一只狗到底是大哥还是跟班，从它肌肉的紧张程度、尾巴的位置、身体的姿态、耳朵的方向等就能看出来。龇牙咧嘴、眉头紧皱、耳朵直立、尾巴上竖？这样的一定是老大。收牙闭嘴、眉顺耳耷尾巴垂？这样的一定是跟班。身体姿态决定群体关系，犬科动物交流互动的行为表现十分丰富，其中就包括各种避免打架斗殴的方法。从物种进化的角度来讲，打架斗殴是万不得已的最后选择。在自然状态中，对同类实施暴力是一种变态行为，尤其当这种暴力可能杀死同类物种中的一员时。[1] 这种极端行为只会在某些特殊情况下发生，例如雄性动物抢夺雌性伴侣，或通过决斗来争夺狩猎地盘。

攻击性是先天的，还是后天的？

许多研究指出狗攻击人的四类情况。最常见的第一类与焦虑和沮丧有关（如饥饿、口渴、与世隔绝），这类情况常出现在小型狗身上，攻击对象往往是小狗身边亲近的人或其他动物。第二类情况涉及群体生活和领土问题，这种攻击性可以通过训练获得。母狗出于护崽的本能，攻击性也会增强，但总的来说，这类攻击时常起因于误会，例如误读了对方的警告信号。第三类情况的原因

---

[1] Konrad Lorenz, *L'Agression. Une histoire naturelle du mal*, 1963, traduit de l'anglais par Vilma Fritsch, Paris, Flammarion, 1969, rééd. «Champs», 1991.

是恐惧，当狗感到有必要保护自己或亲人时，就会产生攻击性。第四类攻击是捕猎需要，这几乎是本能反应，尤其是当潜在猎物逃跑时。

攻击行为虽然有一定的遗传基础，但与犬种无关。经过同样的训练，人们眼中的凶犬，其咬人的危险不见得会比其他犬种大，至少不会是无缘由的，但由于它们身强力壮，一旦发动攻击，就会带来毁灭性的后果，因此常常格外受人关注。20世纪，人们曾认为某些犬种的攻击性是之前的基因选育存留下来的，这一观点在今天已经被遗传学彻底推翻了：你最爱的法国斗牛犬喜欢跳到奶牛脖子上，并不是因为它的祖先喜欢狂咬公牛，中间隔了太多代，这种攻击性基因很难存留下来。盎格鲁-撒克逊世界中的一些研究者不同意申克尔的观点，他们的研究指出，狗的攻击性只有20%与隔代遗传有关，剩下的80%取决于后天教化、生活习惯、性别（一般来说，一只没有绝育的雄犬的攻击性，要比一只没有绝育的雌犬强，而一只没有绝育的雌犬，其攻击性又比一只绝育了的雄犬强）以及健康状态。最后，请大家记住，狗咬人，一般不会咬得很严重，狗咬的大都是认识的人，孩子更容易被咬，因为他们不知道如何应对狗，而且狗咬人的事故一般发生在家里。

为了让大家更好地了解狗咬人的原因，我们借用亚当·史密斯的小秘方，讲故事比讲道理有用，我们来还原一个事故的来龙去脉：杰拉尔有一只超级听话的狗，一只正当盛年的拉布拉多犬。这天艳阳高照，再过一小时，电视上的足球冠军赛就要开始了。

杰拉尔在屋外的花园里看到了皮埃尔。这位邻居刚搬来不久，是初相识的朋友，杰拉尔和他喝过几次咖啡。街上车水马龙，太吵了，杰拉尔朝他大喊了一嗓子："嗨，皮埃尔，要过来喝杯啤酒吗？"对方也大叫了一声，接受了邀请。但杰拉尔家的狗却停了下来，不再咀嚼口中的骨头。主人大声说了点什么，一个擅入者也扯着嗓子回了一声，这家伙越走越近，主人还退回到屋子里了。出事了！狗狗亮出了牙齿，这可稀奇。擅入者推开大门，此人戴着太阳镜，透过太阳镜，狗狗能看见的，仿佛只有一缕坚定而充满敌意的目光。狗狗竖起全身毛发，绷紧尾巴，进入下一个阶段，咆哮着直截了当地发出警告。皮埃尔没看见狗，也没听到狗叫，街上太吵了。狗狗慌了：这家伙如此嚣张，朝着自己的领地来了，连主人都不敢面对。还是先退一步吧。狗狗回到屋子里，迎面撞上正要进屋的皮埃尔，皮埃尔有点惊讶："啊，这是你的狗？看上去很乖呀！"狗狗守在门口，看到主人杰拉尔背对着它，被逼到冰箱那儿，冰箱门大敞着。难不成主人是想躲进冰箱？我得救他。一转身，皮埃尔已然进屋，越过了红线。

24 小时之后，皮埃尔住进医院，打着镇静剂。外科整形医生已尽全力，然而，皮埃尔还是破相了，脸上的咬痕再也去不掉。杰拉尔也从警察局回来了，他不知道发生了什么。"不，我和您说过了，皮埃尔啥也没干，不是他挑起攻击的。这只狗也是第一次咬人。"杰拉尔错过了球赛，警察跟他说了些什么，他唯一记得的，就是他会损失很多钱，皮埃尔会拖他上法庭。那只狗呢，在笼子里关了一夜，状态糟透了，咬了人，它也很紧张。之后，它会被送去兽医那儿。它还想再见杰拉尔呢，所以很乖，任人摆布。那位兽医太太人很好，在靠近它之前，做好重重防护，还确定它没有狂犬病。之后还得关它 15 天，给它做两个补充测试，然后让动物行为学家给它做检查。再过不到一个月的时间，那位善良的太太会在它身上剃掉一小方毛，带着惋惜，将针头缓缓刺进它体内。这只狗再也见不到主人杰拉尔了，好多人给他施压："狗咬人一次，就会咬第二次。你必须除掉它。"

边缘者的恐惧

2000 年前后，许多发达国家都立法禁养某些品种或类型的狗，或对这些狗的主人提出一系列强制要求。法国从 1999 年开始禁止豢养"攻击"犬，即"第一类犬"。所谓第一类犬，即外表长得像但并非以下犬种的犬：斯塔福德郡斗牛梗或美式斯塔福德郡犬、马士提夫獒犬、土佐犬。① 在某些情况下，可以养"第二类犬"作为看门犬或护羊犬。"第二类犬"包括"纯种斯塔福德郡斗牛梗或美式斯塔福德郡犬（而非第一类中那些仅样子长得像这些犬的）、罗威纳犬、土佐犬，还有那些虽不曾在法国农渔业部认可的犬种谱系中注册，但外形类似纯种罗威纳犬的狗"。

这些投票通过的法令带有镇压性质，主要是为了平息大众传媒上与日俱增的恐慌，但其实没啥效果，不但没有让人们停止培

① 参见 1999 年 1 月 6 日出台的法规，1999 年 4 月 27 日颁布的法令，https://www.service-public.fr/particuliers/vosdroits/F1839（2018–06–19）。

育所谓的凶犬犬种，反而让其更受欢迎，有些人就是想养政府不准养的动物。[①] 那些强制要求凶犬主人采取更多防护措施（嘴套、训练等）的法律，唯一的效果就是转移了问题的焦点：只针对凶犬立法，人们对其他犬种便不再设防，错误地以为它们不具有攻击性，结果这些犬种反而会引起更严重的事故。再有，前面提到的相关立法占用了很多政府资源，法律机构常常面临一系列诉讼争端。将某种狗武断地划进第一类或第二类，而划分界限常常很模糊，这种做法当然会引起争议。假如你买来一只可爱的小狗，它的妈妈是一只拉布拉多犬，而爸爸犬种不明，那么你就要等它长到 1 岁，具备成年的外形特征，看它是否符合"凶犬"标准，才能确定是否能继续养它。而判断是否凶犬，往往取决于于狗的胸围的一厘米之差，或者下巴的长宽比之差，这得由兽医来测量评估，如有争议，还得诉诸法庭仲裁……正因如此，在荷兰，还有某些美洲国家，此类的法律只维持了短短几年便彻底失效了。

有了这些前车之鉴，我们似乎更应该强调教育的作用，尽量让孩子从小开始认识狗这一物种，告诉他们不要随便接近不熟悉的狗，接近时千万不要大叫，不要在狗面前跑来跑去，要学会解读狗的某些行为。还要采取措施让所有狗主人主动加强对自家狗的教育。

对优秀的人类社会而言，最令人担忧的狗，除了那些小混混的狗，就属那些无家可归的流浪汉的狗了。朋克一族养的狗，和

---

① 详见 Caroline Estéves, «Les chiens dangereux. Un problème toujours présent, des solutions qui se dessinent», École nationale vétérinaire de Lyon, 2010, www2. vetagro-sup.fr/bib/fondoc/th_sout/dl.php? file=2010lyon021.pdf(2018-06-19)。

一群漂泊无依的人生活在一起，人和狗都回归了流浪的天性，成了流浪者。对这些居无定所的人而言，狗首先是一种情感的支持，是他们最后所剩不多的联系社会的方式之一。[①] 同时狗还是他们的安全助手，主人睡着时，若有人来偷取本就不多的财物，狗会大叫示警。一般来说，这种狗不会攻击人，它压根没受过这种训练，而且大部分流浪狗很胆小，只敢叫一声，发个警报。

克里斯托弗·布朗沙尔在其社会学博士论文中研究了生活在社会边缘的人和狗，和他们生活的那个奇特的世界。在这个世界中，狗有许多用处：独自睡在户外的人，把狗当成取暖的被子盖；有只狗在身边，就算不能真的防身，心里也踏实些；对那些与家庭决裂的人而言，狗就像家人一样，给予他们关爱；狗还是这个世界中不可或缺的一种负担，迫使那些大家眼中不负责任的人也承担起责任，照顾比自己更弱小的生命；狗还能帮人乞讨，行乞时，旁边有一只安静的小狗，行人似乎更大方。流浪者在狗伙伴的目光中读到了某种东西，在他们之前，也有许多同处困境的人在这样的目光中感受过同样的东西：一种无条件的爱。这便是狗的天性。虽然我们当中某些同伴曾狠狠遭受过暴力，将这种爱扭曲成了攻击，但我们狗从未因此而怀疑过我们与人类缔结的盟约，那无私奉献的盟约。

---

① Christophe Blanchard, «Les jeunes errants brestois et leurs chiens. Retour sur un parcours semé d'embûches», *Étude sociologique*, 2007 - 07, http://www.cemea.asso. Fr/IMG/pdf/Les_jeunes_errants_Brestois_et_leurs_chiens._C._Blanchard.pdf (2018 - 06 - 19). 详见 Christophe Blanchard, *Les Maîtres expliqués à leurs chiens. Essai de sociologie canine*, Paris, La Découverte/Zones, 2014。

第十五章

斑点狗：有故事的狗

动画片中的大明星斑点狗

从忠诚的柯利牧羊犬莱西到热爱自由的杂种犬弗古尔，从西班牙的贵族看门犬贝尔甘萨到社会地位节节高升的小狗马萨克尔，这些狗的故事告诉我们关于人类的哪些方面呢？

小狗的皮毛

斑点狗：1961 年的一天，迪士尼工作室制作的动画片《101 忠狗》首映，那是个好日子，我们的命运从此改变了。这部动画片的题材并不新颖，以狗为主角的电影，它不是第一部。但正是因为这部动画片，金主爸爸启动神奇的影视梦工厂，像传奇的史高治·麦克老鸭（迪士尼另一经典动画角色，唐老鸭的富豪舅舅）一般创造了神话，让我们斑点狗成为大众关注的焦点。关于我们的传闻经久不衰：据说那一年，我们斑点狗成了各大热销榜上的魁首。但事实并非如此。这部动画片是从一个童话故事改编而来的，它当时的确让斑点狗红极一时，但并未立即提升其销量。

然而，该影片似乎具备所有流行元素。来回顾一下故事情节：15 只小狗被绑架了，一起被绑架的还有另外 85 个小伙伴。它们都超级可爱，独一无二的皮毛，白底黑斑，憨态可掬，惹人疼爱。它们之所以被绑架，是因为无耻女魔头库伊拉盯上了它们的皮毛。这个恶毒的女人喜欢玩时尚，想要活剥这些斑点狗，用它们的皮毛做一件与众不同的大衣。当然，这部动画片是给孩子看的，结尾很圆满。从技术层面讲，该影片的动画制作成就不俗：没有电脑辅助，平均每只狗身上要绘制大约 30 个斑点，而那么多狗要同时出现在屏幕上，这就必须使用一些特殊技巧，让美丽的斑点狗世界栩栩如生地动起来。

看完这部动画片，孩子们本应撒娇任性地嚷嚷着买狗，父母一心软吧，也就很可能给孩子买来这可爱的小斑点狗，小狗长大了，闯祸了，被抛弃了，收容所狗满为患：这么惨，你们倒是挤滴眼泪出来呀……可惜，根本没这回事。以狗为题材的电影带动狗销量的现象，直到 1996 年才初现端倪。那一年，美国重拍了《101 忠狗》，一部真人版的喜剧片，狗是真狗，人也是真人。美国的动物保护组织闻到味了，马上行动起来，保护动物权益。人们后来找到当年保存下来的几张照片，照片上一群保护动物权益的积极分子身穿优雅的白底黑斑外套，正如影片中库伊拉梦寐以求的那样，在迪斯尼公司所在地游行，并预测说这部新作会掀起一股购买斑点狗的热潮，进而引发铺天盖地的弃狗潮。这个预言只实现了很小一部分。动物保护组织的数据显示，该影片上映后的几年中，收容所里被抛弃的斑点狗只多了一倍。这一数据虽无法证实，但不管怎么说，弃狗数量都远小于他们最初的预测。

斑点狗销量巅峰真正来临时，却无人察觉。直到后来，有人对美国犬舍俱乐部登记的纯种狗销售记录做了一项数据分析，大家才发现斑点狗的销量巅峰出现在 1985 年。这一年，迪士尼重启《101 忠狗》，授权各大院线重播这部 1961 年首映的动画片，斑点狗销量从此时开始飙升，1985—1992 年，每年售出 6 000 ~

40 000 只。最让人惊讶的是,这阵风潮过去之后,斑点狗的销量马上跌入谷底,20 世纪 90 年代末,斑点狗的年成交量仅 1000 只左右。[①]

故事到底如何发展,1996 年那些游行的积极分子的预测还是很准的:斑点狗成了明星狗,人们疯狂购买,最后受苦的还是狗。但这类现象的发生并不是必然的。之前那么多动物题材的电影,并没有引发相关动物的购买热潮啊。然而出人意料的是,最近几年,好几部电影竟也引发了购买某些动物的热潮。这些电影甚至导致了偷猎或偷渔现象:受害者有小丑鱼,因为 2003 年上映的动画电影《海底总动员》中有一条名叫尼莫的小丑鱼;《忍者神龟》火了,现实中的乌龟却遭了殃;受害者还有非洲撒哈拉沙漠里的大耳狐,因为 2016 年上映的《疯狂动物城》的主角之一便是一只大耳狐……针对这些动物的各大养殖场也应运而生。单看狗这边的情况呢,那不勒斯獒犬和西伯利亚哈士奇近来售价走高,前者卖得贵是因为电影《哈利·波特》里有一只,后者价格高则是因为《权力的游戏》和《暮光之城》里的狼其实都是西伯利亚哈士奇扮演的。在公寓里养斑点狗已属不易,更别提巨大的看守犬或工作犬了,它们养起来更难:它们时常寻求新奇感,吃得又多,需要

---

① Stefano Ghirlanda, Alberto Acerbi, Harold A. Herzog, «Dog movie stars and dog breed popularity. A case study in media influence on choice», *Plos One*, 2014 -09 - 10, http://journals. plos. org/plosone'article? id = 10. 1371journal. pone.0106565; Harold A. Herzog, «Forty-two thousand and one dalmatians. Fads, social contagion, and dog breed popularity», *Society and Animals*, 2006, https://habricentral. org/resources/432/download/Herzog_BreedPop_2006.pdf(2018 - 06 - 21).

精心照料和大量运动。

影坛常青树

　　常常成为荧幕焦点的，还有一种狗：柯利牧羊犬（苏格兰牧羊犬）。莱西是最著名的明星狗之一，她虽然是故事里虚构出来的，却是一位真正的女使者，打破了人们心中"动物机器"的固有观念，为我们狗的事业做出了巨大贡献。莱西是许多电视剧和电影的主角，它让所有人深深意识到，狗拥有某种形式的智力，能听懂你们想说的话，而且对自己的主人情深无限。一代又一代的孩子都是看着《神犬莱西》长大成人的，他们成年以后，骨子里并不反对动物有情的观点，虽然这与他们当年所学的生物知识截然相反。

　　莱西是一只雌性苏格兰牧羊犬，这种牧羊犬在苏格兰地区是很有代表性的，口鼻部很尖，毛发很长，有黑、白、红三色。莱西的主人家很穷，不得不把它卖给一个富有的英国人，还是一位老公爵。忠犬莱西逃过了犬舍看守，开始了一段几百千米的冒险传奇，最终和小主人重逢。从1938年开始，莱西的故事越来越丰满，多了很多有趣的小情节，而所有这些情节都是为了告诉人们，莱西能听懂人说话，也能用合适的方式回答，比如通过姿态、声音、动作等，它举止得体、恰到好处。

　　莱西这一形象最早出现在英国作家埃里克·奈特的一部短篇小说里。这部短篇于1938年刊登在《周六晚邮报》上，在读者中引起极大反响，于是作者把它扩写成了一部长篇小说，名曰《忠

举止得体的苏格兰牧羊犬

犬莱西》，于 1940 年出版。长篇小说卖得太好了，又拍了同名电影，之后还有十几部其他长片电影和一部电视连续剧。这部几百集的连续剧于 1954 年至 1991 年间播出，几乎没断过。莱西还有自己的广播剧呢，从 1947 年一直播到 1950 年。狗狗心理医生斯坦利·科伦回忆起这部广播剧，想起当年无数的儿童小忠粉时，这样说道："如果是现在，按照今天大家对狗的共识，我觉得任何一位广播剧制片人都会用人声给明星莱西配音，因为得让听众们知道莱西在想什么，能听懂它在说什么。也许会选一位声音温柔的女士，年龄不是问题，但可能需要带点苏格兰口音，毕竟莱西是来自苏格兰的。然而，当年这部广播剧……还是在最大程度上和电影屏幕上莱西的形象保持一致：电影中的莱西不会说话，只会叫。还有一个很有趣的小细节：电影里大家听到的一般的狗叫声是一只名叫帕尔的狗发出来的，但狗的呻吟、喘息、呼噜、低嚎这些比较特殊的声音，则是配音演员专门给'他'配的，配得可像了。"①

"他"？电影里饰演莱西的帕尔难道跟原著里写的不一样，是一次雄犬？对呀，电影里莱西的镜头几乎都是雄性苏格兰牧羊犬拍出来的。唯——只被选中的雌犬，拍了一个半月以后，因为在一次拍摄中拒绝泅水过河，被换下场，帕尔顶替了它的角色。不过雄犬比雌犬高几厘米，确实更上镜些。而且一只没有绝育的雌犬一年有两次发情期，一发情，它的皮毛就会暗淡好几个星期，能拍戏的时间没那么长。

最早进军好莱坞的狗狗大明星之一，是法国籍的任丁丁。任丁丁是一只德国牧羊犬，出生在洛林。1918年，第一次世界大战结束之后，美国下士李·邓肯在德国禁卫军的养犬场里发现了它，和它一起被收养的，还有它的妹妹内内特。两只小狗的名字，灵感来源于一对布偶娃娃，恩爱夫妻任丁丁和内内特。一战期间，法国士兵常随身携带这对布偶，以求好运。小狗内内特在横渡大西洋时没挺住，去世了。德国牧羊犬是优秀的工作犬，李开始训练任丁丁。经过培训，任丁丁赢得了好几场障碍跳高比赛冠军，引起了制片人和导演的注意。1923年，任丁丁出演切斯特·富兰克林导演的影片《北方开始的地方》，从此走上明星之路。它在影片中饰演一只孤儿狗，从小被狼养大，最后从歹徒手中救出了一位年轻人和他的未婚妻。这部电影大获成功，拯救了濒临破

---

① Stanley Coren, *Comment parler chien. Maîriser l'art de la communication eutre les chiens et les hommes.*

产的华纳兄弟公司。[1]

1925 年，在一项民意测验中，任丁丁当选为"美国最受欢迎的明星"。这只狗自娱自乐，什么都会：拉缰绳赶车，翻越火墙，把歹徒压在地上起不了身……从那以后，它专演西部片，好几次都演同一类型的角色：美国骑兵的军犬，智力超群，多次让战友化险为夷。它超级耐得住性子，可以一个姿势保持很久，可以同一条镜头连续重拍 20 遍，也可以长时间保持纹丝不动。正因如此，任丁丁片约不断，在 1932 年去世之前一直在拍戏，功成名就。李最后把任丁丁葬在法国阿尼埃尔狗公墓。大明星之子任丁丁二世子承父业，但在二战开始时结束了自己的演艺生涯。任丁丁四世，任丁丁本尊的曾孙，在 1954 年至 1959 年间拍了一部 164 集的电视连续剧……名字嘛，自然就叫《任丁丁》。

接下来几十年中，无数的狗演员前仆后继，但鲜有能达到莱西和任丁丁那样高的知名度的。我们暂且略过这几十年，最后再来看一部电影：法国导演萨米埃尔·本谢特里于 2018 年执导的《变狗记》(*Chien*)，这部影片是根据导演自己创作的小说改编而成的，讲述了一个人变成狗的故事。诚然，此前已有不少同类题材的电影：1959 年迪斯尼制作、查尔斯·巴顿执导的影片《奇犬良缘》，它讲述了一个小男孩变身为狗的故事；1997 年阿兰·夏巴执导的影片《迪迪埃》则讲述了一只狗变身为人的故事；再早些时

---

[1] André Demontoy, *Dictionnaire des chiens illustres à l'usage des maîtres cultivés*, t. II, *Chiens de fiction et portés en fiction*, Paris, Honoré Champion, 2013, p. 469.

候,1929—1931 年,米高梅电影公司制作的系列短片《狗城喜剧》(*Dogville Comedies*)中,有一群戏拟人类的狗。《狗城喜剧》由 9 个单元短片组成,全部角色都由狗扮演,十几只狗衣冠楚楚,用两条后腿走路,学人说话,戏拟各种电影名场面,或是嘲讽某些人类的行为。这些片段在今天看来像是儿童电影,但涉及的主题却是针对成年人的:足球、出国旅游、婚外情、谋杀、战争、食人等。这些小短片每集只有 10~15 分钟,似乎比长片电影更受欢迎。但《狗城喜剧》很快成为动物保护协会攻击的靶子,它们怀疑狗在影片拍摄过程中被虐待了(似乎不无道理):为了让狗模仿人类用两条腿走路,必须借助钢琴琴弦,让它们长时间保持用后腿支撑整个身子的状态。

　　已经有这么多同类题材的影片,上面提到的《变狗记》到底有何新意呢?这部影片主要阐明了“狗”到底是怎样一种存在:“狗”的一生自然是饱受欺辱的一生,影片中将这种悲惨“狗”生描写得无以复加,各种经典悲惨桥段应有尽有。雅克·布朗肖(樊尚·马凯涅饰)被妻子(凡妮莎·帕拉迪饰)扫地出门,堕入灾难的深渊。他偶遇一位驯狗师,这家伙是个变态,“像对待狗一样地”对待他,还上瘾了。人总是会像作践狗一样地作践比自己更弱小的人,正如一群人会把另一群人关在难民营里,或者让他们陷入毫无希望的绝境。多么绝妙的隐喻!

　　法国作家罗曼·加里则在小说《白狗》中讲述了一桩离奇的丑行。20 世纪 60 年代末,黑人民权运动的积极分子找到罗曼·

加里的妻子,好莱坞影星让·塞伯格,求她在媒体舆论和经济上给予支持。然而,你们还记得吧,我们前面讲过,罗曼收养了一只强壮的德国牧羊犬,它曾被训练用来猎杀美国黑人。据罗曼的讲述,有一天晚上,那些黑人维权运动的斗士走向了他的妻子:"你们养的这只狗无可救药了,我们目前的维权事业也停滞不前,是时候弄点大动静出来了,我们宰了这只狗吧,这会成为各大报纸的头条。"我们很难知晓这一幕到底是真的,还是罗曼·加里用他丰富的想象力杜撰出来的。《白狗》写尽了人间的屈辱和悲哀,以及因无处不在的种族歧视而导致的焦躁与癫狂。那只大牧羊犬先是被人训练得专咬黑人,后又因这人类造下的罪孽而被人类处死。它的悲剧,也是种族歧视这人间悲剧的绝妙隐喻。

当狗拿起笔

大作家想要针砭时弊,让狗为自己代言是个不错的选择。最早用这个法子的,很可能是15世纪80年代一位不知名的诗人,他为路易十一的猎犬写下《好狗苏亚尔语录》。人们猜想这篇马屁文是一位廷臣所作,以苏亚尔的口吻对国王大加颂扬,说他喂面包、喂肉可大方了。尽管如此,路易十一在苏亚尔快退休时还是把它给抛弃了,交给了宫廷大总管雅克·德·布雷泽好生照顾。苏亚尔成了所有皇家"白猎犬"的祖先,那位诗人也成了以狗之名写诗的鼻祖。16世纪初,又有人给路易十二最喜欢的猎犬写了一部自传,很有可能是国王本人写的,他让狗开口说话,让它教导后代,要乖乖听主人的话,好好做狗。①

让·德·拉封丹的寓言受到伊索寓言的启发,借动物之口批判、讽喻人类社会。其实在拉封丹之前,米盖尔·德·塞万提斯于17世纪伊始就创作出《双狗对话录》。② 塞万提斯在作品中刻画了两只会说人话的看门犬,它俩彻夜长聊,聊天内容被医院病房的一位梅毒患者偷听了去。我们对故事中那只像哲学家一样的狗,西皮翁,知之甚少,主要是另一只看门犬贝尔甘萨在倾吐心声。贝尔甘萨的经历就是整个西班牙在17世纪最初十年的缩影。它生在一个屠夫家,那时候欧洲的屠夫家里都喜欢养狗(即屠牛犬),他们需要狗的协助来制服公牛:宰牛时,让狗对着公牛的鼻子狠狠咬一口,公牛立即动弹不得,没有比这更妙的法子了,一口下去立马奏效,屠夫便可轻松地切开公牛的颈动脉。而我们的主角之一贝尔甘萨(我们就这么叫它吧,虽然它在故事中每换一个主人就会换个名字)并非残暴之辈,一个年轻的漂亮姑娘让它走了神,从它那里偷走了一大块肉,这块肉本来是要送给客户的。

主人狠狠地教训了它,差点要了它的命,贝尔甘萨被迫逃走,躲进了一群牧羊人家里,成了牧羊的护卫,却被骗得很惨:它本以为要护好羊群,就必须出生入死与狼搏斗,却不想自己拼死保护

① Katharine MacDonogh, *Histoire des animaux de cour*, p.71.

② Miguel de Cervantès, «*Le Colloque des chiens*», *Le Mariage trompeur et Colloque des chiens/EI Casamiento engañoso y Coloquio de los perros*, texte présenté et traduit de l'espagnol par Maurice Molho, Paris, Aubier/Flammarion, 1970.

的羊都是被牧羊人杀死的。这些牧羊人谎称羊被狼偷去了，其实是他们自己宰了羊大吃大喝，反正吃亏的是主人，替死鬼也找好了，甩锅给牧羊犬。主人以为牧羊犬不够警觉，弄丢了羊，经常揍它们。贝尔甘萨只好回到城里，找了一份工，给一位富商看家护院。当时的伊达尔戈贵族是看不起商人的。这个暴发户请了几位耶稣教会的修士给孩子们上课，贝尔甘萨负责陪同。这些修士表面上很友好地接受了它，其实谋划着将它彻底扫地出门，他们编了一个借口，说贝尔甘萨打扰了他们教学。领罪待罚的贝尔甘萨被拴了起来，从此落到另一个女人手中。这女人是富商买来的黑奴，和贝尔甘萨同是天涯沦落人，却想毒死贝尔甘萨。贝尔甘萨好不容易逃出来，却是才出虎穴又入狼窝。新主人是一个士官，本应除暴安良，但这人就是个无赖。贝尔甘萨本以为自己升级成了警犬，却不料沦为主人偷窃的帮凶。最后它大义灭亲，咬伤了这个人。

　　之后，贝尔甘萨厄运连连，彻底堕入贫民窟。它先来到一个鱼龙混杂的团体中，里面有各种种族和职业的人，他们都遭到这样或那样的排挤和迫害，因为当时的西班牙十分注重维护所谓的基督教的纯净。在一位鼓手的培训之下，贝尔甘萨成了一只杂耍狗，学会了无数街头把戏，但后来被人指控，说它会巫术，不得已逃走了。在那之后，它和一群以行骗为生的埃及人（茨冈人）混了一段时日，然后来到一个有钱却很吝啬的摩里斯科人家里帮他看守园子。此人后来被流放，他吝啬得要死，为了尽可能地省钱，竟然不给贝尔甘萨吃东西。贝尔甘萨被迫重新找了一个主人，一位穷诗人，好歹能吃到点面包渣了。它和主人混迹在无情的戏班子里,受尽羞辱,还经常挨刀子。贝尔甘萨最后看破红尘,成了复活节医院的常住客。

《双狗对话录》描绘了当时西班牙所有的社会阶层,塞万提斯通过巧妙的组织架构,写尽世间百态,尽情抒发了内心对人性的失望,揭露了人性中的懦弱、虚伪、唯利是图。① 作品中有两个很有代表性的人物,法学家萨米恩托和修士马胡德斯,虽然只是一笔带过,但他们却给人以希望,让人感觉到人类还是可以不被物欲所侵蚀的,而当时的西班牙,正是物欲横流的年代啊。书中的看门犬贝尔甘萨呢,以第一人称展开叙述,它身上既有一种敏锐的洞察力,因为它超脱于人世之外,又有一种太多人早已丢失的荣誉感。和它对话的另一只看门犬西皮翁则经常给出一些恰如其分的思考,哲人本性显露无遗。

作品在最后提到医院里的四位常住客。在一个贵族制度的社会中,这四个人就是四个疯子,但他们却拉开了方兴未艾的现代世界的序幕。这四个人分别是:一位诗人,想写一部关于圣杯的无用史诗;一位数学家,总想找到一个放之四海皆准的几何固定点,更科学、精确地绘制航海地图;一位炼金术士,拍着胸脯说自己能制造白银,只要有人先给他足够多的白银,他就能复制出更多;还有一个专门给人提供意见的人,建议说为了缓解西班牙

---

① Miguel de Cervantès, «*Le Colloque des chiens*», *Le Mariage trompeur et Colloque des chiens/EI Casamiento engañoso y Coloquio de los perros*, texte présenté et traduit de l'espagnol par Maurice Molho, Paris, Aubier/Flammarion, 1970. 参见作者莫里斯·马罗在本书开头的介绍。

王国的财政困难，可以强制所有臣民每个月留一天出来严格禁食，再强制他们把省下来的口粮上交国库。做白日梦、想入非非的诗人，把世界公式化的疯狂学者，孤注一掷、开空头支票的生意人，以及推行经济紧缩政策的先驱……塞万提斯笔下的西班牙，还真是现代世界的实验室呢。

让狗为自己代言，直言不讳说尽一切真相，这样的文学形式取得了一定的成功，而这成功的秘诀自然是讽喻艺术。当人们想要为某些句段的意义巧设密码时，这样的讽喻之技同样行之有效。腓特烈大帝在和他的姐姐——同时也是他的战友——威廉敏娜通信时也使用了这一技巧。他用他的雌猎兔犬比什的口吻给威廉敏娜写信，后者给他回信时则署名福利雄①，这是威廉敏娜的西班牙种长毛垂耳猎犬的名字。许多小说家竞相效仿，例如保罗·奥斯特，他在《通布图》一书中描绘了伯恩斯先生上下追寻的漫漫险途。② 伯恩斯先生是一只流浪狗，它的主人是流浪汉。主人死后伯恩斯先生被留在这世上，无处安身。在整部作品中，狗充当叙事者讲故事，情感格外细腻。

在以狗作为叙事者的作品中，有几部充分借鉴了当代动物行为学的知识，尽最大努力，更好地接近动物的所思所感。卡特琳·吉耶博在《最后的爱抚》一书就极好地利用了动物生态学的

---

① Katharine MacDonogh, *Histoire des animaux de cour*, p. 73 et suiv.
② Paul Auster, *Tombouctou*, 1999, traduit de l'anglais (États-Unis) par Christine Le Bœuf, Arles, Actes Sud, 2000.

相关知识。① 该作品以第一人称叙事，叙事者是一只风烛残年的英国塞特猎犬，名叫乔伊斯。蒂姆·威洛克的小说《狗乐园》(Doglands)风格鲜明、引人入胜，带我们走进一只名叫弗古尔的狗的传奇经历，而这段经历就是由弗古尔自己讲述的。② 弗古尔是一只杂种犬，父亲是狼狗，母亲是猎兔犬，它联合狗同胞们掀起一场拯救苍生的斗争，对抗独断专行而又残暴的驯狗师，他奴役和剥削猎兔犬，从猎兔犬比赛中获取暴利。

狗之见证

有一句众所周知的格言警句："狗随其主。"这句格言在文学领域同样适用。无数作家为狗著书立说，要么泛泛而谈狗这一类动物，要么专门书写某一只狗，往往是他们自己的狗。在此过程中，他们揭示了别处无法揭示的事实。我们显然无法尽数列举这些作家，只能选择其中一些代表来聊聊。

诚然，狗在文学作品中的形象，见证了人类对于动物的情感的发展历程。18 世纪的作家们只把狗看成是有用的帮手，只有少数一些浪漫派作家会竭力将其塑造成一位集人世间所有美好品德于一身的伙伴。19 世纪下半叶，这种情况发生了转变。正如埃里克·巴拉泰所指出的那样，这一转变往往体现在某一只狗的生

① Catherine Guillebaud, *Dernière Caresse*, Paris, Gallimard, coll. «Folio», 2011.
② Tim Willocks, *Doglands*, 2011, traduit de l'anglais par Benjamin Legrand, Paris, Syros, 2012.

命历程中。① 例如居伊·德·莫泊桑于 1883 年发表的第一部长篇小说《一生》中那只名叫马萨克尔的狗，它的生命历程就体现了这一转变："最开始它是被'忽略'的，'住在马厩前面的一只旧木桶里'，'孤独'，'始终被铁链拴着'。随后，主人家的孩子保罗注意到了它，保罗在家备受宠爱，家里人，特别是他的母亲，成日围着他转，可谓众星捧月。保罗看到小狗又亲又抱，狗儿在他面前也是欢呼雀跃，仿佛要告诉他，它也选中了他。主人解开了锁链，小狗'住进了房子里'，成了家里'不可分离的一员'，成了和家人一起玩耍、睡觉、生活的'朋友'。"②当然，小说中这只小狗命运的转变仿佛只在朝夕，实际上，狗在人类社会中角色的转变，经过了一代又一代人的沉淀，也经历了无数狗狗命运的更迭。养狗最初只是贵族特权，资产阶级养狗，始于对贵族的效仿。几十年来，狗作为宠物，在资产阶级中越来越受欢迎，但直到今天，养狗的爱好并未在资产阶级中普及开来。不过，19 世纪末至 21 世纪初，大部分猎犬、牧羊犬、看门犬都变成了宠物犬，杂种犬也让位于纯种犬，全球各地都出现了这样的演变过程，只是不同地区出现的时间早晚不同罢了。

在欧洲，这样的变化出现于 20 世纪上半叶，法国作家柯莱特的作品中就反映了这样的变化。柯莱特生于 1873 年，于 1954 年

---

① Eric Baratay, *Le Point de vue animal. Une autre version de l'histoire*；Guy de Maupassant, *Une vie*, Paris, Gallimard, coll. «Folio», rééd. 2002.

② Eric Baratay, *Le Point de vue animal. Une autre version de l'histoire*；Guy de Maupassant, *Une vie*, Paris, Gallimard, coll. «Folio», rééd. 2002.

去世,这个伟大的女人身边一直环绕着各种猫,但鲜为人知的是,也有不少狗陪伴她[1],她尤其喜欢法国斗牛犬。对动物日常的观察引发了她无数思考,在她最早的几部作品中,已然出现了她的宠物猫和宠物狗的身影,她让它们互相对话,极其敏锐地解析它们的所作所为,还在作品中展示了它们所能扮演的各种角色:戏剧演员,战场上训练有素、搜索伤兵的卫生员,时尚流行代言者……柯莱特惋惜地说,在巴黎,为了追求时尚,人们让原本渴望狩猎的西班牙种长毛垂耳猎犬穿上时装,用狗绳牵着它们走秀。柯莱特笔下的狗扮演的最重要的角色,便是知心密友,狗给她带来慰藉,她的作品中,狗时不时成了说话人,用第一人称叙事。柯莱特时常用到这种让狗为自己代言的写作手法,我们以两个小故事为例:一个是柯莱特的母亲带狗参加弥撒的故事,柯莱特回忆起她那争强好胜的母亲坚持要带着狗一起参加村里的周日弥撒,那就是奔着添乱去的;另一个是她自己和心爱的斗牛犬之间的故事,就斗牛犬这个犬种而言,早夭是常事,她那只心爱的法国斗牛犬也是英年早逝,她让狗作为第一人称叙事者来讲故事,寥寥几笔便勾勒出自己失去爱犬时的悲痛。然而她丈夫却很不识趣地问她想用什么样的狗来替代死去的那只,柯莱特闻言气炸了:"我要的不是什么狗,是斗牛犬!一只眼睛在这边,一只眼睛在那边,两只眼睛隔得远远的,脑门很大,一看就很有思想,鼻子超小,长了跟没长一样,脖子粗粗的,脑袋塌在肩膀上……总之就是斗牛犬啊!"

---

[1] Colette, *Chiens de Colette*, Paris, Albin Michel, 1950, rééd. 2017.

有思想的法国斗牛犬

　　近几十年来，有许多作家写过关于狗的作品，我们必须说说其中两位天才。一位是罗谢·格勒尼耶，他为自己已故的短毛垂耳猎犬于利斯写了一首哀悼诗。[1] 读这首诗，仿佛在狗狗回忆录的文学园地里漫游，苦乐参半。读这首诗，我们也知道了狗狗骨子里是像康德一样的哲学家，因为它们像康德一样，最喜欢的就是每天在同一时间重复同样的日常。最优秀的作家和哲学家都说过，狗一生中唯一的大事，便是好好过完这短暂的一生，徒留它们的人类朋友兀自怀念忧伤，慨叹时光荏苒，也让人们猜想狗的天堂到底是什么模样。但无论是什么模样，天堂里都有圣徒阿西西的方济各与狗做伴。

　　如果这天堂里住着一只雌性狗，那么它的名字一定叫做梅洛

---

① Roger Grenier, *Les Larmes d'Ulysse*, Paris, Gallimard, 1998, rééd. 2017.

蒂。热爱法国的日本作家水林章写了一部赞颂狗的作品，可以看成是罗谢·格勒尼耶对狗的思考的延续。这部作品便是《梅洛蒂》，法语写就，讲述了一只名叫梅洛蒂的金毛寻回犬的过往，水林章的家人和它一起幸福地生活了 12 年。[①] 这部作品类似于一种哲学漫谈，还能在其中邂逅忠犬八公，我们也能和梅洛蒂一起，拥护让-雅克·卢梭，对抗马勒伯朗士……可是，我们真的需要一位来自遥远群岛的作家来提醒笛卡尔的国度，"动物机器"是一个致命神话吗？人类自身都还没摆脱动物性呢，我们真的需要这位日本作家来告诉我们，人类可以爱上这些狗伙伴，把它们给予人类的无条件的爱回报一点点给它们？在西方哲学概念中，"世界的基础，是人和物的绝对二分"，水林章抨击了这种观念，通过对梅洛蒂的回忆，带我们领略了极致的慈悲，也让我们看见了观音的 108 种面相，观音在佛教中就是大慈大悲的化身啊。

米兰·昆德拉在《不能承受的生命之轻》一书中提到了狗的脆弱。在他看来，狗对人类的绝对信任，便是藏于人类灵魂深处之慈悲的最好见证：

只有在面对毫无力量的对象时，人性之善才是最纯粹、最自由的。要看一个人是否是真的善良，只要看他如何对待那些可以完全掌控的对象，即动物，便可知晓。而人性之恶往往在人类和动物相处时暴露无遗，此恶一出，其他所有罪恶和灾难便接踵而至。

---

① Akira Mizubayashi, *Mélodie. Chronique d'une passion*, Paris, Gallimard, 2013, rééd. coll. «Folio», 2014.

第十六章
贵宾犬：人性之镜

常被当作道具的贵宾犬

这一番历史回顾之后，我们还有一个疑问：狗到底何以成其为狗？无论是权力的遮羞布还是媒体泛滥的隐喻，无论是农业食品加工业的试验品还是永生不死的候选人，皆是人类执念的映射罢了……

最后的环游

贵宾犬：我溜了，那可真不是狗待的地方，闹哄哄的，光线很暗，好恐怖的。我用鼻子撞了一下狗笼子上的弹簧锁，哈哈，门开了，终于能回到沥青路上了，终于从那个大家伙的肚子里逃出来了。真是个可怕的大家伙，满身煤油臭。不好，有人在后面大叫着追我。我慌了，径直往前跑……可是他们干吗要追我呀？天哪！主人也和他们一起追来了。算了，不逃了。人们抓住了我，"安全!"听声音，他们好像松了口气，又带着点卑微。他们牵着一根叫做电话线的东西，给上级回话，线的另一头，好像是在很远的地方，那些人大声责骂着："这可是日本东京羽田国际机场，怎么会让一只小狗从机舱里逃出来？航空交通乱套了，14 个航班晚点，3 个航班降落被推迟，就因为一只小狗自作主张从机舱里跑出去逛了 40 分钟？巨额日元就这么白白损失了？"

这次事件发生在 2017 年 10 月 9 日。这一天，日本人算是明白了，一只狗如果不待在自己应该待的地方，后果就会很严重。然而，说到底，这一切不正是对人类生活的绝妙讽刺吗？你们给其他生物留下的生存空间越来越少，把它们关在禁区里，一旦它们走出禁区,便会损坏被你们叫做"社会"和"经济"的两台漂亮机器。就像病毒,人家本来蛰伏在自己的群落生境里,你们非要去破坏它的生存环境是吧? 那它必然会试图离开原有的环境,为了生存而努力适应新的有机体。有时它还真就成功了,于是便有了你们所说的传染病。我们狗倒是很想让你们互相传个信: 醒醒吧! 今时今日,你们还在把我们当作有利可图的剥削对象: 政治上,我们是你们塑造各种形象的宝藏;经济上,我们则是用来买卖的商品。

举个例子,你们一定知道尼莫吧? 它是法国总统夫妇埃玛纽埃尔·马克龙和布丽吉特·马克龙在 2017 年 8 月最后一个星期天返工前收养的一只杂交犬,拉布拉多犬和格里芬犬杂交而成。[①] 在如今的时代,总统的一言一行都是精心打造的。尼莫虽然是"法国第一狗"大家族里的最新成员,却是法国动物保护协会收容所里收养的第一只狗,同时也是总统夫妇共同收养的第一只狗。埃玛纽埃尔·马克龙这么做一举多得,还不用承担什么风险: 养一只狗在身边,尤其还是合法收养的狗,能显示出总统的人文主义情怀,表明他很关注弱势群体;与妻子布丽吉特一起收养这只狗,不仅确立了她第一夫人的身份,而且按照传统,可以彰显总统夫人对慈善事业的贡献。总之,总统夫妇和爱犬尼莫的家庭照高悬于爱丽舍宫大门前的台阶之上,照片传达出来的全是正面形象,绝妙地暗示了总统夫妇对法国社会各方面的关注。

---

① 关于诸位法国总统的爱犬的信息,参见《巴黎竞赛画报》(*Paris-Match*)的官方网站: http://www.parismatch.com(2018 - 06 - 24)。

　　说起法国的"第一狗"，在尼莫之前，总统们养得最多的是拉布拉多犬。我们把时间往回推一推，尼莫的前辈，上一任"第一狗"，是一只叫做斐乐的黑色小拉布拉多犬，它是蒙特利尔法国退伍军人联合会在 2014 年送给法国前总统弗朗索瓦·奥朗德的圣诞礼物。2008 年，蒙特利尔大学兽医学院向尼古拉·萨科齐赠送了一只淡茶色的雌性拉布拉多犬，名叫克拉拉，当时萨科齐已经有一只吉娃娃了，名叫邓布利多。雅克·希拉克也有一模一样的经历，蒙特利尔大学兽医学院在 1986 年也送给他一只名叫马斯库的黑色拉布拉多犬。魁北克为何会给三位法国总统赠送这三只拉布拉多犬呢？其背后的发起人是一位法国和加拿大混血的兽医弗朗索瓦·吕布里纳，他早就向法国《星期五、星期六、星期日周报》表示，他要挑选"加拿大最有代表性的狗……建立起法加两国之间友好动人的狗狗外交"①。

　　再来讲讲著名的巴尔蒂克，这只黑色的拉布拉多犬最后一次出现在公众视野中，是在它的主人弗朗索瓦·密特朗的葬礼上，法国歌手雷诺还专门为它唱了一首歌，以示敬意。瓦莱里·吉斯卡尔·德斯坦有好几只拉布拉多犬，最出名的一只名叫桑巴，是黑色的。瓦莱里喜欢向媒体展示他对狗伙伴的喜爱。将养狗和媒体舆论联系起来，也是他的首创。乔治·蓬皮杜是第一位在爱丽舍宫养狗的

---

① «Nicolas Sarkozy n'a pas gardé le labrador qu'il avait à l'Élysée», *Voici*, 2017 - 09 - 08, https://www.msn.com/fr-fr/divertissement/story/nicolas-sarkozy-n%e2%80%99a-pas-gard%c3%a9-le-labrador-qu%e2%80%99il-avait-%c3%a0-l%e2%80%99elys%c3%a9e/ar-AAruTKZ(2018 - 06 - 26).

法国总统,他有一只名叫朱庇特的黑色拉布拉多犬,这名字仿佛是命中注定的。蓬皮杜喜欢拉布拉多犬胜过威尔士柯基犬,而戴高乐却有一只威尔士柯基犬,是英国女王送给他的礼物,戴高乐给它取名叫拉塞莫特,它是法国第五共和国的首任"第一狗",但从未被用来进行媒体公关,蓬皮杜的朱庇特同样如此。

"第一狗"的概念很可能来自美国,自美利坚合众国建国之初,美国总统们就喜欢把自己塑造成家中的慈父形象,向公众显示自己有多爱家里的宠物犬。例如,"莱蒂小子",一只艾尔谷梗犬,因为太受媒体关注了,在历史上居然比它的主人沃伦·哈丁更出名,后者于1921—1923年担任美国总统。其实,直到20世纪中期,美国的政客们才真正意识到"公关狗"的巨大潜力,善良可爱的狗能转移公众视线,化解公关危机。[1] 第二次世界大战打得最胶着之时,有传言说,美国可能要派一艘驱逐舰深入当时已然失守的阿留申群岛,花的是纳税人的钱,为的是把一只名叫法拉的苏格兰梗犬带回白宫与它的主人富兰克林·罗斯福重聚。这事传得跟真的一样。罗斯福确实很少和这只黑色小毛球分开,而他那会儿刚从阿留申群岛这个太平洋上的正面战场巡视回来,成千上万的战士正在战场上厮杀。据说,奥森·威尔斯反驳了这一说法,还做了一段发言。罗斯福总统也申诉道,法拉虽然是只苏

---

[1] David Smith, «Politics on four legs. Presidents and their pets», *The Conversation*, 2013 - 08 - 24, https://theconversation.com/politics-on-four-legs-presidents-and-their-pets-17306。详见 https://en.wikipedia.org/wiki/Checkers_speech（2018 - 06 - 24）。

格兰梗犬，但也是我们的同胞，它觉得这样的诽谤是对自己的极大侮辱，受此大辱，它现在变得连脾气都不好了。罗斯福借机在政治上发起反攻：那些政敌怎么会堕落至此，去羞辱无辜的法拉呢？

1952年，理查德·尼克松也巧用爱犬切克尔斯在媒体上进行危机公关，他本人因此名声大噪。切克尔斯是一只英国可卡犬，镜头感十足。有人"诽谤"尼克松，说他为了更好地竞选副总统而非法集资。他被传唤到电视台，公开为自己辩护。在6 000万观众（这个观看量在当时是破纪录的）面前，他扮演了一个受害者的角色：作为平民之子，靠着奖学金一路求学，发奋图强，正当要攀上最高峰时，那些上层精英嫉妒他，污蔑他。但他绝没有中饱私囊！他甚至无力为妻子买一件貂皮大衣，至今还欠着父母的钱。他可以把所有从捐赠者那里得来的东西都还给他们，但有一样东西不行，就是他女儿特里西娅的狗，切克尔斯，这是一位来自德克萨斯的仰慕者赠送给他女儿的。那时特里西娅只有6岁，非常喜欢这只狗。在电视上，尼克松眼中含泪，发誓说他绝不会把切克尔斯交出去，哪怕自己会因此被指控贪污。

没有谁真的要求尼克松把切克尔斯还给赠送者，尼克松后来也因此被人叫作"戏精"，这位狡猾的政客牢牢记住了亚当·斯密的教导：把狗放出去，让它跑到戏台中心，所有人的目光都会被狗吸引，然后忘了你到底在搞什么鬼。尼克松在媒体上这一记反击被视为他总统生涯的开端。罗斯福和尼克松之后的美国总统都从未忘记：一只狗可以成就一位好总统。无论是面对国内的丑闻,还是遭遇国外战局的失利,都可以利用狗来转移公众视线,但经济危机时期最好不要和狗一起公开出镜。还有一点是最重要的,那就是狗象征着家庭和睦。因此,贝拉克·奥巴马努力将家里的宠物犬打造成他们一家人在白宫团结一心的象征,那是一只名叫波的葡萄牙水犬,奥巴马对外宣称,这只狗就是首次当选美国总统的当晚他送给女儿们的礼物。唯一一位猫狗双全的美国总统,也是唯一一位想把狗和猫与政治联系起来的总统,便是比尔·克林顿,他对此追悔莫及。因为猫给人的感觉是朝三暮四,又喜欢玩手段操控别人,所以嘛……

在互联网上,所有人都知道你是一只狗!

现如今,网上的照片越传越快,数不胜数,其作用也因各种社交网站而得以放大。奥巴马的两只狗,波和萨尼(波的妹妹)都有自己的脸书主页。唐纳德·特朗普不喜欢狗,其工作团队逃过一劫,不用为狗打理网络主页,但特朗普也因此错过了一个奇妙的世界。有不少像Tinder一样的手机交友软件可以为狗狗找对象,狗主人在遛狗时可以互相讨论、交流,还有大量其他专门为狗设计的应用程序。大部分同类程序可以让狗主人互相交流,更多地了解狗伙伴们的需求,理解它们的行为,让它们更好地玩耍。一些研究者甚至认为,通过这种方式收集起来的各种数据在不远的将来可以推进对动物智力的研究。不过他们首要的任务还是细致剖析主人的态度,更好地确定主人的消费倾向。"大数据"首先是为商业服务的,在处理相关数据时,优先考虑的是经济效益,而非科学研究。

　　另一些社交媒体则专门致力于促进动物之间的交流。互联网社群就发明了一种狗语。这是一门简化的语言，其中有许多拟声词。这门语言的发明者认为，这些拟声词可以让人们更好地与狗互动。这门狗语的词汇量很丰富，用一些很简单的儿语来指代狗的每一种表情或身体特征，有了语言描述，这些表情和特征也会变得栩栩如生，富有画面感。例如，狗语中"miem"这个词描绘的便是以下这幅场景：一只狗伸长舌头去舔鼻子，仿佛它刚刚才饱餐了一顿，吃了一块超级美味的牛排。而"blep"这个词描述的场景则不同：一只小狗用舌尖微微舔了下嘴唇。这两个词的意思不一样，可不能混淆。这门狗语发源于澳洲，当地英国人的方言中早就出现了类似的特征，主要遵循以下三大语言规则：一是完全按照发音规则来书写；二是一个词不能超过三个音节，一旦超过，必须去掉一个音节；三是一个词的最后一个元音字母统统换成 o，如果一个词的最后一个字母是辅音字母，则必须双写该辅音字母，再加元音字母 o。英文中"狗语"一词 dog-language，按照这门"狗语"的语言规则，就应该写成 doggo-lingo。

　　伴随这种语言现象的，还有许多其他领域的趣事。例如，社交网络平台上，狗主人是否会用自己宠物狗的照片来做头像，这是判断主人与狗亲密程度的重要标准，正所谓"狗随其主"嘛……各种电视节目也应运而生。制作人介绍说，这些节目本来是面向狗狗观众的，当然也间接地面向狗主人。主人打开电视，本来只是为了给关在家里的狗解闷，但主人自己也会不自觉地关注节目中的广告，有宣传食物的，如炸丸子，也有宣传其他日常用品的，如发热保暖的床垫，据说狗很喜欢这样的床垫。这一类的电视节目会系统地播放和我们一样的狗狗的视频，电视上的狗或是正在玩耍，或是正在用餐，或是发出幸福的叫声，这些都能吸引我们的注意力。有些狗会被画面吸引，但通常来讲，大部分狗还是更容易被声音吸引。这样一来，我们狗也直接进入了消费产业链，因为我们确实能刺激消费啊，某些狗主人可是随时准备为我们花大价钱的。

在谈论狗的消费经济之前，需要特别指出一个小细节：新科技在让我们的生活更加便利的同时，也在不断地监视我们。来看一个很久远的例子吧。俄罗斯的卫星定位系统格洛纳斯系统，是美国全球定位系统 GPS 的竞争对手，于 2008 年开始运行。弗拉基米尔·普京早在该系统投入使用前一年就宣布，他将是该系统的第一个受益人。普京的爱犬科尼，一只黑色的雌性拉布拉多犬，有幸成为该系统的第一位测试用户：科尼戴上了一个 170 克重的项圈，里面装着这套监测系统，这样一来，它的主人普京总统随时都能知道它在哪儿。

电视可以让我们保持安静，人类同样会用大量的动画片来让自己的小孩保持安静，也让大人安静地度过假日的早晨，而这些高科技同样会被用来对我们狗进行远程监视，就像人类监视房间里的婴儿一样。只要被独自关在公寓里一小会儿，我们就忍不住要干些坏事来解解闷。这时候没有什么比一个配有麦克风的小摄像头更有用的了，通过摄像头和麦克风，你们就算是在很远的地方，也照样可以发威："不行，狗仔，已经告诉过你了，不可以跳到沙发上！"

信息技术对狗产生了很大的影响，2017 年年末的两项实验证明了这一点。第一个实验发生在泰国，那里的人们很重视对流浪狗的回收利用，将这些流浪狗利用起来，人们就不会再把它们看成是潜在的危害。一个狗狗保护协会与一家广告中介及三星的一个子公司合作，给普吉岛上的流浪狗穿上了配有监视装置的外衣。当狗发出叫声时，它的外衣上连接的摄像头和麦克风便开始工作，向附近的智能手机发出通知。有了这个装置以后，每当这些狗哨兵看到可疑现象而发出叫声，当地的居民便能立即收到警报。那时候，为了改善公共卫生状况，人们常常需要将流浪狗关起来，许多流浪狗还会被绑架，被卖去邻国的熟肉店。讽刺的是，这些流浪狗的命运竟然与一个监控摄像头挂上了钩，它们身不由己地成为监控摄像头的用户。第二个实验发生在美国，旨在设计出专门给狗玩游戏的触屏平板电脑（简单的拼图，一些可触碰的发光图案），这些游戏能吸引狗的注意力，狗要是打赢了游戏，平板电脑还会自动触发一个分发食物的装置，给狗喂食。当我们完成一项任务时，给我们喂点吃的，没有什么比这更能实现我们的价值了。这个实验背后还有一个隐藏的理念，那就是在未来设计出一款商用的机器人保姆，专门来照顾年老的狗。这款机器人不但能照顾年老体衰的狗，让它们的智力别那么快退化，还能检测出它们的健康异常状况。

1993 年 7 月的那期《纽约客》上，刊登了一幅怀旧漫画。那时全球媒体方兴未艾，彼特·斯坦纳画了这么一幅画：一只黑狗坐在椅子上，一只爪子搭在电脑键盘上，对另一只坐在椅子下面的狗说道："在互联网上，没人知道你是一只狗。"那是互联网刚刚兴起的时代，设计互联网的人最大的梦想就是建立起一个乌托邦：在电子世界中创造自由，在这个免费的全球网络中，让每个人都能隐藏自己的身份。而现如今的二代互联网却是以用户为主导，极大地满足了人类自恋的需求，你们自愿暴露出越来越多关于自己的信息，原本旨在构建民主的互联网不知不觉被商业化。国家宣布接管网络安全，为了保障上网安全，要求所有互联网用户公开 IP 地址，而这地址原本应该是很私密的。从此以后，你们每点击一下鼠标，背后相关的数据都会被归档，被分析。在"免费"的互联网上，许多东西因为有了"点击率"而产生广告效益，从而兑换成经济效益：从今以后，"在免费消费的同时，自己也成了消费品"。往好处想吧，你们还是可以在 YouTube 上看看"萌狗"视频，聊以自慰。

食物决定地位

　　说到"萌狗"，我给你们介绍一下曼弗雷德，一只来自瑞典的约克夏犬，一个狗模特，在 21 世纪初，它引领着袖珍犬界的时尚风潮。它做模特的职业生涯为我们留下了一些照片，照片中的曼弗雷德，身着马甲外套，摆着姿势，旁边是一个材质和色彩搭配都很考究的手提包。曼弗雷德和它的同伴代表了一段历程，用现在的话说，就是一段社会演变轨迹，其中有三个标志性年份：1800

年（19世纪时，大部分狗被用作工作犬），1900年（20世纪时，狗渐渐成了人们的宠物），2000年（21世纪开始，狗变成了消费品）。同样是在瑞典，宜家公司在2018年年初推出了专门为狗设计的家具系列（除了狗睡觉的篮子和吃饭用的大饭盒这些经典产品，还新推出了新品"狗狗友好型"长沙发和可移动狗窝，设计师在设计这些新品的时候充分考虑到狗的需求）。在美国，与狗相关的产业孕育出了与之相对应的市场，但在其他国家，目前看来，人们在发掘与狗相关的潜在产业时有些过于瞻前顾后，这一点，从该领域内寥寥无几的投资便可见一斑。但有两个例外：宠物食品和医药。2017年，宠物食品的国际市场极大，其销售额高达800亿美金（700亿欧元），且升值空间很大。狗粮占了该市场的很大份额，远远超过猫粮。这800亿美金的年销售额，有三分之二是美国贡献的，法国只贡献了不到5%。

此外，宠物医药产业也有利可图：整个医药行业，光是宠物药品这一块就有900亿美金的年销售额（法国占了其中的4亿）。而这900亿美金的年销售额中，有一半是抗寄生虫类药品贡献的。如此巨大的销售额也不难理解：许多给动物服用的抗寄生虫类药品和给人服用的同类药品是一样的配方，但基于宠物药品市场的巨大潜力，给动物的抗寄生虫类药品的市场定价要高得多：狗狗的健康是无价的。[1] 突然之间，在瑞典，60%的狗都有了健康保险，而法国只有5%的狗有此待遇，于是各家健康保险公司皆馋

---

[1] 参见法国《世界报》2018年2月27日《经济》专栏增刊《Chiens et chats, un business au poil》。

涎欲滴，准备发动攻势。现在，针对狗的丧葬保险也开始出现了。

宠物产业传奇的开端，只是一块块小小的狗粮饼干。狗粮的创意萌生于1860年。这一切都要归功于一位美国的船舶机械师，詹姆斯·斯普拉特。他在利物浦的码头上看到水手们用一小块一小块未发酵的硬饼干喂流浪狗。何不发明一种更干燥、易储存、生产和运输成本都很低的新型狗粮？詹姆斯义无反顾地开始大规模制造他所设想的这种产品，他靠着卖这种混合狗粮，势不可当地富了起来。随后，他马上开始打造新产品，一种小立方体状的"纤维蛋白肉糕"，据他自己的宣传，这种肉糕的主要成分是肉和蛋白纤维（一种血红色物质）。实际上，出于经济效益的考虑，也因为慢慢地人们不怎么关心这肉糕里到底有啥，其主要成分就变成小麦、甜菜、蔬菜、肉。至于到底用的哪种动物的肉，我们就不得而知了，因为詹姆斯·斯普拉特早在建立斯普拉特宠物食品公司之初便一直保守着这一商业机密。

先在美国，后来传到英国，"狗粮"的普及是需要时间的。那时候大家都还在用厨房里的残羹冷炙喂狗呢。直到狗狗选美比赛的兴起，那些搞市场营销的才向人们灌输了这样一个观念，即狗狗选美冠军的胃是很娇贵的，只有科学喂养，才能让它们毛色有光泽，牙齿健康，好好吃饭，乖乖听话。为了攻下英国市场，斯普拉特在伦敦建了一家子公司，公司里有个雇员，名叫查尔斯·克拉夫特。他步步高升，最后当上了该公司的总经理。查尔斯想出一条妙计，那就是创立伦敦的第一间台球室，以吸引英国那些富裕的猎犬爱好者。你对这些人说，他们自家的明星猎犬需要专门定制的食物方能提升比赛时的表现，他们是会很高兴的。查尔斯在这间豪华的台球室里挂了一幅美国画家乔治·卡特林的画作，画的是一幅猎杀北美野牛的场景，为的就是让人以为斯普拉特公司生产的"小肉粒"的原材料是这些北美野牛。他还创立了蜚声国际的克拉夫特犬展。他得到了英国皇室的支持，买下了英国风俗画家埃德温·兰西尔几幅画作的版权，这些画到了他手中，便成了促销的广告宣传画。查尔斯如此不计代价，只为告诉人们，纯种贵族狗不是饭桌下的垃圾桶，它们值得拥有营养更均衡的食物。不仅如此，斯普拉特还发明了"狗狗成长四阶段"的概念，狗在每一个特定年龄段都需要吃相对应的特殊食物。第一次世界大战期间，这家公司声称会生产出超过 10 亿块的狗粮，用以喂养战争中的军犬。斯普拉特是当时英国最重要的狗粮品牌。

不过，在此期间，斯普拉特也遇到了来自美国的竞争。化学家卡尔顿·埃利斯在 1900 年至 1910 年间为一些特殊物质和技术申请了 753 项专利：植物奶油、聚酯纤维、清漆、溶剂、延长汽油发动机寿命的添加剂、溶液培养技术……还有牛奶狗粮。最后这一项发明是应奶制品行业的合作请求而产生的，那时奶制品生产过剩，正在努力寻找销路。埃利斯和他的团队选择效仿斯普拉特公司，制造出一种混合狗粮，他们将牛奶和谷物面粉混合起来，但把狗粮做成了一颗颗小球体形状，以区别斯普拉特公司以肉和纤维蛋白为主要原料的小立方体狗粮。卡尔顿是一个化学天才，连催化油的氢化作用这种晦涩难懂的主题，他都能写成使用手册供人参考。不过这也无济于事，狗狗并不喜欢他发明的混合狗粮，它们已经吃惯了斯普拉特公司的老配方了。

尽管如此，卡尔顿还是在1907年为自己发明的狗粮申请了专利，这项专利很快被本尼特公司买下。为了让投资取得收益，本尼特公司想了一个办法：与其无数次调整生产方案，莫不如试试改变一下产品外观？他们尝试把狗粮做成各种形状，直到敲定最终设计，将原来的狗粮"丸子"变成了"骨头"形状。因为狗本来就要吃"骨头"嘛，所以这个形状感觉跟狗很搭，狗主人也特别喜欢这种新包装的狗粮，喜欢就会买呀，所以狗狗没得选，只能吃这种混合狗粮，不吃就得饿死。公司还给新狗粮取了一个名字，叫"奶骨头"，这款狗粮从1908年开始进入市场，从一开始就是小包定量的包装：琳琅满目的外包装就给人很高档的感觉，而那时别的竞争者还在卖散装狗粮呢。本尼特公司还打造出了"狗狗三型号"的概念，即小型狗、中型狗和大型狗，它们要吃不一样的东西。而"奶骨头"狗粮则会根据狗的不同体形，循序渐进地增加合成维他命、鱼肝油、辐照酵母等物质，来帮助我们获取成长所需的所有营养成分。这款狗粮在两次世界大战期间取得了巨大成功。第二次世界大战前夕，该品牌请明星狗任丁丁的一位后代为产品代言，电视节目中间的插播广告都是它拍的。

狗粮在市场上被过分营销，食品化学添加剂和食品安全等问题也随之而来（是否应该用马骨头来喂狗？）：20世纪30年代前后，工业食品的所有原料配方都早已不是秘密，同一时段，最早的狗粮罐头也进入市场。当然，农业高速发展，农作物产量大大提高，从20世纪50年代开始，杀虫剂、合成肥料的消费人群也扩大了,这一切加剧了食品商业化的趋势。爱狗人士现如今所讨论的话题便忠实地反映了人们当下的关注点。下面是我们节选的一些问答。

问：能把自家的狗培养成素食主义者吗？

答：可以,但需谨慎,狗是杂食动物,理论上狗是可以只摄入蔬菜和蛋白质的,而肉食动物,比如猫,则无法做到这一点。但最好不要让幼犬或体力消耗很大的狗吃素。

问：如果让狗完全回到旧石器时代时的饮食习惯,它们身体会不会好一点？

答：理论上讲,并非如此,因为狗和人一样,身体早已习惯了淀粉摄入,如果现在恢复像狼一样大量摄入生肉的饮食习惯,它们可能会缺乏维生素,还会患上寄生虫病。

问：狗能喝白酒,吃巧克力吗？

答：不可以！狗的身体没法消化这些东西,这些对狗而言就是毒药！

问：给狗吃自家做的饭菜不比喂它吃工业狗粮更好吗？

答：显然是更好啊,但你要花更多的时间和钱。

问：在美国,超过三分之一的狗患有肥胖症,而在法国,超过十分之一的狗患有肥胖症,这正常吗？

答：呃,当然不正常,但狗狗久坐家中不出门,缺乏锻炼,给它吃的工业食品中还有从屠宰场回收来的边角料肉,大家都知道,这些工业食品中富含污染源物质和扰乱内分泌系统的物质……

问：制造狗粮对环境有什么影响？

答：影响很大，法国有730万只狗，美国有8 000万只狗，要养活这些狗，肯定对环境有影响啊。①

你想让我长生不老？

美国的狗狗市场欣欣向荣。有些美国人还为他们的爱犬打造专属浴室，他们坚信，要想保持良好卫生，就必须将同一屋檐下的人和狗的卫生间分开。宠物公墓也很常见，但须花天价获取土地所有权。不过，从整体来看，全世界范围内，较之从前，狗狗墓地也没那么受欢迎了。现在网上流行的是虚拟公墓，这一风尚最先是从日本开始兴起的。网上虚拟公墓里的狗狗形象更生动，其视频也胜过大理石墓碑上的旧照片，回忆变得更加美好。然而，最糟糕的事情发生了：我们要面临永生的威胁。

狗狗永生的秘诀，是克隆。2017年，各大媒体都对芭芭拉·史翠珊津津乐道，因为她让人克隆了她的图莱亚尔绒毛犬萨曼莎，并得到了两只克隆犬：斯嘉丽小姐和维奥莱特小姐。怎样才能克隆宠物呢？仅从经济条件上讲，2017年时，克隆一只宠物要花费5万~10万美元，该价格有下降趋势，美国、韩国、中国都有不少刚开创的公司，可以克隆宠物。从技术层面讲，现在克隆相对容易。1996年，人类科学家成功克隆了第一只哺乳动物，绵羊多利。紧接着，他们又克隆了老鼠、猪、奶牛等。克隆出狗则花了

① 参见 Gregory S. Okin, «Environmental impacts of food consumption by dogs and cats», *Plos One*, 2017 - 08 - 02, http://journals. plos. org/plosone/article? id = 10.1371/journal.pone.0181301（2018 - 06 - 25）。

更多时间,虽然人类很早就开始投入大量研究预算在狗身上,因为他们认为狗的市场前景可观。之所以克隆狗花的时间更长,原因在于:难以获得雌配子(卵细胞),狗的排卵数量比其他一些物种更少。一只雌狗每7个月才发情一次,每一次发情期最长不过三周,这个发情频率比母狼高,却比其他家养动物低得多。

阿富汗猎兔犬斯纳皮是世界上第一只克隆犬,是由韩国首尔国立大学于2005年成功培育出来的:将母狗的卵细胞提取出来,去掉细胞核,用被克隆的狗身上的细胞来替代原有细胞核(如果条件允许,最好能用活组织检查法,在活体中提取细胞),用电流刺激细胞生长,观察有哪些细胞发育良好,长成胚胎,将形成的胚胎植入代孕母猎犬的子宫中。失败不可避免,要做好思想准备:斯纳皮的胚胎孕育成功之前,人们尝试了上千个胚胎,将其植入到123只母狗体内,只有3只母狗成功受孕,而最后仅剩一只金毛寻回犬代孕成功:小斯纳皮活了下来。剩下两只,有一只生下来是死胎,另一只是畸形儿,双肺发育不全,几周后就身亡了。现如今,要想成功克隆一只狗,至少需要20只人工授精的母狗。为了克隆,那么多动物过着痛苦的囚禁生活。人们猜想,动物克隆还会继续,甚至引发某些不那么道德的行为,如克隆商业化。第一只非科研用途、应客户要求克隆出来的小狗名叫博格,它自己在2008年也被克隆,产出了5只和它一样的克隆犬。

以自己死去的短毛垂耳猎犬于利斯为原型,罗谢·格勒尼耶写了一本书,在书的结尾,他遗憾地慨叹,人的生命周期和狗的生命周期相差太远,狗的寿命太短了。尽管如此,他可能还是无法接受一个和自己的爱犬一模一样且永生不死的复制品，也无法接受自己原来那只独一无二的猎犬就此沦为一件人工技术的固定产物。克隆，只是生理上的复制，克隆出来的狗虽然身上有原来那只狗的基因，却无法拥有其性格。这就涉及一个更为普遍的问题。狗的性格几乎是不受基因影响的，主要取决于其社会化的过程。幼犬成长的最初三个月，必须和同类接触、相处，才能与外界交流，学会狗独有的互动规则。而克隆犬，和养殖场的家畜一样，被养在笼子里独自长大。这也是出于健康卫生的考虑，因为养殖场主要用最低的成本来盈利，而动物与外界的每一次接触都可能引发健康危机而造成损失。事关养殖者是否能盈利，只要能赚钱，就算养出来的狗不合群，就算它们既躁狂又抑郁，多动，受不了一点挫折，那又有什么关系？而所有这些性格缺陷在克隆犬身上很可能会更严重，因为克隆会加剧这些行为上或生理上的异常。

世界上还有无数的狗在收容所里备受煎熬，它们若被抛弃便只有一死。请你们听听我这只寻常贵宾犬的请求吧：别再克隆了，收养这些狗吧！行此善举，你们会成为更有德行的人。要知道，希望随时都在。据说，连罗马教皇方济各都不再禁止狗进入天堂了，虽然他可能是受了与之同名的圣徒阿西西的方济各的启发，后者是天主教方济各会的创始人，也是动物及自然环境的守护圣人。

不管怎么说，2014 年圣诞前夕，全世界各大媒体头版头条都在报道此事。当然，这事后来被证明是假的，梵蒂冈教廷出来辟谣了。据媒体报道，方济各教皇在一次视察民情时，看到了一位哭泣的男孩，他刚失去爱犬，教皇安慰他说："总有一天，我们会在耶稣基督的永恒中与我们的宠物重逢，天堂向上帝的所有造物们敞开。"一些捍卫教义的神学家对此说法提出抗议。针对此事，教廷开展了反调查，最终的结论是，此事纯属虚构。① 各大媒体还在报刊上发表小短文就此事表示忏悔：关于狗可以进天堂的言论，最初是保罗六世在 1978 年发表的。此言论在当时没被注意，却在 2014 年被意大利日报《晚邮报》的一位记者发掘出来，该记者还评论说，这是梵蒂冈教廷在做准备，因为教皇马上要对各地主教颁发一份关于环保和创世的通谕。为了增加销量，此文被冠以一个吸睛的标题："教皇与动物：'天堂向所有造物敞开'"。此文一出，全世界的媒体都为之轰动。而该故事的讽刺之处就在于：正是 2014 年 12 月，在这个关于狗的假新闻大获成功之前，方济各教皇正在为各大报纸所犯下的编造假新闻的罪行而愤怒。

所以啊，忘记什么梵蒂冈独家爆料吧，忘记那些鼓吹基因不灭的商家的虚假承诺吧，只要跟着米歇尔·博尔纳雷夫一起唱：

> 我们都会去天堂，连我也一样
>
> 信不信上帝，我们都会去天堂
>
> 基督徒也好，异教徒也罢
>
> 狗和鲨鱼都一样

---

① Marie-Lucile Kubacki, Comment le pape a fait entrer les animaux au paradis… malgré lui», *La Vie*, 2014 - 12 - 15, http://lwww.lavie.fr/religion/catholicisme/comment-le pape-a-fait-entrer-les-animaux-au-paradis-malgre-lui-15 - 12 - 2014 - 58745_16.php(2018 - 06 - 26).

结 语

狗的未来

所有狗异口同声：你们明白了吧。所有栖居在地球上的动物中，只有我们狗和人类是最亲近的，这种"近"，并非简单的基因上的"近"，而是一种相依为命的特殊关系。人用手指向某处，你们的黑猩猩兄弟是弄不明白你们要干什么的；而我们狗，几千年来与人亲密接触，却知道你们指的是某样东西，要么是可以享用的美食，要么是必须取回来的玩具。我们甚至能解读你们的眼神，猜到你们想要传达给我们的意图。其他任何一种生物都不会像我们这样倾听人类的心声，如此惦记着如何帮助你们。我们帮助人类把猎物赶出来，只要你们需要，我们便会将猎物追得筋疲力尽，咬死它，把它带回来交给你们。我们还帮助主人控制其他家养动物，赶跑陌生人，消灭一切你们不喜欢的东西。我们甚至帮助人类消灭了我们自己的祖先——灰狼，对此，我们深以为耻。为了帮助人类，我们什么都能做。为了救人，无论是刺骨的冰水，还是雪地、废墟，我们都一往无前，用我们的眼睛、鼻子、头脑，帮助人类。我们还将继续用各种方式帮助你们，因为我们就是为了帮助人类而生的。

第一章中母狼的故事告诉我们，人与狗的关系始于立约。我们都认为这是一个双赢的契约：最初，狗吃掉人类的残羹剩饭，帮人类清理垃圾，人类负责照顾狗，狗在夜里为人类取暖，人类保护狗。第四章中澳洲野犬的故事则告诉我们，虽然我们曾有很长一段时间在外流浪，但从未远离人类营地。当人类开始有了农业，我们狗便助你们灭鼠，这些家伙吃掉了农民的收成，为了奖励我们，人类便把面包分给我们吃。为了消化这种新食物，我们的肠内菌群也随之发生突变，由此，我们与人类的命运更加紧密地连在一起。几千年来，为了驯服我们，人类将我们的身体据为己有。正如故事里的狐狸所讲述的那样，一窝一窝的幼犬出生，而你们人类只会选择有某些特征的小狗，塑造我们的身体，最大限度地让我们顺从人类的心意。第十二章中的比熊犬得出结论：从今往后，我们狗身上或多或少都有新生婴儿的特点。正是这些特点，让人类越来越喜爱我们，也越来越喜爱一只黏人小狗的一切特性：充满同情的大眼睛，耷拉着的耳朵，向上卷曲的尾巴，还有像孩子一样调皮的性格，我们如孩童一般，人类就更容易控制我们了。扔一根棍子给我呀！我把棍子叼回来给你们的时候，可别忘了喂我吃的。这就是我们的契约啊。

这就是狗的全部传奇，而这传奇并未结束。狗之传奇，好比上帝创世，可简化为"七日记"："第一日"，32 000 年前，狗初被驯服，在欧洲，在西伯利亚，狼性尚在。"第二日"，16 000 年前，"家狼"终成"家犬"，但仍喜流浪，那时在中国村庄里，就能见到这些流浪的大黄狗。"第三日",5 000年前,美索不达米亚平原出现了最早的看门犬和猎犬:这两种"类型"的狗,是根据身体形态划分的,猎犬的身形最适合奔跑,看门犬的身形最适合打架。那时的看门犬,要么是战士,要么是门卫。还有"牧羊犬"这种"类型",最适合看护羊群。此时,"犬种"概念尚未成型。"第四日",2 500年前,欧洲贵族的狩猎传统持续了整个中世纪,希腊和罗马开始出现具有特殊分工的猎犬,它们是最早的猎犬"品种"。"第五日",500年前,文艺复兴时期,欧洲出现了最早的标准犬,如袖珍犬,它们是大人物的小密友。"第六日",150年前,还是在欧洲,最早的"犬种"诞生了。

我们狗,一路从笛卡尔想象中的寻常机器,变成人类的宠物玩伴,但无论怎样,我们都还是妥妥的"物件"。人类认可了狗的些许权利,例如狗不能无端受虐,这是大家的共识。人类还承认狗也是有情感的。我们从屋外的集体狗棚住进了单身狗舍,最后还住进人类的屋子里。犬种越来越多,狗的基因可塑性越来越强,但绝大多数狗没有完整的家庭谱系。

现如今,狗狗传奇的"第七日"降临。而伴随而来的,是全球气候变暖,社会信息化日趋完善,地缘政治冲突让富人安居乐业,穷人飘零无依。这一日,我们狗的数量也大大增长。未来的狗到底会是怎样的?未来的狗都是克隆狗吗?你们要将爱犬的基因无限延续,让其幽魂永不消散?抑或养一只机器狗,很干净,不用清扫,身上既没有跳蚤,也没有杂草?又或者,你们还是想养一只知情知趣的活物,它会越来越聪明,因为它能不断被激励?对我们狗来说，最后这种结局显然是最好的，对人类而言同样如此。但这一切都取决于人类，我们狗只会盲目地信任你们，因为这是我们的约定。在这个星球上，无数的狗为了遵守与人的约定而死去，然而，每一秒，每一次，每当狗与主人四目相接、深深对望时，每当狗在主人的眼睛里感觉到一种信任的冲动时，狗与人的盟约便又一次更新，这样的盟约已然更新了无数次。

克利福德·西马克在科幻长篇系列小说《城市》中，通过6个短篇故事，想象出人与狗的一段传奇经历：人类为了追梦消失在太空中，只留下一群机器人照顾他们的狗。在那之前这些狗就通过手术改造了喉咙，会说人话。狗虽然是通过后天改造才获得了人类独有的语言能力的，但后来却发现这种能力可以遗传（《城市》出版于1952年，那时候还没有人讨论"转基因"的问题）。留在地球上的狗坚信，人类是一个神话，是为了给小狗解释那些无法解释之事而编出来的传奇故事：狗为什么会说人话？狗怎么会拥有这些机器人来助自己一臂之力？狗自己根本不会制造机器人啊！那些知道内情的机灵狗则认为，最简单的解释就是将这一切归于那些名曰"人类"的诸神，把理智扔得远远的，单纯地相信最简单的神的启示。留给狗的世界很宁静，它们可以好好实施一个属于自己的文明计划，教会其他动物和狗一起共同生活，不再互相残杀，幸福地生活……克里福德字里行间都在暗示，没有了人类，地球宛如天堂。作者同时也在暗示，如果人类能听听狗的心声，如果从一开始人类就能将狗看成是人类发展的有智慧的伙伴，我们的故事也许会完全不同。

也许，还不算太晚……但如果人类自作孽则不可活，我们也只能随你们而去了。人类啊，千万不要忘记，狗是你们的责任与义务，没了人类，狗也活不了。也不要忘记，今天人类加诸狗身的一切，无论是垃圾食品、基因控制，还是电子监控，有一天你们也会加诸同类。而如今发生的和我们狗相关的这一切，说到底是一种技术融合：充分利用认知科学来推测什么样的狗最合适你们；利用计算机科学来预测该买什么样的狗，就像决定买什么样的衣服一样；还能寻找合适的细胞配对，制造出理想中的宠物；有了经济全球化，相隔千里，也能找到相配的精子和卵子，对其进行冷冻、运输；有了基因组科学，便能让精子和卵子更好地融合；有了生物学，便可以按照你们的心意优化狗的身体特征。未来的狗似乎会成为消费品，会越来越人工化，也会不断更新。

可怜的狗狗啊。

致　谢

感谢热纳维耶芙·达勒重读本书。

感谢泰蕾兹·泰斯托校对本书。

感谢苏菲·巴雅尔的信任。

感谢伊夫·多迪的专业支持。

感谢文森特·米格内罗和文森特·卡普德佩耐心阅读本书。

感谢克里斯蒂安·格拉塔卢和菲利普·佩尔蒂埃热情地为本书提出创作计划。

感谢来自哈士奇农场的多米尼克、艾米莉、凯伦、热拉尔德和皮埃尔。

最后,特别感谢所有给了我创作灵感的狗狗。

犬类专业术语表

AKC 美国养犬俱乐部: 全称 American Kennel Club,美国一家专门登记犬种的机构。

Akita inu 秋田犬: 原产于日本的大型犬种,属狐狸犬类。日系秋田犬与美系秋田犬是两个不同的犬种,美系秋田犬虽源自日系秋田犬,却是完全在美国发展起来的。世界犬业联盟从 2005 年开始承认美系秋田犬这一犬种。

Animal-symbole 象征性动物: 美索不达米亚古文明中某种具有象征意义的动物,它与某一神明相连,甚而与之不可分离,成了该神明的象征。例如寺庙中一只狗的雕像便自然让人联想起古拉女神。

Barbet 巴贝特犬: 属水犬类,今已灭绝,中型身材,毛发浓密卷曲,据说它是贵宾犬的祖先。为了延续这一犬类,法国在 20 世纪培育出了新的同名犬种。

Barzoï 俄罗斯种长毛猎犬: 一种俄罗斯大型猎兔犬犬种。

Basenji 巴森吉犬: 非洲的一种"原始犬",小型身材,因不会叫而闻名。

Basset 巴吉度猎犬: 一种短腿猎犬，与其身体相比，腿显得特别短。

Bâtard 杂种犬: 犬种不明的犬。

Beagle 比格犬: 原产于英国的追猎犬种，短腿，嗅觉极其灵敏。

Beauceron 法国牧羊犬: 也叫波什罗奇，一种大型短毛牧羊犬犬种，原产于法国。

Berger/Chien de berger 牧羊犬: 负责看守羊群的犬类，可细分为导羊犬（能引领羊群）和护羊犬（保护羊群不受猎食者侵害）。

Berger allemand 德国牧羊犬: 冯·施特芬尼茨上校于 19 世纪末在德国培育出来的牧羊犬，由德国几种不同的牧羊犬与柯利牧羊犬杂交而来。该犬种已成为典型的工作犬。

Berger d'Anatolie 安那托利亚牧羊犬: 原产于土耳其的护羊犬，世界犬业联盟将其归为一个犬种，而美国养犬俱乐部则将其细分成坎高犬、卡拉巴什犬和阿卡巴什犬三个类别。

Berger de Maremme et Abruzzes 玛瑞玛安布卢斯牧羊犬: 一种白色护羊犬，原产于意大利。

Bichon 比熊犬: 一种宠物犬，通常有某些特定的特征，如耳朵下垂，头部呈三角棱柱状，身体大致呈正方体状，长毛，毛色通常为白色。

Boston terrier 波士顿犬: 一种美国小斗牛梗。

Bouledogue / Bulldog 法国斗牛犬 / 英国斗牛犬: 如今的一种宠物犬, 体形矮壮, 短腿, 头型短圆而宽。法国斗牛犬是英国斗牛犬的后代, 但体形更小, 英国斗牛犬最初是用来帮助屠夫宰牛和斗牛的。

Bouvier 牧牛犬: 看守和引导牛群的犬。

Bouvier bernois 伯尔尼牧牛犬: 瑞士的一种大型牧牛犬犬种, 样子很像三色纽芬兰犬。

Brachycéphale 短圆宽头型动物: 头部短、宽而圆, 如中国斗牛犬、法国斗牛犬等。

Braccoïde 垂耳犬: 身体强壮, 头部呈三角棱柱状, 口鼻部的长和宽几乎一样, 嘴唇下垂, 耳朵长而下垂。这类犬包括短毛垂耳猎犬、贵宾犬、拉布拉多犬、西班牙种长毛垂耳猎犬、比格犬等。

Braque 短毛垂耳猎犬: 一种指示猎犬, 包括好几个短毛垂耳猎犬犬种。

Briard 布里牧羊犬: 既是看守犬, 也是导羊犬。原产于法国, 体形较大, 毛发卷曲。

Bringé 斑纹犬: 被毛上有多色不连续条纹, 多为黑斑或红斑。

Bullmastiff 斗牛獒: 体形巨大的看门犬, 和最初的英国斗牛犬很像。

Caniche 贵宾犬: 卷毛宠物犬犬种, 体形已变得和玩具犬一样小,从前曾被用于猎鸭。

Carlin 中国斗牛犬: 一种原产于中国的小斗牛犬，16 世纪时传到欧洲。

Carré / Rectangle 方形犬: 经过测量，这一类犬从鬐甲到臀部的线条与从鬐甲到前脚末端的线条大致垂直，仿佛其身体被框在一个正方体或长方体中。

Cavalier king charles spaniel 查尔斯国王骑士獚: 原产于英国的迷你宠物犬，是 20 世纪在骑士查理士王小猎犬的基础之上培育出来的。

Chien aboyeur 叫声指示犬: 以叫声指出猎物所在位置的猎犬。

Chien chanteur 新几内亚歌唱犬: 新几内亚的一种野生或半野生的犬，以不会狗叫而闻名，濒临灭绝。

Chien courant/Chien de courre 追猎犬: 垂耳猎犬的一种，猎人步行或骑行打猎时常会用到追猎犬群，借助它们将猎物从林子里赶出来，并追捕猎物。有的追猎犬能将猎物逼入绝境，再以叫声指示猎物所在位置。

Chien d'arrêt 指示猎犬: 这种猎犬能根据猎物的味道发现其所在位置，然后站定不动，等猎人到来之后，它便将猎物从窝里赶出来。有的指示猎犬能将中枪的猎物取回来。

Chien d'assistance 服务犬: 专门被训练用以帮助有视力、听力或其他身体障碍的残疾人的犬。

Chien d'eau portugais **葡萄牙水犬**: 葡萄牙版大贵宾犬, 毛发卷曲。

Chien de compagnie **宠物犬**: 这类犬唯一的用途便是陪伴主人。

Chien de défense **护羊犬**: 这一类犬经常被错误地当成"牧羊犬"或"牧牛犬", 其实它的体形大得多, 可以保护羊群和牛群不受猎食者侵害, 例如比利牛斯山地犬。

Chien de lever / Leveur **赶山犬**: 专门负责将猎物赶出山林或巢穴的猎犬, 既能赶飞禽(如鹧鸪), 又能赶走兽(如野兔)。

Chien de manchon **袖珍犬**: 小宠物犬, 常被中国和欧洲的贵妇揣在怀里。

Chien de sang / Brachet / Chien de recherche au sang **猎血犬 / 布拉可犬 / 寻血犬**: 擅长凭嗅觉追捕大型受伤猎物的猎犬。

Chien de Saint-Hubert / Bloodhound / Alaunt **圣于贝尔犬/寻血猎犬/阿朗特犬**: 大型追猎犬, 嗅觉极其灵敏, 从中世纪开始便被用于追捕鹿、野猪, 甚至逃兵。

Chien de travail / Chien d'utilité **工作犬**: 专门为某种实用目的而培育出来的犬类。若阿内尔·盖尤斯1570年对犬种进行划分, 将"工作犬"与"宠物犬"区分开来。

Chien-loup **狼犬**: 最开始指专门用来猎狼的大型犬。从20世纪开始, 狼犬便开始指狼和狗杂交的产物。其他一些杂交种类中如果残留着狼和狗杂交后代的基因, 往往也以狼犬相称。

Chiennerie 犬性: 新造词, 指代狗的这一整体, 广义上指狗的生存境遇。"犬性"一词效仿的是"人性"一词, 后者也涵盖人类整体。

Chihuahua 吉娃娃: 原产于墨西哥, 特奇奇狗的后代, 特奇奇狗曾经是阿兹特克人的盘中餐。吉娃娃是世界上最小的狗, 体重通常为1~6斤。

Chin 池英犬: 被称为日本的小型西班牙种长毛垂耳猎犬。

Chow-chow 松狮犬: 体形偏胖的中型狐狸犬, 样子像一只幼熊, 舌头是蓝色的, 原产于中国。

Cocker 可卡犬: 属西班牙种长毛垂耳猎犬, 细分成英国可卡犬和美国可卡犬两个犬种。

Colley / Collie 柯利牧羊犬: 又叫做苏格兰牧羊犬, 人们习惯上将边境牧羊犬和柯利牧羊犬划分成两个不同的犬种, 柯利牧羊犬源自边境牧羊犬, 体形更大。这两种牧羊犬都被叫做苏格兰牧羊犬。《神犬莱西》中的莱西就是一只柯利牧羊犬。

Corniaud 杂种猎犬: 即杂交猎犬, 通常由大看门犬和追猎犬杂交而来。

Coton de Tuléar 图莱亚尔绒毛犬: 毛发丝滑的白色比熊犬, 原产于马达加斯加。

Croisé 杂交犬: 由两种不同但可以确认的犬种杂交而来, 人们有时会有计划地将两种狗杂交以获得某些真实或想象中的特质, 这样的杂交犬往往有特定的名字, 如"拉布斯基犬"是拉布拉多犬和哈士奇犬杂交而成的,"吉格犬"是吉娃娃和比格犬杂交而成的,"斗牛斑点犬"是斗牛犬和斑点狗杂交而成的,"贵宾猎獾犬"是贵宾犬和猎獾犬杂交而成的。

Cynocéphale 狗头人: 源自希腊语"狗头"一词,通常指神话中狗头人身的怪物。

Dalmatien 斑点狗: 原产于克罗地亚的中型犬,据说一度用来拉马车,以被毛白底黑斑而闻名,白底褐斑的比较稀有。

Dhole 豺: 常被叫做亚洲野犬,这种叫法是不确切的。"豺"这种犬科动物与灰狼有亲缘关系,是豺狗属所剩的唯一代表。曾几何时,豺在整个欧亚大陆上随处可见,而如今只在东亚才能得见了。

Dingo 澳洲野犬: 澳洲的野生犬。

Divagant 丧家犬: 指那些暂时脱离了主人控制的犬,这类犬与逃到野外的犬不一样,后者重返野生状态了。

Dobermann 杜宾犬: 卡尔·弗里德里希·路易·杜宾于19世纪末培育出来的看守犬。

Dogue 看门犬: 曾用来指所有体形矮胖、下颌有力的大型看守犬,现如今专指某些特定犬种,如德国看门犬即大丹犬、意大利卡斯罗犬、阿根廷杜高犬等。

Dogue du Tibet / Mastiff du Tibet / Sage Kouchi / Do Khyi 西藏看门犬 / 藏獒 / 萨日多奇 / 多吉: 这一类犬已成为固定犬种,喜马拉雅地区的大型看门犬或护羊犬,有时被视为大部分看门犬的祖先。

Épagneul 西班牙种长毛垂耳猎犬: 此词从中世纪晚期开始便用于指代一种猎犬，据说该猎犬原产于西班牙，专门用来将水上猎物赶出来。19 世纪时，这个词用来指代所有小型垂耳犬。如今这个词则固定用以指代某些特殊犬种。

Épagneul nain papillon 蝴蝶犬（侏儒小猎犬）: 小型袖珍犬犬种，其祖先是文艺复兴时代出现的一种由比熊犬与狐狸犬杂交而来的犬。

FCI 世界犬业联盟: 全称 Fédération cynologique internationale，一个权威的犬种认定机构，法国和其他大部分国家是其成员国，英国却不在其中。

Félidé 猫科: 猫家族，包括猫、鬣狗、狮子、豹等。

Féral 返野家犬: 指那些一度被驯养但重返并适应了野外生活且持续了好几代的犬类。此词常和"Marron"一词，即"逃到野外的犬"混用，但 féral 多指在有生之年重返野外生活的家犬。

Fox-terrier 猎狐梗: 专门用于猎狐的小梗犬，可细分为两个犬种。

Galgo 西班牙灰狗: 即西班牙猎兔犬。

Garrot 鬐甲: 连接家畜颈椎和腰椎，即颈部和背部之间的部位。人们就是从这个部位往下测量出像狗一样的四足动物的身高。

Grand danois / Dogue allemand 大丹犬 / 德国看门犬: 超大型猛

犬犬种,让人想起文艺复兴时代在欧洲用于打仗的巨型看门犬,如今却和其他大部分狗一样,性子很平和。

Greyhound 灵缇犬: 大型英国猎兔犬,被优化过的追猎犬,是世界上仅次于猎豹的速度最快的四足动物。

Griffon 格里芬犬: 好几种毛发浓密卷曲的猎犬的统称,既可用作追猎犬,又可用作指示猎犬。

Groenlandais 格陵兰犬: 原产于格陵兰岛的大型雪橇犬,外形与灰狼相近。

Harrier 哈利犬: 曾经是一种犬类,如今已被认定为猎犬犬种,很像比格犬。

Hokkaïdo ken 北海道犬: 中型狐狸犬,原产于日本北部。

Husky 哈士奇: 原产于西伯利亚的中型雪橇犬,眼睛多为蓝色,有时双眼颜色不同。

Karafuto ken / Husky de Sakhaline 桦太犬 / 库页岛哈士奇: 大型雪橇犬,原产于日本北部,如今已非常稀有。

King charles spaniel 查理士王小猎犬: 小型宠物犬犬种,源自一种 17 世纪的犬类。

Labrador 拉布拉多犬: 中型猎犬犬种,被划分在寻回犬之列,单色被毛(茶色、巧克力色或黑色)。

Lapinporokoira 拉普兰导羊犬: 拉普兰的一种牧羊犬,原产于芬兰,此种导羊犬曾被用于引导驯鹿群。

Lévrier 猎兔犬: 头部呈长锥体状,头骨狭窄,耳朵小,口鼻部长而纤细,鼻前部凹陷很浅,身形十分修长,四肢纤细,腹部内收。此词最初用来指代所有身形细长的猎犬,这类犬靠视觉追捕野兔（亦由此得名）,将其追至力竭以方便猎人猎杀。

Lhassa apso 拉萨犬: 原产于西藏的小型宠物犬犬种。

Lice 雌性猎犬: 即母猎犬。

Limier 嗅觉猎犬: 追猎犬的一种,依靠嗅觉追捕猎物。

LOF《法国纯种狗登记簿》: *Livre des origines français*,法国国家犬类协会编制的年鉴,用于登记纯种犬出生情况。

Loulou de Poméranie 博美犬: 原产于德国北部的袖珍狐狸犬。

Loup-chien 家狼: 人们设想出来的一种史前时期的动物,它可能是驯化过程中的灰狼,现代家犬的祖先。人们还找到了一些关于家狼的化石遗迹,但这些遗迹颇具争议。

Lupoïde 鲁波犬: 头部呈斜截锥状,口鼻部长而窄,嘴唇薄而黏着,耳朵竖起,鼻前部凹陷浅,身材匀称,与灰狼相近。

Lycaon 非洲四趾猎狗: 又叫非洲野狗,但这种叫法不准确,它与灰狼有亲缘关系,濒临灭绝。

Malamutes d'Alaska 阿拉斯加雪橇犬: 原产于阿拉斯加的大型犬,外形与灰狼相近。

Malinois 马林诺斯犬: 比利时的短毛牧羊犬,样子很像德国牧羊犬,但身形比德国牧羊犬稍微瘦一些,毛色稍微浅一些。

Marron 逃到野外的(犬): 一度被用来形容逃奴,这些逃奴在原先的主人势力不及的荒野重建族群。现如今在广义上也指重返野生状态、生活在人类社会边缘的动物。

Mastiff 獒犬: 曾指那些强壮的看门犬或用于看守、打仗的猛犬,如今特指某些巨型犬种,如英国獒犬、藏獒和西藏看门犬。

Mâtin 猛犬: 特指猛犬犬种。

Molosse 大看门犬: 大型看守犬,包括看门犬,广义上的大看门犬指所有肌肉厚实的护羊犬,如比利牛斯山地犬、坎高犬等。

Molossoïde 大猛犬: 头部巨大,或方或圆。口鼻部短,嘴唇厚而下垂,鼻前部凹陷深,身形巨大而强壮,如西藏看门犬。

Montagne des Pyrénées / Patou 比利牛斯山地犬: 原产于比利牛斯山的巨型护羊犬犬种。

Pedigree 种畜谱系: 此官方文件好比狗界的公民身份文件,建立起了狗的祖先清单。一只狗必须有自己的"谱系"才能证明自己是"纯种犬"。即便在今天,发达国家的纯种犬已然很少,而发展中国家的纯种犬更是少之又少。该词由法文短语" pied-de-grue"的英文发音而来,该法文短语曾用来指某种动物的家族谱系。

Pékinois 中国狮子犬: 原产于中国的小型宠物犬。

Pitbull / Bull-terrier / Staffordshire terrier 斗牛犬 / 斗牛梗 / 斯塔福德郡斗牛梗: "pitbull"一词至少从 19 世纪的英国开始便指代那些专门用于与其他动物对打的犬类，它们是杂交犬，融合了英式斗牛犬的强壮与梗犬的好斗。"pit"一词（英文中的"pit"也有地穴、斗牛场之意）包括各种不同的犬种，这些犬种在有些国家被划在"凶犬"之列，在有些国家则相反。在法国，"pitbull"一词尤指斯塔福德郡斗牛梗，特别是美式斯塔福德郡犬。

Pointer 波音达猎犬: 所有指示猎犬犬种的统称。

Primitif 原始犬: 所有被认为与最早的犬在基因上相近的犬（如狐狸犬、巴森吉犬等）的统称。

Rabatteur 赶猎犬: 曾指那些追猎犬，它们将猎物赶到猎人面前，以便让猎人更好地猎杀猎物。而此词现在更多指代引导羊群或牛群的犬。

Race 犬种: 该词首先出现在中世纪末，指那些为了狩猎而特殊选育的犬类。现代意义上的"犬种"概念出现于 19 世纪下半叶，随之出现的，还有标准犬、养犬机构及犬类选美大赛。此专业术语表及本书中所有关于犬种的论述都参考了多米尼克·格朗让和弗兰克·艾曼主编的《犬类百科全书》及其中着重指出的世界犬业联盟所做的犬种划分。参见 Dominique Grandjean et Franck Haymann（dir.），*Encyclopédie du chien*，Aimargues，Royal Canin，2015。世界犬业联盟的官方网站上有更加详细的犬类专业术语表，参见 http://www.fci.be/fr/nomenclature/（2018-6-28）。

Rapport 寻回: 指猎犬将被猎杀的猎物带回来给猎人的行为,广义上指所有要求动物将某物体带回来给主人的考验。

Retriever 寻回犬: 英文词,指将已被猎杀的猎物带回来给猎人的猎犬,广义上指所有用来寻回某物的犬种。金毛犬和拉布拉多犬都被叫做寻回犬,二者都是很常见的中型犬种,被大量用作服务犬以帮助那些有视力和其他生理障碍的人。

Rotteweiler 罗威纳犬: 黑色、红褐色的大看门犬犬种,被认为是屠牛犬和德国牧牛犬的后代。

Saint-bernard 圣伯纳犬: 原产于阿尔卑斯山的大型山地犬种。

Sauvagerie 野物或野性: 指有野性或处于野生状态之物,与"驯服"状态相对。

Setter 塞特猎犬: 原产于英国的四种追猎犬和指示猎犬犬种的统称。

Shiba inu 柴犬: 原产于日本的小型狐狸犬。

Sire 种犬: 英文词,指用于配种的雄犬。

Spitz 狐狸犬: 耳朵竖起,口鼻部像狐狸,尾巴如翎羽,被划在"原始犬"之列,如雪橇犬、日本犬。

Stop 鼻前部凹陷: 指犬类鼻子正前方的凹陷,此处凹陷通常位于两眼之间、口鼻部基底之处。

Taille 体形: 以成年雄犬的平均体重为参照,世界犬业协会将狗的体形分成四大类：10 公斤以下的为小型犬，10 到 24 公斤的为中型犬，25 到 40 公斤的为大型犬，40 公斤以上的为巨型犬。4 公斤以下的犬种被称作玩具犬。

Teckel 猎獾犬: 原产于德国的巴吉度猎犬，曾用来猎獾。

Terre-neuve 纽芬兰犬: 最初只是一个犬类，北美的工作犬，不畏水，随着英国商船散播于全世界。如今纽芬兰犬已然成为一个大型犬犬种，通常为黑色，偶尔会有栗色或黑白双色的，常用于水上救援。

Terrier / Chien de Terrier 梗类犬: 专门用于追捕洞穴猎物（如狐狸、獾、兔等）的猎犬，它们可将猎物逼出巢穴，或进入洞穴之中猎杀猎物，或通过叫声指出猎物所在位置。

Tesem 古埃及猎兔犬: 古代埃及的一种猎兔犬。

Tosa 土佐犬: 日本巨型看门犬。

Toy 玩具犬: 极小型宠物犬，体重不足 4 公斤。

Type/ Morphotype 类型 / 形态—功能类型: 根据狗的外形与功能对其做出的一种较为宽泛的分类，这种分类方式比犬种划分要早好几个世纪。如专门用于打猎的猎兔犬就是一种形态—功能类型的犬类。

Vautre 猎猪犬: 专门用于猎杀野猪的犬类。

Whippet 惠比特犬: 一种小型猎兔犬。

Xoloitzcuintle 墨西哥无毛犬: 原产于墨西哥的一种中型无毛犬，曾作为肉食供人食用。

Yorkshire 约克夏犬: 小型长毛梗犬，身体背部呈钢蓝色，前胸及头部呈浅黄褐色，多用作宠物犬。

人与犬历史大事年表

距今 50 万年至 1 万年: 一部分灰狼被人类驯服,成了家犬,根据不同的资料来源,家犬起源的具体时间各异。

距今 335 000 年: 能被证实的最古老的灰狼出现在意大利。

距今 33 000 年: 疑似最古老的一只狗出现在阿尔泰山脉的拉兹波维尼琪亚洞穴中。

距今 16 500 年: 在中国有几百只灰狼被人类驯服,它们或许是现代家犬基因组最大的贡献者。大致在同一时期,在具他各不相同的时空中,应该有其他灰狼也被驯服。

距今 4 500 年: 澳洲野犬从东南亚到达澳洲,新几内亚歌唱犬从东南亚到达新几内亚。美索不达米亚和埃及出现了猎兔犬(用于狩猎)和看门犬(用于看家和打仗)。

公元前 8 世纪: 亚述国王亚苏巴尼巴尔用自己养的獒犬来处决犯人。《奥德赛》中描写了忠犬阿尔戈斯对尤利西斯的忠诚。

公元前 6 世纪—公元前 3 世纪: 希腊的好几位作者提到了不同用途的犬类(猎犬、看门犬、护羊犬等)。色诺芬作《狩猎术》详细描写。犬儒派哲学家安提西尼和第欧根尼选择像狗一样生活。

公元前5世纪—公元1世纪: 埃及人制作了8百万只木乃伊狗葬于萨卡拉的阿努比斯地下墓穴中, 人们当初养这些狗就是为了把它们做成木乃伊陪葬的。

公元前2世纪—公元5世纪: 在"千狗之乡"罗马, 人们区分、选育出许多不同的犬类。克利西波斯、塞克斯特斯·恩披里柯、普鲁塔克等人对狗的智力做出了思考, 而瓦龙、科吕迈勒、阿利安和西里西亚的奥比安则就狗的用途写出了专论。

13世纪: 中国元朝皇帝忽必烈在奢华盛大的狩猎中使用了上千只獒犬。

14—16世纪: 加斯东·菲布斯、亨利·德·费里埃、若阿内尔·盖尤斯皆作专论论述猎犬中的标准犬(如梗犬、西班牙种长毛垂耳猎犬、猎猪犬、布拉可犬、枪猎犬等)的诞生。"犬种"一词尤用以指那些精英所养犬之高贵风范。

15世纪: 灰狼在英国灭绝。诞生于冰岛的导羊犬或牧羊犬开始在英国普及。

16世纪: 西班牙人在与美洲印第安人对战时用到了冷酷无情的猎血犬。它们随后成为新大陆种植园内看守奴隶的凶恶护卫。

16—18世纪: 袖珍犬(中国斗牛犬和欧洲的比熊犬)在全世界传播开来。

17世纪初: 米盖尔·德·塞万提斯撰写《双狗对话录》。

1641年: 勒内·笛卡尔提出身体与灵魂二分的概念, 认为动物没有灵魂。30 年后，尼古拉·马尔布朗什重新支持笛卡尔关于"动物机器"的观点。

1644 年: 英国保皇党派军中吉祥物贵宾犬博伊去世。

1681—1709 年: 日本著名"狗将军"德川纲吉在位，他推行一系列保护狗的政策，甚至使狗的利益超越于人的利益之上。

17—19 世纪: 纽芬兰犬随英国海军传遍了全球各大洋。

18—20 世纪: 人们以公共卫生之名在各大城市消灭流浪狗，墨西哥、伊斯坦布尔、孟买等地皆如此。

19—20 世纪: 因人类的过度猎杀，欧洲和北美地区的灰狼数量锐减，灰狼在日本则完全消失。

1814 年: 圣伯纳救援犬的象征，那只名叫巴里的圣伯纳犬去世。

1860 年: 英国在狩猎爱好者维多利亚女王治下，各"犬种"开始出现且越来越多，随之而来的是与狗相关的公司、沙龙、犬种证明、形态-功能分类、近亲选育及种畜谱系。狗产业很快找到突破口并在 20 世纪确立了犬类食品产业的行业标准。工作犬让位于宠物犬，宠物犬也在 20 世纪下半叶变成消费品。

19 世纪末: 人类广泛使用发动机，曾用于转动烤肉铁叉的巴吉度猎犬再无用武之地，就此灭绝。伊万·彼得洛维奇·巴甫洛夫在让狗分泌唾液的实验中建立起条件反射理论。

1925 年: 一群雪橇夫和雪橇犬英雄将阿拉斯加的诺姆城从白喉肆

虐中拯救出来。明星狗任丁丁在一项民意测验中被选为"美国最受欢迎的明星"。

1926 年: 在第一次世界大战中晋升为"中士"的斗牛犬斯塔比去世。

20 世纪 30 年代: 西格蒙·弗洛伊德建议将狗用于心理治疗。

1939 年: 医生谢尔盖·谢尔盖耶维奇·布鲁科年科声称自己让一只狗死而复生。

1940 年: 埃里克·奈特发表长篇小说《忠犬莱西》，该小说很快被改编成电影。

1941 年: 苏联人将狗训练成敢死队队员，以对抗敌军的装甲车。

1952 年: 克利福德·西马克发表《城市》。

1957 年: 小狗莱卡成为世界上第一个被发射到太空轨道中的生物。

20 世纪 60 年代: 鲍里斯·莱文森为狗狗心理疗法打下了基础。

1961 年: 动画片《101 忠狗》首映。

1973 年: 德米特里·康斯坦蒂诺奇·别利亚耶夫和柳德米拉·特鲁特首次培育出家养银狐。

1976 年: 马丁·塞利格曼和史蒂夫·梅尔对狗进行电击实验以证明它们可以形成条件反射性的顺从。

20 世纪末 21 世纪初: 好几个国家针对"凶犬"立法。

2005 年: 世界上第一只克隆犬斯纳皮被成功培育出来。

2008 年: 弗拉基米尔·普京的雌性拉布拉多犬科尼成为俄罗斯版全球定位系统定位服务的第一位受试者。

2017 年: 布丽吉特·马卡龙和埃玛纽埃尔·马卡龙夫妇收养了杂交犬尼莫,延续了将一只狗与总统公关联系起来的漫长传统。

犬科动物家族谱系图

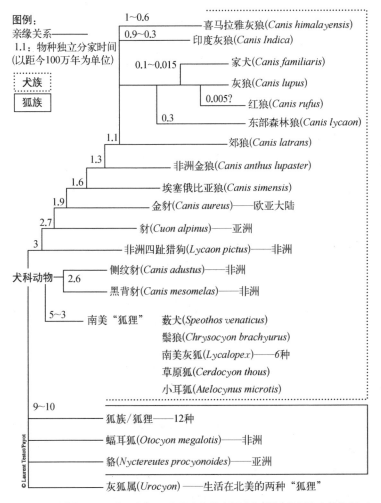

图例：
亲缘关系————
1.1：物种独立分家时间
（以距今100万年为单位）

犬族

狐族

1~0.6　　喜马拉雅灰狼(*Canis himalayensis*)
0.9~0.3　　印度灰狼(*Canis Indica*)
0.1~0.015　　家犬(*Canis familiaris*)
灰狼(*Canis lupus*)
0.005?　　红狼(*Canis rufus*)
0.3　　东部森林狼(*Canis lycaon*)
1.1　　郊狼(*Canis latrans*)
1.3　　非洲金狼(*Canis anthus lupaster*)
1.6　　埃塞俄比亚狼(*Canis simensis*)
1.9　　金豺(*Canis aureus*)————欧亚大陆
2.7　　豺(*Cuon alpinus*)————亚洲
3　　非洲四趾猎狗(*Lycaon pictus*)————非洲

犬科动物——2.6　　侧纹豺(*Canis adustus*)————非洲
黑背豺(*Canis mesomelas*)————非洲

5~3　　南美"狐狸"　　薮犬(*Speothos venaticus*)
鬃狼(*Chrysocyon brachyurus*)
南美灰狐(*Lycalopex*)————6种
草原狐(*Cerdocyon thous*)
小耳狐(*Atelocynus microtis*)

9~10　　狐族/狐狸————12种
蝠耳狐(*Otocyon megalotis*)————非洲
貉(*Nyctereutes procyonoides*)————亚洲
灰狐属(*Urocyon*)————生活在北美的两种"狐狸"

© Laurent Testot/Payot

　　本图是依据维基百科网站上"现存类狼犬科动物进化系统树"词条文献绘制而成的,该词条的最新版本网址链接为 http://en.wikipedia.org/wiki/Canidae（2018－7－15）。图中给出了不同种系的独立分家时间,相关数据的估算是业界基本认可的。图中只给出了目前尚存的物种信息。

参考文献

与狗相关的著作成千上万,以下仅列出对本书有所启发的著作。

动物世界

AUBERGER Janick, KEATING Peter, *Histoire humaine des animaux. De l'Antiquité à nos jours*, Paris, Ellipses Marketing, 2009.

BARATAY Éric, *Biographies animales*, Paris, Le Seuil, 2017.

—, *Le Point de vue animal. Une autre version de l'histoire*, Paris, Le Seuil, 2012.

CHALINE Éric, *50 animaux qui ont changé le cours de l'histoire* (éd. originale 2011), traduit de l'anglais par Marie-Noëlle Antolin, Paris, Le Courrier du Livre, 2013.

CHRISTEN Yves, *L'animal est-il une personne?*, Paris, Flammarion. 2009, rééd. coll. «Champs», 2011.

CYRULNIK Boris (dir.), *Si les lions pouvaient parler*, Paris, Gallimard, 1998.

DELORT Robert, *Les amimaux ont une histoire*, Paris, Le Seuil, 1984, rééd. 1993.

FAGAN Brian, *La Grande Histoire de ce que nous devons aux animaux* (éd. Originale 2015), traduit par Laurent Bury, Paris, Vuibert, 2017.

FOSTER Charles, *Dans la peau d'une bête. Quand un homme tente l'extraordinaire expérience de la vie animale* (éd. originale 2016), traduit de l'anglais par Thierry Piélat, Paris, JC Lattès, 2017.

GRANDIN Temple, *L'Interprète des animaux* (éd. originale 2005), traduit de l'anglais (États-Unis) par Inès Farny, Paris, Odile Jacob, 2006.

JOUVENTIN Pierre, *Trois prédateurs dans un salon. Une histoire du chat, du chien et de l'homme*, Paris, Belin, 2014.

MATIGNON Karine Lou (dir.), *Révolutions animales. Comment les animaux sont devenus intelligents*, Strasbourg/Paris, Arte Éditions/ Les Liens qui libèrent, 2016.

SAFRAN FOER Jonathan, *Faut-il manger les animaux?* (éd. originale 2009), traduit de l'anglais (États-Unis) par Gilles Breton et Raymond Clarinard, Paris, Éditions de l'Olivier, 2011, rééd. 2012.

SERNA Pierre, *L'Animal en république. 1789 – 1802. Genèse du droit des bêtes*, Toulouse, Anacharsis, 2016.

SHANNON Laurie, *The Accommodated Animal. Cosmopolity in Shakespearean Locales*, Chicago& Londres, The University of Chicago Press, 2013.

狗的历史

BERNARD Daniel, *Le Chien et l'Homme. Une histoire extraordinaire*, Rennes, Ouest-France, 2014.

CORDEAU BULARD Brigitte, *Le Chien dans l'art. Peinture, sculpture, littérature, cinéma*, Paris, Éditions Delville, 2004.

COREN Stanley, *The Pawprints of History. Dogs and the Course of Human Events*, New York, Free Press, 2002.

DANIELS-MOULIN Marie-Paule, *Le Grand Livre de l'histoire du chien*, Paris, De Vecchi, 2004.

GUIZARD Fabrice, BECK Corinne (dir.), *Une bête parmi les hommes: le chien. De la domestication à l'anthropomorphisme*, Amiens, Encrage Éditions, 2014.

HOBGOOD-OSTER Laura, *A Dog's History of the World. Canines and the Domestication of Humans*, Waco, Baylor University Press, 2014.

HOMANS John, *What's a Dog For? The Surprising History, Science, Philosophy, and Politics of Man's Best Friend*, New York, Penguin Books, 2013.

McHUGH Susan, *Chiens* (éd. originale 2004), traduit de l'anglais par Tristan Ibrahim, Paris, Delachaux et Niestlé, 2005.

SCHWARTZ Marion, *A History of Dogs in the Early Americas*, Yale, Yale University Press, 1998.

SKABELUND Aaron Herald, *Empire of Dogs. Canines, Japan, and the Making of the Modern Imperial World*, Ithaca & Londres, Cornell University Press, 2011.

WALKER-MEIKLE Kathleen, *The Dog Book. Dogs of Historical Distinction*, Oxford & New York, Old House, 2014.

狗与人类社会

ALIZART Mark, *Chiens*, Paris, PUF, 2018.

BILANCHARD Christophe, *Les Maîtres expliqués à leurs chiens. Essai de sociologie canine*, Paris, La Découverte/Zones, 2014.

GUILLO Dominique, *Des chiens et des humains*, Paris, Le Pommier, 2011.

VICART Marion, *Des chiens auprès des Hommes, Ouand l'anthropologue observe aussi l'animal*, Paris, Éditions Petra, 2014.

狗的生理、认知、感官

ALDERTON David, *Que pense votre chien?* (éd. originale 2007), traduit de l'anglais par Maude Beylle, Paris, Le Courrier du livre, rééd. 2016.

BERNS Gregory, *How Dogs Love Us. A Neuroscientist and His Dog Decode the Canine Brain*, Luxembourg, Amazon Media EU Sarl, 2013.

BUDIANSKY Stephen, *The Truth About Dogs*, New York, Penguin Books, 2001.

COPPINGER Raymond, FEINSTEIN Mark, *How Dogs Work*, Chicago & Londres, The University of Chicago Press, 2015.

COREN Stanley, *Secrets de chiens. Ce que votre chien veut que vous sachiez* (éd. originale 2012), traduit de l'anglais (Canada) par Anne-Emmanuelle Boterf, Paris, Payot, 2013, rééd. «Petite Bibliothèque Payot», 2015.

—, *Comment parler chien. Maîtriser l'art de la communication entre les chiens et les hommes* (éd. originale 2000), traduit de l'anglais (Canada) par Oristelle Bonis, Paris, Payot, 2001, réd. «Petite Bibliothèque Payot», 2003.

HARE Brian, WOODS Vanessa, *The Genius of Dogs. How Dogs Are Smarter Than You Think*, New York, Plume, 2013.

HASBROUCK Michel, *Dressage tendresse. Sans coups ni cris*, Paris, L'Archipel, 2003, rééd. Paris, Ledue Éditions, 2008.

HOFMAN Philippe, *Le chien est une personne. Psychologie des relations entre l'humain et son chien*, Paris, Albin Michel, 2015.

HOROWITZ Alexandra, *Dans la peau d'un chien* (éd. originale 2009), traduit de l'anglais (États-Unis) par Christophe Rosson, Paris, Flammarion, 2009, rééd. coll. «Champs», 2011.

MARSHALL THOMAS Elizabeth, *The Hidden Life of Dogs*, Londres, Orion, 1995.

MORRIS Desmond, *Le Chien révélé. Le guide essentiel du comportement de votre chien* (éd. originale 1986), traduit de l'anglais par Édith Ochs, Paris, Calmann-Lévy, 1987, rééd. New York, Plume, 1994.

WARREN Cat, *What the Dog Knows. Scent, Science, and the Amazing Ways Dogs Perceive the World*, New York, Touchstone, 2013.

狗狗轶事

BONDESON Jan, *Amazing Dogs. A Cabinet of Canine Curiosities*, Ithaca, Cornell University Press, 2011.

COLLECTIF, *Des chiens et des hommes. Les plus beaux reportages du Magazine Dogs à travers le monde* (éd. originale 2011), traduit de l'allemand par Caroline Lelong, Paris, Ulmer, 2011.

DEMONTOY André, *Dictionnaire des chiens illustres à l'usage des maîtres cultivés*, t. I, *Chiens réels*, Paris, Honoré Champion, 2012.

—, *Dictionnaire des chiens illustres à l'usage des maîtres cultivés*, t.II. *Chiens de fiction et portés en fiction*, Paris, Honoré Champion, 2013.

LAVIGNE Guillaume de, *Les Chiens célèbres, réels et fictifs, dans l'art, la culture et l'Histoire*, Raleigh (NC), Lulu, 2015.

狗的百科全书

DANIELS-MOULIN Marie-Paule, *Les Chiens japonais*, Paris, De Vecchi, 1995.

GRANDJEAN Dominique, HAYMANN Franck (dir.), *Encyclopédie du chien*, Aimargues, Royal Canin, 2015.

PICKERAL Tamsin, *Chiens. Une histoire illustrée des races*, photographies d'Astrid Harrisson, traduit de l'anglais par Aubert Defoy, Paris, Flammarion, 2013.

PU'GNETTI Gino, *Les Chiens du monde* (éd. originale 1980), traduit de l'italien par Chantal Jayat et Jean Cazet, Paris, Solar, 1980.

ROSSI Valeria, *Le Grand Livre des chiens de race*, traduit de l'italien par Frédéric Delacourt, Paris, De Vecchi, 1999, rééd. 2003.

与狼共居

DELFOUR Julie, *Vivre avec le loup*, Saint-Claude-de Diray, Éditions

Hesse, 2004.

DUPÉRAT Maurice, *Le Loup. Portraits sauvages*, Chamalières, Artémis éditions, 2015.

ELLIS Shaun, *Le Loup. Sauvage et fascinant*, Paris, Elcy éditions/ Parragon, 2013.

JOUVENTIN Pierre, *Kamala, une louve dans ma famille*, Paris, Flammarion, 2012.

JOANNET Henri, *Mémoires du loup*, Saint-Rémy de-Provence, Éditions Équinoxe, 2011.

LANDRY Jean-Marc, *Le Loup*, Paris, Delachaux et Niestlé, 2017.

MECH David L., BOITANI Luigi, *Wolves. Behavior, Ecology, and Conservation*, Chicago & Londres, The University of Chicago Press, 2003, rééd. 2007.

MORICEAU Jean-Marc, *Le Loup en questions. Fantasme et réalité*, Paris, Buchet-Chastel, 2015.

— (dir.), *Vivre avec le loup? Trois mille ans de conflit*, Paris, Tallandier, 2014.

—, *Sur les pas du loup. Tour de France historique et culturel du loup du Moyen Âge à nos jours*, Paris, Montbel, 2013.

MORIZOT Baptiste, *Sur la piste animale*, Arles, Actes Sud, 2018.

—, *Les Diplomates. Cohabiter avec les loups sur une autre carte du vivant*, Marseille, Wildproject, 2017.

ROUSSEAU Élise, *Anthologie du loup*, Paris, Delachaux et Niestlé, 2006.

ROWLANDS Marc, *Le Philosophe et le Loup. Liberté, fraternité, leçons du monde sauvage* (éd. originale 2008), traduit de l'anglais (États-Unis) par Katia Holmes, Paris, Belfond, 2011.

SAVAGE Candace, *L'Univers des loups. Portraits intimes*, 1988, traduit de l'anglais (Canada) par Raymond Roy, Montréal, Éditions du Trécarré, 1996.

SHIPMAN Pat, *The Invaders. How Humans and Their Dogs Drove Neanderthals to Extinction*, Cambridge & Londres, Harvard University Press, 2015.

WALKER Brett L., *The Lost Wolves of Japan*, Seattle (WA), University of Washington Press, 2005.

VANIER Nicolas, *Loup*, Paris, Xo Éditions/Chêne, 2009.

起源：澳洲野犬、狐狸，与狗之驯服

DUGATKIN Lee Alan, TRUT Lyudmila, *How to Tame a Fox (and Build a Dog), Visionary Scientists and a Siberian Tale of Jump-Started Evolution*, Chicago & Londres, The University of Chicago Press, 2017.

JOHNSON Chris, *Australia's Mammal Extinction. A 50 000 Year History*, Melbourne, Cambridge University Press, 2006.

FLANNERY Tim, *The Future Eaters. An Ecological History of the Australasian Lands and People*, Sydney, Reed Books, 1994.

KOLER-MATZNICK Janice, *Dawn of the Dog. The Genesis of a Natural Species*, Central Point(OR), Cynology Press, 2017.

SMITH Bradley (dir.), *The Dingo Debate. Origins, Behaviour and Conservation*, Melbourne, Csiro Publishing. 2015.

流浪狗

BODART-BAILEY Beatrice, *The Dog Shogun. The Personality and policies of Tokugawa Tsunayoshi*, Honolulu, University of Hawaii Press, 2006.

BURGAT Florence, *Le Mythe de la vache sacrée. La condition animale en Inde*, Paris, Rivages, 2017.

COPPINGER Raymond, COPPINGER Lorna, *What is a Dog?*, Chicago & Londres, The University of Chicago Press, 2016.

PINGUET Catherine, *Les Chiens d'Istanbul. Des rapports entre l'homme et l'animal de l 'Antiquité à nos jours*, Saint-Pourçain-sur-Sioule, Bleu autour, 2008.

战犬

ALLSOPP Nigel, *Cry Havoc. The History of War Dogs*, Londres, New

Holland Publishers, 2011.

BARATAY Éric, *Bêtes des tranchées. Des vécus oubliés*, Paris, CNRS Éditions, 2013.

BOUSQUET Patrick, GIARD Michel, *Bêtes de guerre. 1914 – 1918*, Clermont-Ferrand, La Borée, 2018.

DERR Mark, *A Dog's History of America. How Our Best Friend Explored, Conquered, and Settled a Continent*, New York, North Point Press, 2004.

DUHAND Daniel, *La Véritable Histoire des poilus d'Alaska*, autoédition, 2014.

KEAN Hilda, *The Great Cat and Dog Massacre. The Real Story of World War Two's Unknown Tragedy*, Chicago & Londres, The University of Chicago Press, 2013, rééd. 2018.

MONESTIER Martin, *Les Animaux-Soldats, Hisoire militaire des animaux. Des origines à nos jours*, Paris, Le Cherche-Midi Éditeur, 1996.

POLIN Sébastien, « Le chien de guerre. Utilisation à travers les conflits», thèse de doctorat vétérinaire, Créteil, 2003, http://theses.vet-alfort.fr/telecharger.php? id = 467 (2018 – 07 – 11).

古代犬

BARATAY Éric, *Des bêtes et des dieux*, Paris, Cerf, 2015.

ONFRAY Michel, *Cynismes. Portrait du philosophe en chien*, Paris, LGF/Livre de poche, 2006.

POIRIER Jean-Louis, *Cave canem. Hommes et bêtes dans l'Antiquité*, Paris, Les Belles Lettres, 2016.

中世纪和文艺复兴时期的狗

BASTAIRE Jean, BASTAIRE Hélène, *Chiens du Seigneur. Histoire chrétienne du chien*, Paris, Cerf, 2001.

SCHMITT Jean-Claude, *Le Saint Lévrier. Guinefort, guérisseur d'enfants depuis le XIIIe siècle*, Paris, Flammarion, 1979, rééd. coll. «Champs», 2004.

WALKER-MEIKLE Kathleen, *Medieval Dogs*, Londres, British Library, 2013.

猎犬

ANTHENAISE Claude d', CHATENET Monique (dir.), *Chasses princières dans l'Europe de la Renaissance. Actes du colloque de Chambord (1er et 2 octobre 2004)*, Arles, Actes Sud, 2007.

PIERAGNOLI Joan, *La Cour de France et ses animaux (XVIe-XVIIe siècles)*, Paris, PUF, 2016.

SALVADORI Philippe, *La Chasse sous l'Ancien Régime*, Paris,

Fayard, 1996.

WAILLY Philippe de, ROLLINAT Christel, *Labrador*, *golden et autres retrievers*, Paris, Solar, 1998.

宠物犬

HOWELL Philip, *At Home and Astray. The Domestic Dog in Victorian Britain*, Charlottesville & Londres, University of Virginia Press, 2015.

MACDONOGH Katharine, *Histoire des animaux de cour* (éd. originale 1999), traduit de l'anglais par Danièle Momont, Paris, Payot, 2008, rééd. 2011.

VANNEAU Victoria, *Le Chien. Histoire d'un objet de compagnie*, Paris, Autrement, 2014.

服务犬

PARTON Allen, PARTON Sandra, PAUL Gill, *L'Histoire d'Endal ou Comment bien vivre grâce à l'amour d'un chien* (éd. originale 2009), traduit de l'anglais par Christine Auché, Paris, Oh! Éditions, 2010.

DEHASSE Joël, *Le Terre-Neuve*, Montréal, Le Jour Éditeur, 2000.

凶犬

LORENZ Konrad. *L'Agression. Une histoire naturelle du mal*（éd.
originale 1963）, traduit de l'allemand par Vilma Fritsch,
Flammarion, 1969, rééd. coll. «Champs», 1991.

MOSCATELLI Domenico, SALMOIRACHI Marina, *Encyclopédie du
rottweiler*, traduit de l'italien par Frédéric Delacourt, Paris, De
Vecchi, 2004.

与狗相关的文学作品

AUSTER Paul, *Tombouctou*, 1999, traduit de l'anglais（États-Unis）
par Christine Le Bœuf, Arles, Actes Sud, 2000, rééd. dans
Œuvres romanesques, t. III, Arles, Actes Sud, 2010.

CERVANTÈS Miguel de, «Le Colloque des chiens», *Le Mariage
trompeur et Colloque des chiens/El Casamiento engañoso y Coloquio
de los perros*, texte présenté et traduit de l'espagnol par Maurice
Molho, Paris, Aubier/Flammarion, 1970.

COLETTE, *Chiens de Colette*, Paris, Albin Michel, 1950.

CROWN Jonathan, *Sirius. Le chien qui fit trembler le IIIe Reich*
（éd. originale 2014）, traduit de l'allemand par Corinna Gepner,

Paris, Presses de la Cité, 2016.

KING Stephen, *Cujo*, 1981, traduit de l'anglais (américain) par Natalie Zimmermann, Paris, rééd. LGF/Livre de poche, 2006.

FURUKAWA Hideo, *Alors Belka, tu n'aboies plus*, traduit du japonais par Patrick Honnoré, Arles, Éditions Philippe Picquier, 2012.

GARY Romain, *Chien Blanc*, Paris, Gallimard, 1970, rééd. coll. «Folio», 1994.

GASSOT Jules, *Un chien en ville*, Paris, Rivages, 2017.

GRENIER Roger, *Les Larmes d'Ulysse*, Paris, Gallimard, 1998, rééd. 2017.

GUILLEBAUD Catherine, *Dernière Caresse*, Paris, Gallimard, coll. «Folio», 2011.

KAFKA Franz, «Recherches d'un chien», *La Muraille de Chine. Et autres récits*, rédigé vers 1924, publié à titre posthume en 1936, traduit de l'allemand par Jean Carrive et Alexandre Vialatte, Paris, Gallimard, 1948, rééd. 2013.

KIPLING Rudyard, *Paroles de chiens* (éd. originale 1930), Paris, Payot, «Petite Bibliothèque Payot», 2010.

LONDON Jack, *L'Appel de la forêt* (éd. originale 1903), traduit de l'anglais (États-Unis) par Raymonde de Galard; *Croc-Blanc* (éd. originale 1906), traduit de l'anglais (États-Unis) par Philippe Sabathe, dans *Romans, récits et nouvelles du Grand Nord*,

Paris, Robert Laffont, coll. «Bouquins», 1983.

—, *Michael, chien de cirque* (éd. originale 1917), traduit de l'anglais (États-Unis) par Paul Gruyer et Louis Postif, dans *Du possibe à l'impossible*, Paris, Robert Laffont, coll. «Bouquins», 1987.

—, *Jerry, chien des îles* (éd. originale 1917), dans *Romans maritimes et exotiques*, traduit de l'anglais (États-Unis) par Maurice Dekobra, Paris, Robert Laffont, coll. «Bouquins», 2010.

MIZUBAYASHI Akira, *Mélodie. Chronique d'une passion*, Paris, Gallimard, coll. «Folio», 2014.

SIMAK Clifford D., *Demain les chiens* (éd. originale 1952), traduit de l'anglais par Jean Rosenthal, 1953, rééd. Paris, J'ai lu, 1975.

SÔSEKI Natsume, *Je suis un chat* (éd. originale 1906), traduit du japonais et présenté par Jean Cholley, Paris, Gallimard/Unesco, 1978.

STEINBECK John, *Voyage avec Charley. Mon caniche, l'Amérique et moi* (éd. originale 1961), traduit de l'anglais (États-Unis) par Monique Thies, Paris, Phœbus, 1995.

VICTOR Paul-Émile, *Chiens de traîneaux. Compagnons du risque*, Paris, Flammarion, 1974, rééd. 2015.

VLADIMOV Gueorgui, *Le Fidèle Rouslan* (éd. originale 1975), traduit du russe par François Cornillot, Le Seuil, 1978, rééd.

Belfond, 2014.

YAMADA Fûtarô, *Les Huit Chiens des Satomi*, traduit du japonais par Jacques Lalloz, Arles, Éditions Philippe Picquier, 2012.

WILLOCKS Tim, *Doglands* (éd. originale 2011), traduit de l'anglais par Benjamin Legrand, Paris, Syros, 2012.

主要人名译名对照表

Alexandre le Grand 亚历山大大帝

Alexis 阿历克谢

Allan, Scotty 斯科蒂·阿兰

Allen, Glover M. 格洛弗·艾伦

Alleyn, Edward 爱德华·艾莱恩

Amundsen, Roald 罗尔德·阿蒙森

Anselme（de Cantorbéry）, saint 坎特伯雷的圣安塞姆

Antisthène 安提西尼

Anubis 阿努比斯

Aristote 亚里士多德

Audubon, Jean-Jacques 让-雅克·奥迪邦

Auricoste, Emmanuel 埃马纽埃尔·奥里科斯特

Baratay, Éric 埃里克·巴拉泰

Beauharnais, Joséphine de 约瑟芬·德·博尔阿内

Beilby, Walter 沃尔特·比尔比

Belknap, Samuel 塞缪尔·贝尔纳普

Beltrán de Guzmán, Nuño 努尼奥·贝尔特兰·德·古兹曼

Belyaev, Dimitri Konstantinotch 德米特里·康斯坦蒂诺奇·别利亚

Coren, Stanley 斯坦利·科伦

Coronado, Francisco 弗朗西斯科·科罗纳多

Cortés, Hernán 埃尔南·科尔特斯

Couteulx de Canteleu, Jean-Emmanuel-Hector de 让-埃马纽埃尔-赫
克托·德·勒库特勒克斯·德·康特勒

Cromwell, Oliver 奥利弗·克伦威尔

Cruft, Charles 查尔斯·克拉夫特

Cú Chulainn 库·丘林

Cuvier, Frédéric 弗雷德里克·居维叶

Cuvier, Georges 乔治·居维叶

Cyrulnik, Boris 鲍里斯·西瑞尼克

Darwin, Charles 查尔斯·达尔文

Delort, Robert 罗贝尔·德洛尔

Demikhov, Vladimir 弗拉基米尔·德米霍夫

Descartes, René 勒内·笛卡尔

Diogène 第欧根尼

Duran, Diego 迭戈·杜兰

Ellis, Carleton 卡尔顿·埃利斯

Érigène, Jean Scot 让·司各特·埃里金纳

Exbalin, Arnaud 阿诺·埃克斯巴林

Ferrières, Henri de 亨利·德·费里埃

Flannery, Tim 蒂姆·弗兰纳里

Foer, Jonathan Safran 乔纳森·萨弗兰·弗尔

Ponce De León, Juan 胡安·庞塞·德·莱昂

Pseudo-Apollodore 托名阿波罗多洛斯

Ptolémée 托勒密（地理学家）

Ptolémée II Philadelphe 托勒密二世费拉德尔弗斯

Roch, saint 圣罗克

Rousseau, Jean-Jacques 让-雅克·卢梭

Rowlands, Mark 马克·罗兰兹

Rupert, prince 鲁珀特亲王

Saarloos, Leendert 伦德特·萨尔路斯

Salazar, Diego de 迭戈·德·萨拉查

Salnove, Robert de 罗贝尔·德·萨尔诺夫

Schenkel, Rudolf 鲁道夫·申克尔

Sextus Empiricus 塞克斯特斯·恩披里柯

Shipman, Pat 帕特·希普曼

Siemienowicz, Kazimierz 卡齐米日·西门诺维兹

Simak, Clifford D. 克利福德·西马克

Smith, Adam 亚当·斯密

Smith, Bradley R. 布莱德利·史密斯

Sôseki, Natsume 夏目漱石

Soto, Hernando de 埃尔南多·德·索托

Spratt, James 詹姆斯·斯普拉特

Streisand, Barbra 芭芭拉·史翠珊

Sturlusson, Snorri 斯诺里·斯特鲁森

Sully,duc de 萨利公爵(马克西米利安·德·贝蒂纳)

Thorndike,Edward Lee 爱德华·李·桑代克

Togugawa,Tsunayoshi 德川纲吉

Trut,Lyudmila 柳德米拉·特鲁特

Varron 瓦龙

Vicart,Marion 马里翁·维卡尔

Warden,Carl John 卡尔·约翰·沃登

Watson,John Broadus 约翰·布罗德斯·华生

Willocks,Tim 蒂姆·威洛克

Wright,Norman P. 诺曼·莱特

Xénophon 色诺芬

Xolotl 修洛特尔

犬名译名对照表

Abutiu 阿布秋（史上第一只留下名字的狗）

Aibo 爱宝（索尼公司制造的机器狗）

Airedale terrier 艾尔谷梗犬

Akbash 阿卡巴什犬

Akita inu 秋田犬

Alaunt / Allan 阿朗特犬 / 阿兰犬

Alpha 阿尔法（头犬）

Alpha dog 阿尔法狗（波士顿动力公司制造的机器狗）

American akita 美系秋田犬

American Kennel Club（AKC）美国养犬俱乐部

American Staffordshire 美式斯塔福德郡犬

Amigo 阿米戈（努尼奥·贝尔特兰·德·古兹曼的狗）

Argos 阿尔戈斯（尤利西斯的狗）

Arthur 阿瑟（迈克尔·林诺德收养的流浪狗）

Asnières（cimetière des chiens d'）阿尼埃尔狗公墓

Baltique 巴尔蒂克（弗朗索瓦·密特朗的拉布拉多犬）

Balto 巴尔托（雪橇犬英雄）

Barbet 巴贝特犬

Barry 巴里（英雄的圣伯纳犬）

Barzoï / Lévrier russe 俄罗斯种长毛猎犬 / 俄罗斯猎兔犬

Basenji 巴森吉犬

Basset 巴吉度猎犬

Bâtard 杂种犬

Baude 波德（路易十一的雌性猎犬）

Beagle 比格犬

Becerrillo 贝塞里洛（胡安·庞塞·德·莱昂的看门犬）

Benjamin 本杰明（最后一只袋狼）

Bergance 贝尔甘萨（塞万提斯作品中的看门犬）

Berger allemand 德国牧羊犬

Berger d'Anatolie 安那托利亚牧羊犬

Berger de Maremme et Abruzzes 玛瑞玛安布卢斯牧羊犬

Biche 比什（腓特烈大帝的雌性猎兔犬）

Bichon 比熊犬

Bloodhound 寻血猎犬

Bo 波（奥巴马的葡萄牙水犬）

Boatswain 波兹维恩（拜伦大人的纽芬兰犬）

Bobby 波比（金毛寻回犬，罗莎娜拉的新郎狗）

Booger 博格（世界上第一只商业克隆的狗）

Bouledogue 斗牛犬

Bouledogue français 法国斗牛犬

Bouvier 牧牛犬

Bouvier bernois 伯尔尼牧牛犬

Boxer 德国种短毛斗拳犬

Boye 博伊(鲁珀特亲王的巴贝特犬)

Brachet 布拉可犬

Braque 短毛垂耳猎犬

Brenin 布勒南(马克·罗兰兹养的狼)

Bruto 布鲁托(埃尔南多·德·索托的看门犬)

Bulldog 英国斗牛犬

Bullmastiff 斗牛獒

Bull-terrier 斗牛梗

Bummer 小赖(旧金山的流浪犬)

Cairo 凯尔罗(美国海豹突击队的马林诺斯犬)

Caniche 贵宾犬

Caninois 驯狗语

Canis chihliensis / Canis variabilis / Loup de Zhoukoudian 直隶狼 /
周口店变异狼 / 周口店狼

Canis dirus / Warg 恐狼 / 座狼

Canis Etruscus 伊特鲁里亚犬

Canis lepophagus 细吻犬

Carlin 中国斗牛犬

Catahoula（chien léopard）加泰霍拉豹犬

Cavalier king charles 骑士查理士王小猎犬

Cavalier king charles spaniel 查尔斯国王骑士獚

Cerbère 刻耳柏洛斯（希腊神话中的地狱看门犬）

Chacal africain（à chabraque / à flancs rayés）非洲豺（黑背豺 / 侧纹豺）

Chacal doré 金豺

Checkers 切克尔斯（理查德·尼克松的可卡犬）

Chien《变狗记》（萨米埃尔·本谢特里执导的电影）

Chien à laine 羊毛犬（萨利什人所养）

Chien aboyeur 叫声指示犬

Chien Blanc《白狗》（罗曼·加里的小说）

Chien chanteur de Nouvelle Guinée / *Canis f. hallstrumi* 新几内亚歌唱犬

Chien courant / Chien de courre 追猎犬

Chien dangereux 凶犬

Chien d'arrêt 指示猎犬

Chien d'assistance 服务犬

Chien d'avalanche 雪崩救援犬

Chien d'eau 水犬

Chien d'eau portugais 葡萄牙水犬

Chien d'oiseau / Chien d'oysel 枪猎犬

Chien de berger 牧羊犬

Chien de boucher 屠牛犬

Chien de boucherie 食用犬

Chien de combat 斗犬

Chien de compagnie 宠物犬

Chien de conduite 导羊犬

Chien de défense 护羊犬

Chien de garde 看守犬

Chien de guerre 战犬

Chien de laboratoire 实验犬

Chien de lever / Leveur 赶山犬

Chien de manchon 袖珍犬

Chien de recherche 寻人犬

Chien de Saint-Hubert 圣于贝尔犬

Chien de sang / Brachet 猎血犬 / 布拉可犬

Chien des buissons 薮犬

Chien des tourbières 泥炭狗

Chien de traction 牵引犬

Chien de traîneau 雪橇犬

Chien de village / village dogs 土狗

Chien divagant 丧家犬

Chien errant 流浪狗

Chien estafette 通信犬

Chien guide d'aveugle 导盲犬

Chien jaune 黄狗

Chien kamikaze 狗狗敢死队队员

Chien-loup 狼犬

Chien pariah 贱狗

Chien policier 警犬

Chien psychopompe 引导亡灵前往阴间的狗

Chien savant 杂耍狗

Chien thérapeute 治疗犬

Chihuahua 吉娃娃

Chin, épagneul japonais 池英犬

Chow-chow 松狮犬

Cirdenco 西西里猎犬

Clara 克拉拉（萨科齐的雌性拉布拉多犬）

Cocker 可卡犬

Colley 柯利牧羊犬

Colloque des chiens《双狗对话录》（米盖尔·德·塞万提斯的小说）

Corniaud 杂种猎犬

Coton de Tuléar 图莱亚尔绒毛犬

Coyote / *Canis latrans* 郊狼

Coywolf 北美东北郊狼

Croc-Blanc《白牙》（杰克·伦敦的小说）

Croisé 杂交犬

Cynique 犬儒学派

Cynocéphale 狗头人

Cynodrome 跑狗场

Cynosarge "色诺萨吉斯"神殿

Daddy 爹地（塞萨尔·米扬的斗牛犬）

Dalmatien 斑点狗

Dalmatiens, Les 101《101 忠狗》（迪斯尼工作室制作的动画片）

Deerhound / Lévrier écossais 苏格兰猎鹿犬

Dhole 豺

Diesel 迪耶赛尔（法国黑豹反恐突击队的马林诺斯犬）

Dingo 澳洲野犬

Dobermann 杜宾犬

Dobrynya 多布里尼亚（雌性德国牧羊犬）

Doggo-lingo 狗语

Doglands《狗乐园》（蒂姆·威洛克的长篇小说）

Dogue 看门犬

Dogue allemand / Grand Danois 德国看门犬 / 大丹犬

Dogue de Cuba 古巴看门犬

Dogue du Tibet / Mastiff du Tibet / Sage Kouchi / Do Khyi 西藏看门
　犬 / 藏獒 / 萨日多奇 / 多吉

Dogville Comedies《狗城喜剧》（美高梅电影公司制作的系列短片）

Domestication 驯服

Dumbledore 邓布利多（尼古拉·萨科齐的吉娃娃）

Endal 恩达（艾伦·帕顿的拉布拉多服务犬）

Épagneul 西班牙种长毛垂耳猎犬

Eucyon 始犬

Fala 法拉（富兰克林·罗斯福的苏格兰梗犬）

Fédération cynologique internationale（FCI）世界犬业联盟

Fellow 费洛（雅各布·赫伯特养的杂耍狗）

Fenrir 芬里厄（神话中的巨狼）

Fleur 弗勒尔（伦德特·萨尔路斯养的母狼）

Folichon 福利雄（普鲁士的威廉敏娜的西班牙种长毛垂耳猎犬）

Fortuné 福蒂内（约瑟芬·德·博尔阿内的中国斗牛犬）

Fox 福克斯（约瑟芬·德·博尔阿内的中国斗牛犬）

Fox-terrier 猎狐梗

Furgul 弗古尔（《狗乐园》的主角杂种犬）

Galgo／Lévrier espagnol 西班牙灰狗／西班牙猎兔犬

Gérard 热拉尔（伦德特·萨尔路斯的德国牧羊犬）

Gévaudan 热沃当（怪兽）

Golden retriever 金毛寻回犬

Grand danois 大丹犬

Greffier 格雷菲耶（路易十一的嗅觉猎犬）

Greyhound 灵缇犬

Griffon 格里芬犬

Groenlandais 格陵兰犬

Guinefort, saint 吉纳福尔（一只被奉为圣徒的猎兔犬）

Hachikô 八公（忠诚的秋田犬）

Harrier 哈利犬

Hokkaïdo ken 北海道犬

Husky 哈士奇

Jingle 金格尔(鲍里斯·莱文森的拉布拉多治疗犬)

Jiro 次郎(日本南极考察队幸存的桦太犬)

Jofi 乔菲(弗洛伊德最喜欢的松狮犬)

Jowler 乔勒(英王雅克一世的猎犬)

Joy 乔伊(沙皇之子阿历克谢的西班牙种长毛垂耳猎犬)

Joyce 乔伊斯(卡特琳·吉耶博作品中的英国塞特猎犬)

Jupiter 朱庇特(乔治·蓬皮杜的拉布拉多犬)

Kai inu 甲斐犬

Kamala 卡马拉(皮埃尔·茹旺丹养的母狼)

Kamtchatka 堪察加(亚历山大三世的护卫犬)

Kangal 坎高犬

Karabash 卡拉巴什犬

Karafuto ken 桦太犬

King charles spaniel 查理士王小猎犬

Kishu inu 纪州犬

Koni 科尼(弗拉基米尔·普京的雌性拉布拉多犬)

L'Ami 老伙计

Labrador 拉布拉多犬

Labrit / Berger des Pyrénées 莱布瑞特犬 / 比利牛斯牧羊犬

Laddie Boy 莱蒂小子(沃伦·哈丁的艾尔谷梗犬)

Laïka 莱卡(太空犬,又名库特辽卡)

Lassie 莱西(柯利牧羊犬,多部小说和电影的主角)

Lazarus 拉撒路(旧金山的另一只流浪狗)

Leoncico 莱昂西科 (瓦斯科·努涅斯·德·巴尔沃亚的看门犬)

Lévrier 猎兔犬

Lévrier afghan 阿富汗猎兔犬

Lévrier du pharaon 法老王猎兔犬

Lévrier écossais 苏格兰猎兔犬

Lévrier espagnol 西班牙猎兔犬 (即西班牙灰狗)

Lévrier irlandais / Wolfhound 爱尔兰猎兔犬 / 猎狼犬

Lévrier russe 俄罗斯猎兔犬

Lhassa apso 拉萨犬

Limier 嗅觉猎犬

Looty 卢提 (维多利亚女王的中国狮子犬)

Loulou de Poméranie / Poméranien 博美犬

Loup / Loup gris / Canis lupus 狼 / 灰狼

Loup à crinière 鬃狼

Loup-chien 家狼

Loup d'Éthiopie / Canis simensis 埃塞俄比亚狼

Loup de l'Est / Canis lycaon 东部森林狼

Loup de l'Himalaya 喜马拉雅狼

Loup de Tasmanie / Thylacine 塔斯马尼亚岛狼 / 袋狼

Loup de Zhoukoudian 周口店狼

Loup des Indes 印度狼

Loup des Malouines / Warrah 马岛狼 / 福克兰群岛狼

Loup doré d'Afrique / *Canis anthus lupaster* 非洲金狼

Loup du Japon 日本狼

Loup rouge / *Canis lupus rufus* 红狼

Lün 吕恩（弗洛伊德的第三只松狮犬）

Lun Yu 伦宇（弗洛伊德的第一只松狮犬）

Lycalopex 南美灰狐

Lycaon 非洲四趾猎狗

Malamute 阿拉斯加雪橇犬

Malinois 马林诺斯犬

Maru 丸子（成为日本寺院住持的纪州犬）

Mascou 马斯库（雅克·希拉克的拉布拉多犬）

Massacre 马萨克尔（莫泊桑小说中的狗）

Mastiff / Mestif 獒犬

Matagi inu 玛塔吉犬

Mâtin 猛犬

Mâtin de Naples 那不勒斯獒犬

Mélodie 梅洛蒂（水林章的金毛寻回犬）

Molosse 大看门犬

Montagne des Pyrénées / Patou 比利牛斯山地犬

Moustache 穆斯塔什（拿破仑军中的巴贝特犬）

MWD（*military working dog*）军犬

Nemo 尼莫（埃玛纽埃尔·马克龙和布丽吉特·马克龙夫妇收养
的杂交犬）

Nova Scotia duck tolling retriever 新斯科舍猎鸭寻回犬

Oddball 小古怪（人称"马泥巴"的艾伦·马什的玛瑞玛安布卢斯牧羊犬）

Orthros 奥尔特洛斯（希腊神话中的双头犬）

Otocyon 大耳豪狗

Otterhound ／ Chien à loutre 奥德犬 ／ 猎獭犬

Pal 帕尔（扮演神犬莱西的柯利牧羊犬）

Panhu 盘瓠（中国神话中的狗神）

Pékinois 中国狮子犬

Péritas 佩里塔斯（亚历山大大帝的大看门犬）

Perros de sangre 寻血猎犬

Philae 斐乐（弗朗索瓦·奥朗德的雌性拉布拉多犬）

Pointer 波音达猎犬

Pushinka 普欣卡（柳德米拉·特鲁特培育出来的母狐狸）

Rabatteur 赶猎犬

Renard ／ Goupil 狐狸

Renard des savanes 草原狐

Retriever 寻回犬

Rintintin 任丁丁（德国牧羊犬，狗明星演员）

Roshanara 罗莎娜拉

Rotteweiler 罗威纳犬

Saint-bernard 圣伯纳犬

Saluki 萨路基猎犬

Samantha 萨曼莎(芭芭拉·史翠珊的图莱亚尔绒毛犬)

Samba 桑巴(瓦莱里·吉斯卡尔·德斯坦的拉布拉多犬)

Scipion 西皮翁(塞万提斯作品中的看门犬)

Setter 塞特猎犬

Shiba inu 柴犬

Shikoku 四国犬

Sirius 天狼星

Sloughi 北非猎犬

Snuppy 斯纳皮(阿富汗猎兔犬,世界上第一只克隆犬)

Société centrale canine (SCC) 法国国家犬类协会

Souillard 苏亚尔(路易十一的爱犬)

Spitz 狐狸犬

Spitz-loup 银狐犬

Staffordshire terrier 斯塔福德郡斗牛梗

Sterling 斯特林(布莱德利·史密斯所研究的澳洲野犬)

Stubby 斯塔比(狗中士,士兵约翰·罗伯特·康罗伊养的斗牛犬)

Taro 太郎(日本南极考察队幸存的桦太犬)

Techichi 特奇奇

Teckel 猎獾犬

Terre-neuve 纽芬兰犬

Terrier 梗类犬

Terrier écossais 苏格兰梗犬

Tesem 古埃及猎兔犬

Thylacine 袋狼

Topsy 多普西（玛丽·波拿巴的松狮犬）

Tosa 土佐犬

Toy 玩具犬

Turi 蒂里（维多利亚女王的博美犬）

Ulysse 于利斯（罗谢·格勒尼耶的短毛垂耳猎犬）

Vautre 猎猪犬

Vertragus / Lévrier celte 凯尔特猎兔犬

Warg 座狼

Welsh corgi 威尔士柯基犬

Whippet 惠比特犬

Wolf 沃尔夫（安娜·弗洛伊德的德国牧羊犬）

Wolf event / Moment du loup 灰狼时代

Wolfhound 猎狼犬

Xoloitzcuintle 佐罗兹英特利犬（无毛犬）

Yorkshire 约克夏犬

0 - Six　0 - 6（美国黄石国家公园中一只代号"0 - 6"的母狼）

译后记

2021 年 9 月 15 日 16 时 49 分，当我把本书译稿发送到华东师范大学出版社朱华华老师的邮箱之后，心里总算踏实了。此书是我独立翻译的第一部规模较大的著作，原书共 368 页，翻译工作历时 18 个月，最终译稿约 23 万字。虽然之前也翻译过其他作品，但要么是和导师一起合译，要么书的体量较小，都未像这本书一样，让我倾注那么多的时间与心力。这段旅程虽然漫长艰辛，却让我感觉很幸福，很充实。这一切，首先得益于原著的巨大魅力。

翻译此书的缘起，是华华老师的一次邀约。那时，我收到华华老师发来的电子版原著，弗一读完引言就被吸引住了：从狗的视角重新审视人类历史，或者更准确地说，审视人类与狗共同的历史，真是一个有趣、深刻却又棘手的命题！我在读到这本书之前，恰好看到一些疫情中宠物因主人被隔离而身陷困境，甚至惨遭伤害的新闻，读到这本书时，便很自然地联想起那些报道。如今回忆起来，在我决定要翻译这本书的时刻，脑子里一定闪过了新闻图片中那些小狗小猫的模样。扪心自问，我那时并没有什么了不得的使命感，只是简单地相信，这样一本书出来，多少会让人们对那些平时自己漠不关心的动物多一些理解。想要修正某些根深蒂固的认知是很难的，路漫漫其修远兮，"理解"却一定是至关重要的第一步。正如本书中的一句话："讲好一个故事，胜过百种推理论证。"将那么多曾真实发生在人与狗之间的故事娓娓道来，于我而言，翻译这本书已然具有重大价值。

一边翻译一边深入地读完原著之后，我更加庆幸自己的决定。作者跳出人类的惯常视角，站在狗狗的立场上，让它们云淡风轻地讲述自己与人类的前世今生。这种创作方式赋予狗狗一定程度的"主体性"，实现了对人与动物之间主客关系的颠覆。书中的狗狗不再仅仅是人类世界的背景和陪衬，它们自远古时期便和人类一起并肩作战，和人类一起从原始洪荒摸爬滚打着进入现代文明。它们上得厅堂下得厨房，武可赴战场，文可入朝堂，它们从来都是人类不可或缺的同伴和战友，虽然人类并未给予它们足够的珍惜。作者借由书中无数令人荡气回肠的故事，让我们重新审视人类的生命进程，也重新思考人在自然中的位置以及人和动物之间的关系。而作者深邃广阔的学识之下，更有一份对于狗狗发自内心的赞赏与爱，这份理性和感性杂糅的深沉情怀让我颇受感染。不夸张地讲，我译完这本书以后，在街上看见别人家的狗，会不由自主地会心一笑，仔细观察这是什么品种的狗（但许多时候仍旧是辨识不出来的），而后开始想象它和主人之间的故事。不知道读者们读完这本书以后会不会有和我一样的反应？

在翻译这本书的过程中，还有一件事对我影响很大，那是一次观影体验。我很爱狗，但由于种种现实原因，一直没能养一只。为了能在翻译中始终保持一种对狗狗的鲜活印象和感官上的亲密，我时常看一些与狗相关的电影。这类电影很多，不乏影史上的经典之作，但特别打动我的却是一部很小众且评分不高的电影《狗狗旅馆》。电影讲述了一对失去父母而长年辗转在各种奇葩寄宿家庭的姐弟将一座废弃的旅馆改造成流浪狗的美好家园的故事。电影中的那对姐弟本就是弱者，是被现实和命运辜负的人，但他们在面对比自己更弱小的生命时，却生发出人性的巨大光辉。这部看似平平无奇的电影让我感动良久，那种普通人身上最寻常的渴望和最坚韧的"本心"击中了我，让时不时就会迷失在欲望、嗔痴和"得失心"中的我突然感到了一种安宁：真正能让人幸福的东西，从来无需向外面找，也无需向他人寻。不知为何，电影里那些狗狗满足于一顿饱饭、一间陋室的惬意闲适，竟让我觉得那是"天下熙熙皆为利来，天下攘攘皆为利往"的人世间早已缺失的珍宝。我突然就有了一种强烈的愿望，要让更多的人读到书里的故事，让他们都知道，狗是一种多么值得人类敬重、宝爱的生物。

　　是的，看似平凡的"本心"，抱疾就闲，顺从自然。原书里讲了那么多引人入胜的故事，其中最让我不能忘怀的，便是狗狗从古至今的"本心"，这是它们和人类定下的契约，它们就是为了帮助人类、服务人类而存在和演进的。人类赋予它们的一切，它们都安之若素。宿命般的忠诚，淡定悠远，代代相传。我最开始翻译这本书时，心中总有一个疑问：该用怎样的词汇、语气、风格让笔下的狗狗开口说话？翻译越往后，感动越深，震撼越大，我便渐渐悟了：之前不知该如何让狗狗说话，还是因为潜意识中可笑的人类中心主义。然而，我作为后来者、旁观者追忆的这些故事，正是那些狗狗所亲历的呀，它们都遵循着"人性和犬性紧紧相连的故事脉络"。是的，犬性是人性之镜，人性和犬性的相通处便可赋予我感同身受的幻术，我只需要努力地感受、理解、想象，以最真诚、最谦卑的姿态，在故事中找到自己的声音，便也能找到它们的声音。

翻译和写作一样，除了要有兴趣和热爱，更需要日积月累的坚持。为了按时交稿，我必须逼着自己每天完成一定量的翻译工作，压力和辛苦是难免的。在翻译这本书的一年半中，我经历了生活和工作上的不少戏剧性事件，也有许多彷徨、迷茫甚至痛苦的时刻，但因为有着每天"必须"翻译几页书的"限制"，无论遇到什么问题，我都能强迫自己静下心来，坐在电脑前几个小时，全身心地沉浸在翻译中。实际上，那一年半中，每天那几页的"限制"，恰恰是我最大的自由：自由地阅读、思考，铺陈文字。

在交稿前的一次通话中，华华老师曾告诉我，可以写一份译后记，并专门强调"你想说的话，都可以写进去"。闻此言我心下温暖，我已经很久没有"想说什么就写什么"的奢侈了。遗憾的是，我那时候满心满眼都还是书里的话，"我"自己想说的话说不出来。直到前几日，专门负责编辑此书的海玲老师又联系我，让我一定写一份译后记，谈谈翻译的感受，也非常善解人意地鼓励我："全书就这一部分是你直接面对读者展示自己的地方，一定要好好写。"闻此言，我亦感动于海玲老师的真挚热忱。说到"展示自己"，我有些心虚，觉得能"展示"的东西好像都已经献给了译文；可说到"直面读者"，这于我而言却是极大的动力，因为在完成译稿近半年后,之前在我心里那些想说却说不出来的话,终于如同这春日里破土而出的草木,冲开了思绪与情感的堡垒,自然地展示在读者面前。在此,我要真诚地感谢华东师范大学出版社的朱华华和王海玲两位编辑老师,感谢她们给予我的这次机会,感谢她们对我的支持和帮助;特别要感谢审读译稿的王海玲老师,她在工作中表现出来的专业精神让我由衷感佩。

最后,还要感谢我的导师吴泓缈教授,他是我在翻译领域的引路人,为我指点迷津,给予我许多宝贵的意见,更坚定了我为人、治学的信念;感谢我的父母,他们给我无条件的爱、信任和理解,让我在任何时候都能满怀信心地去面对一切困难和挑战;感谢所有曾在翻译中给予我帮助的人,和将在未来的阅读中为我提出意见和建议的人。

搁笔之前,真心祝愿所有读到这本书的人都能获得属于自己的独特感悟,这份"独特",是我们回到自己、走向幸福的第一步。

张　璐

2022 年 3 月 9 日于广州